国家自然科学基金重点项目（51438005）研究成果

严寒地区城市微气候设计论丛

严寒地区城市公共服务区微气候调节方法及环境优化策略

陆　明　侯拓宇　著

科学出版社
北　京

内 容 简 介

本书从改善城市微气候环境的视角出发，以我国严寒地区为研究范围，在梳理国内外微气候环境研究理论及技术方法的基础上，借鉴国内外成功经验，通过对严寒地区城市公共服务区空间规划所涉及的相关要素进行数据信息采集、实测和收集整理，对严寒地区微气候因子与城市公共服务区空间环境规划要素的相互关系进行系统分析，探索改善严寒地区城市公共服务区微气候环境的途径；以调节城市微气候环境为切入点，总结严寒地区城市公共服务区空间环境微气候调节方法，提出改善严寒地区城市微气候环境的城市规划设计策略，为严寒地区城市公共服务区的微气候环境改善提供理论及实践指导。

本书可供城乡规划相关领域研究人员参考。

图书在版编目(CIP)数据

严寒地区城市公共服务区微气候调节方法及环境优化策略 / 陆明，侯拓宇著. —北京：科学出版社，2019.12

（严寒地区城市微气候设计论丛）

ISBN 978-7-03-063462-7

Ⅰ.①严… Ⅱ.①陆… ②侯… Ⅲ.①寒冷地区－城市－微气候－研究 ②寒冷地区－城市环境－环境规划－研究 Ⅳ.① P463.2 ② X321

中国版本图书馆 CIP 数据核字（2019）第 265009 号

责任编辑：梁广平 / 责任校对：王萌萌

责任印制：吴兆东 / 封面设计：楠竹文化

科学出版社 出版

北京东黄城根北街 16 号

邮政编码：100717

http://www.sciencep.com

北京中石油彩色印刷有限责任公司 印刷

科学出版社发行 各地新华书店经销

*

2019 年 12 月第 一 版 开本：787×1092 1/16

2019 年 12 月第一次印刷 印张：14 1/4

字数：300 000

定价：118.00 元

（如有印装质量问题，我社负责调换）

“严寒地区城市微气候设计论丛”
丛书编委会

“严寒地区城市微气候设计论丛”序

伴随着城市化进程的推进，人居环境的改变与恶化已成为严寒地区城市建设发展中的突出问题，对城市居民的生活质量、身心健康都造成很大影响。近年来，严寒地区气候变化异常，冬季极寒气候与夏季高热天气以及雾霾天气等频发，并引发建筑能耗持续增长。恶劣的气候条件对我国严寒地区城市建设提出了严峻的挑战。因此，亟待针对严寒地区气候的特殊性，展开改善城市微气候环境的相关研究，以指导严寒地区城市规划、景观与建筑设计，为建设宜居城市提供理论基础和科学依据。

在改善城市微气候方面，世界各国针对本国的气候特点、城市特征与环境条件进行了大量研究，取得了较多的创新成果。在我国，相关研究主要集中于夏热冬暖地区、夏热冬冷地区和寒冷地区，而针对严寒地区城市微气候的研究还不多。我国幅员辽阔，南北气候相差悬殊，已有的研究成果不能直接用于指导严寒地区的城市建设，因此需针对严寒地区的气候特点与城市特征进行系统研究。

本丛书基于国家自然科学基金重点项目“严寒地区城市微气候调节原理与设计方法研究”（51438005）的部分研究成果，利用长期观测与现场实测、人体舒适性问卷调查与实验、风洞试验、包括CFD与冠层模式在内的数值模拟等技术手段，针对严寒地区气候特征与城市特点，详细介绍城市住区及其公共空间、城市公共服务区、城市公园等区域的微气候调节方法与优化设计策略，并给出严寒地区城市区域气候与风环境预测评价方法。希望本丛书可为严寒地区城市规划、建筑及景观设计提供理论基础与科学依据，从而为改善严寒地区城市微气候、建设宜居城市做出一定的贡献。

丛书编委会

2019年夏

前　言

2018 年底我国城市化水平已近 60%，成为全球城市化进程最快的国家之一，预计快速增长将持续到 21 世纪中叶。相关研究成果显示，随着城市化的快速发展，城市中心区尤其是城市公共服务区的建筑密度不断增大，使得建筑环境的空间形态特性对环境风场、温度场和水汽及太阳辐射分布产生重要影响，形成独特的城市微气候。由此，带来诸如热岛效应、高温化、低湿、雾霾加剧、突发性暴雨与内涝等严峻的城市问题，造成局地气候异常、能耗增加、热舒适性差，严重影响社会生产活动，甚至危害居民健康和生命安全。

根据《绿色建筑和绿色生态城区“十三五”发展规划》“以绿色建筑发展与绿色生态城区建设为抓手，引导我国城乡建设模式和建筑业发展方式的转变，促进城镇化进程的低碳、生态、绿色转型”的指导思想，深入探讨建筑环境与城市微气候要素的影响机理，构建适用于城市公共服务区的微气候调节策略，对于丰富具有气候和环境适宜性的城市规划和建筑设计手段、优化城市微气候环境、提高人体室外舒适度、改善大气环境质量等都具有重要意义。

本书以改善严寒地区城市公共服务区微气候环境为目标，以国家自然科学基金重点项目“严寒地区城市微气候调节原理与设计方法研究”（51438005）的主要研究成果为基础进行撰写，以期指导严寒地区城市公共服务区环境健康发展。本书在梳理国内外微气候环境研究理论及技术方法的基础上，借鉴国内外成功经验，以我国严寒地区为研究范围，通过对严寒地区城市公共服务区空间规划所涉及的相关要素进行数据信息采集、实测和收集整理，对严寒地区微气候因子与城市公共服务区空间环境规划要素的相互关系进行系统分析，探索改善严寒地区城市公共服务区微气候环境的途径。以调节城市微气候环境为切入点，总结严寒地区城市公共服务区空间环境微气候调节方法，提出改善严寒地区城市微气候环境的城市规划设计策略。本书作为城乡环境及技术方面的研究成果，期望为严寒地区城市环境的可持续发展提供理论及实践指导，以及为城乡规划相关领域研究人员提供理论及技术参考。

在研究过程中，研究生卫渊、石郁萌、梁一参加了部分研究工作，本书的部分内容援引自他们的学位论文；实地调研和实测了我国东北严寒地区的不同城市典型区域，发放了 2500 余份问卷，很多学生志愿参加了调研和测试工作。在本书的写作过程中，研究生张岩、宋迪在书稿整理等方面做了大量工作，在此一并表示诚挚的谢意。

由于作者水平有限，书中难免存在不足之处，敬请各位同行专家批评指正。

目　录

第二部分　现状调研与分析

第三部分　微气候调节机制与优化策略

第一部分 基础研究

第一部分包含绪论和相关研究基础两个章节。在第1章绪论中，首先详细介绍了本书研究背景与意义，为后文的研究指明方向；其次是对研究对象与范围的介绍，本书是针对严寒地区城市公共服务区的微气候开展的研究，需要阐明相关概念，并对研究范围进行界定；此外，还对国内外关于公共服务区及微气候环境研究理论、方法、技术及相关成果做了大量的文献调查，以从中找到研究切入点；最后，确定了本研究的主要内容与方法。第2章对相关研究基础进行了资料收集和总结，包括城市公共服务区空间形态、严寒地区城市微气候特征、微气候环境测试和主观舒适性评价方面的相关研究，将本书所涉及的基础理论、信息和调查测试所需要的技术支持进行了归纳总结，为后文实际工作的开展打下基础。

第1章　绪　论

1.1　研究背景与意义

1.1.1　研究背景

1. 公共服务区室外空间环境品质要求日益提升

随着我国经济的快速发展，公共服务区的建设和运营逐渐兴盛，规模也日益增大，公共服务区成为许多城市的建设重点。在老城区，这些公共服务区一般为人口密集的中心商业街区和传统保护街区。而在新城区，城市公共服务区往往也是规划的核心，该区域的面貌代表了现代城市的文化和经济水平，已成为城市经济和人文形象的标志[1]。公共服务区的室外空间是居民步行活动和公共活动的统一体，也是人们交流信息和娱乐休闲的中心场所，是本地居民和外地游客进行购物、休闲和观光的重要场所，可以说是城市的活力所在。现代城市功能区（如住宅区、公共服务区、工业区等）的规模越大，功能组成就越趋近复合化，需要解决的问题和矛盾也越多。城市公共服务区的人流量和使用量都多于其他类型的功能区，除了周边居民和顾客以外，还有着数量庞大的工作人员和外地游客，亟须营造良好的购物、交通、工作、休息等空间环境。公共服务区室外环境品质的提升，不仅是为了满足舒适性的要求，也是经济性和安全性的需求。

2. 严寒气候对公共服务区室外环境的影响亟待解决

地处严寒地区的我国黑龙江省地处欧亚大陆东南部，冬季常常受到来自西伯利亚的寒冷空气的影响，因此与位于世界同纬度的其他国家和地区相比，冬季气温要低得多，1月平均气温常常在 −18℃以下。整个冬季均由极地大陆气团控制，冬季漫长而寒冷，夏季短暂而炎热，而春秋季气温升降变化快，属于过渡季节，时间较短。这也是严寒地区城市共有的气候特征[2]。

由于冬季室外温度较低且持续时间长，室内外温差较大，为了避免寒冷和交通不便，户外的行人都有明确的活动目的，除了必要性活动，自发性活动很少。人们的出行活动的次数和类型相比其他季节也会减少，有些社会活动甚至由于气候的原因被取消。由于气温低容易引发疾病或是降雪过后路面光滑，一些身体弱势人群如老年人、婴幼儿、孕妇、残障人士等，冬季很少外出，甚至有人整个冬天都不外出。冬季较低的气温和不便的交通极大地限制了人们的户外活动，导致人们户外休闲娱乐时间也相应减少，公共场所使用率低，使用人数明显比其他季节少。而且冬季由于日照时间短，天黑较早，居民习惯于留在自己家中，不但在一定程度上阻碍了社会交往，而且使城市的夜生活经济也受到很大影响。总之，与其他季节相比，冬季的严寒地区城市生活明显不够活跃。

由于气候、土壤等因素，寒地城市可生长的植物品种相对较少，尤其是在漫长的冬季，绿化环境的缺少使城市景观大受影响，与许多四季常绿的南方城市相比，寒地城市的冬季往往给人以萧条冷落的感觉。另外，冬季低射的阳光会使建筑物在街道上形成长长的阴影，户外环境对市民的吸引力明显降低。

相比于居住区等城市功能区，在公共服务区中，室外空间除了必要的交通功能外，更依赖贩售、宣展等功能，室外空间利用率意味着经济价值。在寒冷的季节，除了严寒气候本身带来的各种室外活动问题，冷风和阴影对休闲行为和公共空间活力造成很大的负面影响，风速低且日照充足的空间让行人更乐于停留和使用，但公共服务区建筑密度高，建筑体量大，适宜活动的空间较少，并且风速低的空间日光常常受建筑遮挡。在炎热的季节，适宜的风速可提升人体的舒适感；充足的阳光在大多数季节均可提升舒适感，但在气温到达一定数值时反而会使人体不适。虽然寒地城市夏季平均气温与我国南方城市相比较低，但公共服务区常位于城市“热岛”的核心区域，其环境气温常高于其他城市功能区，在极端天气下甚至存在热安全问题[3]。因此，改善空间微气候环境，为城市居民提供户外休闲购物的适宜场所，使公共服务区室外空间在不同季节都获得较高的利用率，是目前公共服务区研究中亟待解决的问题。

3. 新型城市规划理念对微气候的关注

近年来，宜居城市、生态城市等新型城市规划理念兴起，人们发现，气候的适宜程度决定着人居环境的舒适与否，微气候（microclimate）逐渐成为人们评价宜居城市的重要标准之一。有人甚至认为一个城市只要气候不适宜人类居住，无论其他人居环境指标如何完善，也是不适宜居住的城市[4]。此外，其他一些重要的宜居城市评价因素如绿化、景观、交通等，也直接或间接地与气候条件相关。

在国内外众多关于宜居城市的评选中，适宜的气候一直都是很重要的评价因素。美国每年的“生活最佳城市”评比，将全年晴天天数和1月份最低温度纳入评比指标中[5]，充分表明了在人们心目中气候对城市环境宜居性的影响。2007年建设部发布的中国《宜居城市科学评价标准》同样将气候环境作为一项评价指标，全年15～25℃气温天数超过180天的城市，在宜居城市评价中可以获得一定的加分。我国学者曾经针对影响城市人居环境宜居性的气候因子评价开展过相关研究。研究根据人居活动的适宜度与气候因素的密切程度，选用20个气候要素作为因子，并按气候要素对人居活动的不同影响，划分成气温、湿度、风、日照、特殊天气五个子系统，建立气候宜居性评价指标体系。根据这一指标体系，研究者对全国大多数省会城市、直辖市和具有特殊地理位置的城市（如漠河）等进行气候舒适性的评价，结果表明，许多位于严寒地区城市在全国城市气候宜居性的评价中基本上是处于宜居程度等级较低的水平[6]，寒地城市在气候宜居性方面的劣势是不可忽视的。

4. 体验式消费模式刺激下的公共空间多样化

从功能角度来看，目前，商业服务是公共服务区功能中最为重要的部分。虽然在商业建筑中体验式消费模式不能取代传统购物行为，但在大型商业建筑中，由于功能的多样和规模的扩大，体验式消费应消费者的需求而产生，带给现代商业模式重要影响，成为推动公共服务区业态复合的重要因素，在多种业态共同影响下，为公共活动积累了人气，形成“互惠效应”[7,8]，营造购物氛围，推动顾客的购物行为。体验式消费模式的出现，也代表着消费者对环境氛围体验的重视，满足消费者心理需求也成为商品的属性和服务需求。单一的商业空间往往只能满足目的性购物行为，不能适应体验式消费业态，不具有满足相应功能的空间，而公共服务区融合了商业以外的更多功能与业种，空间逐渐向多元化、复合化发展。

5. 生态观、系统观主导公共服务区空间环境提升

城市微气候作为在区域大气候背景下形成的一种相对独立的小气候，是影响城市公共空间环境质量及人的活动方式的主要因素，它与城市发展、空间发展和人类活动密切相关。生产决定消费，消费引导生产，全社会的环保意识正在增强，公众自觉选择绿色消费，积极参与各项改善生态环境的活动，大型公共服务区空间环境提升也受到生态观和系统观的影响。

随着城市急剧发展，已经不能就建筑论建筑，迫切需要用城市的观念来从事建筑设计活动[9]，未来，建筑师如果不关注城市，不具有整体的城市观，就不能了解世界，也不能全然了解建筑的任务。建筑的功能空间与城市结构表现出密切关联的趋势，融合了商业、办公、文化和健康等服务功能的公共服务区，从原本的购物、工作、观光和健身活动场所逐渐成为人们生活所需的社交行为场所，人们在其中交换的是多元的、个性化的信息和服务。公共空间作为城市环境系统的重要组成部分直接地介入了系统的运作，也同时接收了城市空间的特征和职能[10]，是居民城市生活中的社交空间。公共服务区的室外空间不仅是城市空间的一个重要组成部分，更是主导所在区域内城市环境系统的主体。

基于以上因素，人们开始关注城市公共服务区发展引发的环境问题。不同的公共服务区空间形态对区域内微气候环境有着直接影响，且公共服务区对微气候环境的要求也有着特殊性。在我国严寒地区，公共服务区空间形态具有哪些特征和典型形态，在进行设计或改造时空间形态是如何影响微气候环境的，如何平衡众多影响要素之间的统一与矛盾，以及如何优化空间形态来消除微气候的不利影响？本书正是通过对这些问题的研究，总结出进行公共服务区设计或改建时，在考虑微气候调节的情况下，其室外空间形态优化方法及策略。

1.1.2 研究目的与意义

1.1.2.1 研究目的

本书通过对严寒气候影响下的公共服务区形态、活动和微气候特征进行研究，从活动者的角度，综合分析微气候因素的作用原理；对街区典型模式进行客观实测与主观问卷相结合的微气候参数特征研究；以作用原理和微气候调查为依据，提出感知要素、微气候参数和空间因素之间的关联性；最后，根据对活动者感知、公共服务区形态和城市规划的综合考量，对以哈尔滨为代表的严寒地区城市公共服务区的规划提出设计策略。

研究工作包括以下关键内容：

（1）调查以哈尔滨为代表的我国严寒地区城市的公共服务区室外空间形态及使用现状。从建设现状入手，对严寒地区城市公共服务区的卫星地图资料进行收集，并对哈尔滨市区的主要公共服务区进行实地调研，得出公共服务区的规划布局、基本尺度、行为特征和满意度评价等资料，筛选典型案例、空间节点及关键要素。

（2）进行严寒地区城市室外空间微气候环境及活动者感知研究。首先从布局和节点等尺度，以多个典型案例作为实测分析对象，通过比较不同时间、不同空间的微气候实测数据，分析不同空间的微气候环境特征；活动者的微气候感知直接影响着他们对所处环境的评价，因此同时开展微气候感知主观调查，帮助研究者和设计者找到适合活动的微气候参数范围，试图找到微气候参数和感知评价之间的量化关系，包括微气候感知区间、阈值、影响系数等，并建立数值模型，阐明影响微气候分项要素（热、湿、风、光）的关系和权重，为微气候设计或改造的实际项目提供参数衡量依据。

（3）针对严寒地区城市公共服务区的室外空间，探讨空间形态对微气候的影响机制，并针对四类主要公共服务区形式对应的影响要素总结出适用于严寒地区城市公共服务区的微气候环境优化策略。

1.1.2.2 研究意义

1. 理论意义

通过对公共服务区文献及实例资料的整理，发现严寒地区城市公共服务区正处于传统形态向现代形态转型的过程中，商业、活动、交通及景观呈现出多样化、复合化的趋势。在这个过程中，微气候特征与需求存在着复杂的环境矛盾，从环境使用的角度考虑，这些矛盾亟待解决。一方面，从空间角度总结具有代表性的空间布局特征和典型形态十分困难，国内从这一角度展开的量化研究较少，研究潜力巨大；另一方面，活动者对微气候的感知决定了他们的评价结果，而人体对微气候的感知不仅取决于生理，同时也受到心理因素的影响，因此本书对此进行了结合，以环境知觉理论（environmental perception）作为理论基础，将“人们为应对环境改变而产生的行为调整和适应”纳入考量范围，得到不同感知标度所对应的微气候测量参数区间，并通过这些工作，将空间和微气候总结成具体的指标，通过计算指标间的相关性得出空间形态对微气候参数的影响规律，形成了针对严寒地区城市室外空间微气候指标体系框架，这对于严寒地区城市室外环境评价和优化设计理论体系的建立也具有重要意义。

2. 经济意义

与其他城市功能区相比，本书所提出的公共服务区的室外空间同样承载着商业、健康和社交等活动，而且随着公共服务区的发展和转型，室外空间的功能日益增多，提高其使用效率带来的经济价值越发显著。良好的微气候环境能够营造舒适的服务体验，促进城市经济活动，因此针对活动者营造良好的室外微气候环境十分重要。此外，公共建筑室内物理环境调节主要依赖空调，能源消耗巨大，通过微气候调节能够实现被动式节约空调能耗，对于建筑和环境设计同样具有经济价值和意义。

3. 环境意义

由于公共建筑的开放性，与住宅等其他建筑类型相比，公共服务区室外环境对建筑内部的影响更大。如果能够使室外空间的微气候处于相对合理的状态下，尽量减少不利微气候因素对建筑的间接影响，将对降低环境污染对室内空间的影响具有重要意义。

4. 社会意义

本书从社会实际出发，考虑到了活动者心理和生理两方面的感知，从地域气候和公共服务需求的角度发现问题并解决问题，对公共服务区空间因素和微气候环境实现了定量化地相关性讨论，将微气候环境和城市规划、活动者感知等不同层面的社会因素联系到一起，并针对四类公共服务区类型和对应的主要因素提出了优化策略，这对严寒地区城市公共服务区规划和使用都具有广泛的社会意义。

5. 实践意义

具体的工作流程涉及数据获取、投票评价和优化设计等多个环节，本书介绍了这些环节可以应用的具体方法。在实际设计和改造项目中，常常需要对设计方案或改造方案进行对比，这需要采用各种测量和预测方法。在本研究中，将问卷、实测和统计方法进行耦合，对不同公共服务区模式的微气候显现指标分别进行实测和统计，对得出的数据经过统计学方法的计算实现标准化应用，以期结合对现存问题的综合考虑，在设计实践中指导公共服务区规划建设与更新。

此外，我国严寒地区由于气候条件特殊，其公共服务区微气候环境和城市空间形态均有着与其他地区不同的特征，具有较高的研究价值。通过现状考察、指标评价和优化探索等一系列工作流程，总结适用于严寒地区城市公共服务区微气候设计的策略，对严寒地区城市的气候设计和城市规划实践有着重要意义。

1.2 国内外相关研究进展

1.2.1 国外研究进展

1.2.1.1 微气候的范围与尺度界定

微气候理论最初是源于现代气象学的研究基础，随着研究的深入，研究者们关注到气象的微观层面，开始了微气候的理论研究。在确定了研究视角以后，许多学者从不同角度对微气候的研究范围和尺度进行了界定，如表 1-1 所示。Landsberg 和 Unger 等将微气候定义为地面边界层部分的气候，其温度和湿度受地面植被、土壤和地形影响[11,12]。Carrasco-Hernandez 等认为，微气候是指的小范围地方性区域的气候，其气候特征一致并可改善[13]。Santamouris 对微气候给出的定义是“在几公里特定区域内，由于气候的偏差形成的不同地块的小尺度气候形式[14]”。以上学者对微气候概念表述不一，但都认可微气候的小尺度特征，认为微气候具有更为微观的指标参数属性，作为一个有限区域内的气候单元，受到城市气候和区域形态的影响，是评价环境质量的重要因素之一。因此，可以从以下几方面对国外微气候研究进行分析：微气候参数特征和影响，城市空间的微气候环境，微气候对人体的影响，微气候环境评价。

表 1-1 不同研究角度的微气候定义

研究角度	微气候定义
水平位置	地面边界层部分的气候，其温度和湿度受地面植被、土壤和地形影响
地区特性	小范围地方性区域的气候，其气候特征一致并可改善
尺度范围	几公里特定区域内，由于气候的偏差形成的不同地块的小尺度气候形式

1.2.1.2 微气候参数特征和影响

微气候特征可以通过物理参数体现，在过去的研究中认为影响最大且被关注最多的物理参数为空气温度、空气湿度、风速和热辐射。

1. 空气温度

由于空气是物体和人体之间的主要介质，空气温度关系到物体间的热传递速度，空气温度的变化能够被人体所感知，也能够反映城市不同区域的热环境状况，因此空气温度成为城市微气候研究者们最为重视的参数。研究者们通过应用 GIS（地理信息系统）、Google Earth、ArcMap 及 ENVI 等软件进行数值模拟，分析城市建设对环境的影响，在研究过程中主要以空气温度来反映热环境[15-21]。这些研究指出，城市化（不仅包括城市建设，也包括填海造地）正在引发和不断增强热岛效应，城市热岛中心的空气温度平均上升了 3～5℃，在填海造地的人工岛上，空气温度平均上升了 2～3℃。

对不同城市的热岛效应程度进行对比，能够看出城市空间结构的调整可以对城市热岛效应产生影响。Gago 等[22]通过对植被、树木、道路、建筑类型和铺装材料等因素进行计算和比较，指出了环境建设和人工材料使用方面的不利因素，并提出一些解决措施。

此外，下垫面的类型和材质对热环境有着较为显著的影响，人工路面引起空气温度上升，而绿地和水体能够一定程度地降低城市中心的空气温度，这对缓解热岛效应有着积极作用。Skelhorn 等在郊区选取了 6 组不同类型的绿地进行空气温度的测量和模拟，发现在增加了 5% 的树木以后，地表空气温度降低了约 1℃，相反，如果以沥青代替绿地，则该场地的空气温度增加了约 3.2℃[23]。Onishi 等以日本名古屋为案例，评估了绿化停车场对城市热岛效应的缓解作用，建立了用于分析不同季节地表温度（land surface temperature，LST）和土地利用 / 土地覆盖（land use/land cover，LULC）的多元线性回归模型，为绿地覆盖方法在城市规划设计中的应用提供了参考[24]。

2. 空气湿度

空气湿度能够对人体的热平衡和热舒适造成显著影响，是微气候和热舒适相关研究中的重要参数。在室外环境，当夏天气温较高时，湿度的升高将会使人体感到闷热不适，而冬季气温较低时，潮湿的空气会加重人体的冷感[25]。然而空气湿度对人体的影响更多地反映在热平衡和热舒适上，人们通常对作为独立指标的空气湿度并不关注，因此 Johansson 等研究者更多地采用了中观尺度和微尺度的案例或模型进行研究[26]，研究者们通过对不同地区、不同城市和不同形态的案例进行实测和模拟，发现空气温度和湿度的变化和影响较为接近，包括在一些风速和热辐射差异较大的特殊位置，而在城市中的大开敞空间，树冠范围较大的乔木对调节湿度和热舒适有着非常显著的作用，在关于湿度参数的研究中，植物绿化是最主要的控制因素。

3. 风速

从城市整体气候角度来说，城市中无处不在的气流运动是影响城市空气污染、街道自然通风、对流热交换、建筑外围护结构风荷载等问题的重要因素，因此许多研究者们将气流运动作为研究重点，用以提升环境质量，并避免极端气流产生的危害。在微气候研究中，气流运动主要体现为目标空间内的风速与风向，研究者们试图确定目标环境中风速的合理范围，以及在目标环境中获得较为合适的风速的方法。为此，Hall 等引入了湍流动量交换的相关理论，建立影响关系的数学模型，分析高宽比、粗糙度对风环境的影响，并计算了风速较优值[27]。Bruse 等选择了更为微观的视角，将实验对象限定在公共服务区内部的小广场里，利用计算机模拟了这个小环境的绿化对微气候环境的影响，指出局部空间和绿化的调整不仅能对温度产生影响，也能使风速发生变化[28]。

4. 热辐射

城市室外热辐射主要包括太阳辐射、红外辐射、地面辐射和大气辐射等指标。城市中最大的热辐射来源是太阳辐射，直射太阳辐射属于短波辐射，其对热环境的作用特征和其他长波辐射指标有所不同，尤其在针对城市室外空间的相关研究中，太阳辐射是受到关注最多的辐射指标。城市环境中太阳辐射量的变化，与周边建筑物、构筑物和植物等物体遮挡有着密不可分的关系，因此，Carrasco-Hernandez 等采集了城市中不同空间节点（例如街道、院落等）的体量和尺度，对太阳辐射量和短波辐射进行了计算，指出节点之间的辐射量有着明显的差异[13]。

综上所述，空气温度、空气湿度、风速和热辐射虽然都影响着微气候，但对象之间的热交换作用才是目前微气候参数研究的核心内容，热交换的对象是指大气、地表空气、建筑、大地、植物、水体和生物等存在于空间中的物质，从城市空间角度来说，热交换作用也包括道路宽度、建筑高度、公共绿地面积、结构和表皮材料等形态因素对热平衡造成的影响。由于热交换作用，微气候的 4 项参数之间呈现出相互作用、相互关联的复杂特征。

在关于城市空间对微气候影响的研究中，研究者们试图从微气候参数影响特征的角度分析和解决一些城市气候和环境问题。de Gruchy 以澳大利亚布里斯班中央商务区作为案例，对 4 项微气候参数进行了分析[29]，指出场地布局和建筑形式对微气候参数具有影响。Kubota 等在日本的不同地区，选出 22 个典型住区案例进行风洞试验模拟，计算出 16 个风向下相对应的平均风速比和舒适风速，根据舒适风速对建筑密度界限值进行了讨论[30]。

街谷是城市中非常重要的室外空间，具有承载和连通的双重作用，许多研究者对此进行了专门讨论。Bottillo 等对自然对流影响下的城市街谷进行了风和热环境的模拟计算，研究结果表明，城市街谷内部的空气对流、传热等现象在不同太阳辐射强度的作用下，将会产生一定变化[31]。Hedquist 等在美国菲尼克斯选取了 3 个典型区域案例进行计算机模拟，取得微气候数据，并建立舒适性模型，计算得出建筑遮阳与舒适性显著相关，在位于市区的案例中，提高遮阳率能够使舒适性得到提升，这种提升在南北朝向的街道中更为明显[32]。Fahmy 等针对埃及开罗城市形态设计，提出了城市诱导式热舒适系统[33]，建立诱导式热舒适系统网格检验城市街谷，发现高密度的城市布局对开罗的室外热舒适并非没有好处，但这需要合理地设定街道朝向，才不会导致风速过低而带来的不必要升温。

建筑和铺装材料的物理性能同样是微气候研究的重点。Santamouris 对多种铺装材料的实际效果进行了实地测量，从光学和热学的角度对铺装材料的热性能进行讨论，并对关于降温铺装的研究和实践问题进行了总结，验证了具有降温性能的铺装材料对区域整体环境同样具有降温效果[14]。Jo 等对“降温屋顶”进行了分析，以一栋商业建筑屋顶作为案例计算太阳辐射反射量，之后将屋面材料替换为一种具有反射效果的材料并进行计算，经过两组数据的对比发现，采用高反射率的屋面材料能够起到建筑节能和降低外表面空气温度的效果[34]。Santamouris[14] 和 Dimoudi 等[35] 将具有高太阳辐射和红外辐射反射率的建筑材料进行了总结，介绍了这些材料作为冷却材料的性能，并分析了这些冷却材料在城市环境和建筑空间方面的应用发展和实践。

1.2.1.3 人体微气候舒适性评价研究

现有的微气候评价研究成果多以热舒适评价为理论基础，在众多微气候指标中，能够用于描述和评价室外环境并在各类气候条件下都具有一定适用性的指标主要有三种：湿球黑球温度、生理等效温度和通用热气候指标。许多研究利用这些指标验证了空间形态与微气候的作用关系，并试图找出使微气候满足人体舒适性的设计途径。

1. 湿球黑球温度

湿球黑球温度（WBGT）是目前应用最广的舒适度评价指标之一，可以应用于户外环境评价，国内外有许多评价标准以此作为理论基础，例如作业环境评价标准 *Ergonomics of the thermal environment—Assessment of heat stress using the WBGT*（*wet bulb globe temperature*）*index*（ISO 7243：2017）、《高温作业分级》（GB/T 4200—2008）等。

2. 生理等效温度

随着对微气候研究的逐步深入，在慕尼黑人体热量平衡模型（MEMI）基础上，研究者们发现了环境影响、生理情况、衣着热阻等诸多因素的综合影响，推导出生理等效温度（PET），定义为给定环境下的生理平衡温度，其值等于典型室内环境下达到室外同等的热状态所对应的气温，这一指标目前已得到广泛应用。Taleghani 等对荷兰 5 个城市的室外热舒适度进行了研究[36]，利用 ENVI-met 模拟室外空气温度、平均辐射温度、风速和相对湿度，用 Rayman 模型将这些数据转化为 PET，得出持续的阳光直射和平均辐射温度受城市形态的影响、在热舒适度上发挥最重要的作用的结论。Shashua-Bar 等选择希腊雅典的一条街道作为研究对象，在考虑当地人极限承受力的条件下，增加一个校正方程得到 PET。结果显示，树是影响热效应的主要因素，其次是高宽比和墙面反射率[37]。Chirag 等选取了印度金奈城市中 6 个具有明显不同的物理特性的街道，监测了夏季气候条件，通过 PET 对微气候与室外热舒适进行评价[38]。进行平均 PET 回归分析时发现，高宽比和绿地率分别显示出较差和中等的相关性，而 HXG 尺度（高宽比与绿地率的乘积）显示了良好的相关性。Omonijo 以尼日利亚伊巴丹为研究对象，通过 PET 评估了城市热舒适度的季节变化及其对人体健康的影响[39]。

3. 通用热气候指标

通用热气候指标（UTCI）是于 2009 由国际生物气象学协会开发完成的适用于全气候条件下不受区域类型限制的评价模型。作为由多个机构共同完成的新型指标，它充分考虑了人体与环境之间的相互影响作用，采用多节点模型（UTCI-Fiala multi-node model）作为计算基础。UTCI 评价模型是较为先进和完善的微气候评价模型，但该模型需要部分人体测试指标，在实际应用中使用的便利性不够好。

4. PMV 评价指标

丹麦学者 Fanger 提出了预测平均评价（PMV）指标[40]，该指标代表同一环境中大多数人对身体冷热的平均感受。由 PMV 指标建立的热感觉模型包括 4 个环境变量和 2 个体变量，根据这些变量间的数值关系能够计算出热感觉的预测结果，其中环境变量包括温度、湿度、风速和平均辐射温度，个体变量包括服装热阻和新陈代谢率。由于个体间生理和心理因素的差异性不可忽视，主观因素对舒适度的评价结果存在不同程度的影响，在此基础上，Fanger 提出了相关指数（PPD）来表示人们对热环境的不满意程度。根据 PMV 指标的相关研究成果，国际标准化组织制定了热舒适标准 ISO 7730：2005，资料显示，若 PMV 处于 −0.5～+0.5 之间，说明处于热中性状态的人群数量在 90% 左右，此时 PPD 为 10%，可判定该空间的热舒适性较高。

热舒适是人对周围热环境所做的主观满意度评价，评价过程受客观物理环境及多种主观因素共同影响。物理环境具体指太阳辐射环境、温度环境、风环境和湿度环境；主观因素的涉及面较广，包括年龄、性别、身体机能等生理因素和个人经验、热期望等心理因素。衣服厚度的差异及活动状态的不同对热量的消耗也会产生一定程度的影响，进而影响人们对舒适度的判断。Nikolopoulou 等认为热舒适即为一种对热环境适应调整的过程[41]，当环境发生改变对人体产生刺激时，为了达到生理和心理上的平衡，人们将在心理和行为上产生调整和适应的反应。Lenzholzer 等[42]通过访谈获得长期空间环境感知的数据并对 3 个荷兰广场的微气候进行测量，指出人们对微气候的感知一般来说相当准确；通过分析气候模拟数据和对人们关于环境感知的调查形成的认知地图，形成一系列的设计建议，以改善荷兰城市广场的热舒适条件。

1.2.2　国内研究进展

国内学者也认识到城市气象和空间环境研究应逐步深入至微观视角，通过学习和引进国际上的理论基础与先进技术，针对我国国情进行了一系列研究。刘念雄等对微气候的概念和范围进行的描述为“大气作用下发生在地表（一般指土壤表面）的，由微小下垫面构造特性所决定的气候特点和气候变化”[43]。有学者还对城市功能区的微气候特征进行了研究并相互对比，得出了不同功能区的微气候条件及其对环境和舒适度的影响。通过 ALOS 影像数据识别 690 个城市功能区（UFZ），将地表面温度变化与这个区域城市功能区的类型、结构特征，如面积、大小、多样性、复杂性和连通性进行比较[44]。丁沃沃等对城市形态与微气候的关联性进行了研究[45]，将微气候的讨论范围总结为城市边界层（urban boundary layer，UBL）、城市冠层（urban canopy layer，UCL）和城市街道层峡（urban street canyon，USC），如图 1-1 所示。这对增强国内研究者对微气候理论的理解有着重要意义。

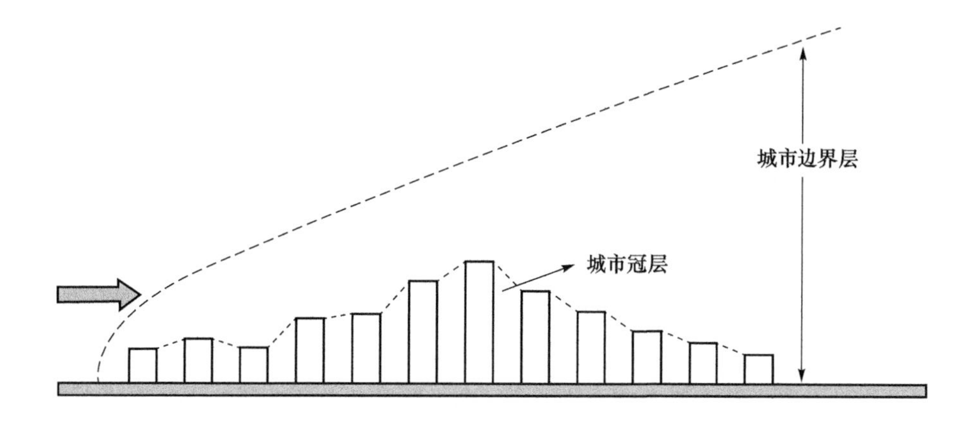

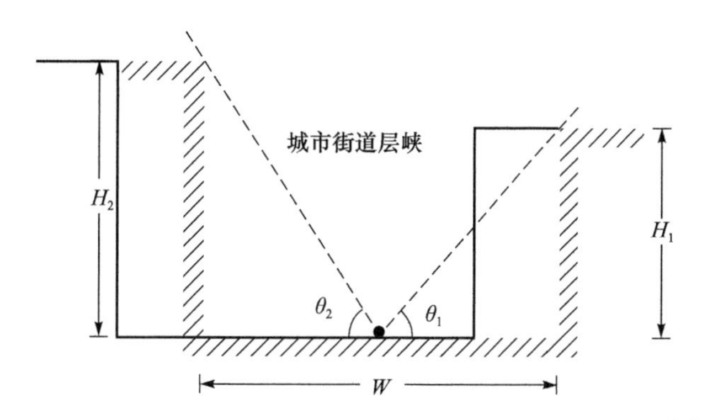

图 1-1 城市边界层、城市冠层与城市街道层峡示意图 [45]

1.2.2.1 不同气候区的城市微气候特征研究

中国国土南北跨度非常大，不同地区的气候有着比较明显的差异，因此国内的微气候研究非常注重体现地域气候特色。在严寒地区，冷红等提出了寒地气候特征对城市宜居性的影响，以及公共环境设计在改善寒地城市微气候的相关问题 [46]。王振等进行了夏热冬冷地区城市街区层峡微气候适应性设计策略的构建 [47]。张鹏程对冰雪下垫面条件下城市住区热气候及室外人体舒适性进行了研究 [48]。在温暖地区，侯浩然等针对福州的气候特征设计实验，利用空间降尺度 HUTS 算法反演得到地表温度影像，结合土地利用等数据对热环境的时空变化做了定量分析 [49]。徐煜辉等总结了山地城市建筑布局、环境地形与环境绿化间的微气候热舒适耦合关系，为山地城市微气候热平衡角度的低碳生态住区规划理念的提出奠定了基础 [50]。

1.2.2.2 城市功能区的微气候特征研究

杨峰等针对广州、上海的城市高密度住区进行了大量的微气候热环境实测研究 [51]。王青等结合武汉实际情况，运用相关软件的湍流模型进行了不同类型住区风环境的数值模拟，为住区规划设计中的风环境设计提供了一定的参考 [52]。周梦成对成都万街农村新型社区进行微气候层面的最优方案选取，提出生态、低碳及宜人的农村新型社区环境建设途径与策略[53]。姚雪松在哈尔滨市高层住区规划研究中，通过发放调研问卷、行为观测、实地风速数据测量、计算机数值模拟等手段，分析不同建筑布局形式与微气候环境之间的影响关系，以及居民在不同时间地点的行为和对小区内公共设施的使用情况[54]。

许多学者对不同气候环境下的公共服务区微气候环境进行了研究。曾煜朗等测量了成都商业区宽窄巷子街区内 3 个典型场所的微气候参数，分析其变化规律，探讨商业步行街的夏季微气候特征，为讨论场地街景设计与微气候的相关性，分别选取 3 个典型气象日，取测试数据的 10min 平均值，同时利用气象站监测的温湿度数据作为对比参数，探讨街道风景园林设计对场地微气候的影响[55]。冷红等对哈尔滨中央大街步行街和主城区街区的微气候环境进行了多角度研究，对生态城市、气候舒适度、寒地城市商业步行街和住区街道规划等方面提出方法与对策[46, 56]。史源基于北京夏季炎热高温冬季寒冷风强的地域气候特征，结合其城市环境改造大量实践案例，进行了北京西单商业街的风环境及热舒适性数值模拟研究[57]。陈鑫把南京 3 所典型高校的校园景观绘制成 6 个校区的斑块类型分布图，并对 6 个校区进行了景观格局指数的分析，从景观格局与绿地空间布局两个方面，对 3 所典型高校的 6 个校区提出了优化建议[58]。

1.2.2.3　城市空间布局对微气候的影响研究

在城市空间布局对微气候的影响研究方面，我国学者基于国外的研究结果与先进技术，针对我国城市结构与气候情况，进行了完善与突破。

周雪帆采集城市中的小范围区域作为城市中心区的代表性区域，通过计算机数值模拟技术，获得提高城市中心区用地效率的开发强度控制指标与城市中心区气候变化趋势之间的关系，对局地微气候研究有一定的借鉴和联系[59]。王频等对不同尺度城市气候的成因及其影响因素进行系统研究，分别从城市范围、城市内特定区域与街区、街谷 3 种尺度对国内外城市气候研究进展进行了综述总结，指出影响因素与城市气候的关系研究正从定性走向定量化，这使得城市气候研究在城市规划相关领域中的结合与应用具有了意义与可能[60]。丁沃沃等在提炼城市肌理形态、城市肌理体量单元等概念及微气候热舒适度、微气候风舒适度等指标的基础上，提出了基于城市街道空间优化的街道贴线率和街阔整合度两组表述指标[45]。刘哲铭等和黄华国在多尺度视角下针对环境、资源与城市形态之间的关系进行了不同层次的系列研究[61,62]。

Huang 等通过选取赤裸混凝土、城市森林或树荫、城市水域和城市草坪 4 种类型的地表，综合了南京城市元素的物理特性、天空可视因子（sky view factor，SVF）、表面的几何形状颜色和天气条件，对温度和风速测量数据进行了分析[63]；建立了 4 个观察点，通过标准差（SD）动态分析这 4 种类型地表在时间和空间上的微气候，得出不同时间微气候的日变化规律和动态特征。

周姝雯等对街谷动态模型进行了综述，介绍了对典型街谷进行空气污染和热效应的数值模拟技术与方法，从多角度解析了各影响因素对街区环境质量的影响方式和影响程度[64]。舒也等对杭州市区的典型城市街谷的热环境进行了实地测试，分析了不同朝向的街谷温度的差异[65]。杨峰等对两个具有代表性的上海高层居住小区的夏季热环境进行了实地测量，并与微气候模拟软件在设定气象背景条件下的热环境模拟结果相对照，指出提高地面的硬质铺面反射率应注意控制在合理区间，否则虽然对降低城市热岛有一定效果，但可能提高行人区域的辐射温度从而影响行人的日间热舒适[51]。

冯娴慧等设计了两组数值试验，一组基于无绿地的城市下垫面的控制试验（CTL），另一组在CTL上叠加广州城市绿地现状布局的敏感性试验（SENS1）[66]。

通过对建筑外立面材料的实验与模拟研究，我国学者对外墙表面温度变化及不同外墙表面材料对室外温度场影响提出了许多定量的研究结论。区燕琼研究了建筑外墙面热辐射性能对室外温度场的影响，通过现场观测实验和计算机数值模拟手段的结合，重点研究了广州地区夏季不同建筑外墙面热辐射性能对其墙体温度和室外空气温度的影响[67]。陈卓伦使用ENVI-met软件进行热环境与建筑能耗的耦合模拟，并做了景观因子量变模拟文献技术综述，对ENVI-met耦合模拟方法从理论和技术上进行了校验[68]。

谢清芳等以不同朝向布置的住区小型绿化带为研究对象，结合其与多孔介质模型的相似性，采用数值模拟的方法研究了在不同风况下绿化带形式对其所处局部微气候环境的影响[69]。劳钊明等使用ENVI-met设计实际模型对中山市典型街区建立实际和无植被两种方案进行模拟研究，结果表明城市的绿化可以显著降低温度，有效提高人体舒适度[70]。刘君男总结多种具有不同布局形式的高层住区建筑群，对各建筑群周围的风速分布和风速比进行了研究，提出优化高层住区周边多层住区室外风环境的策略[71]。

王吉勇通过现场调研及计算机模拟获得广场微气候与使用者行为规律的基础数据，将数据转化为可以进行对比分析的气候评价图和使用者评价图，然后利用叠合分析法对评价图进行对比，分析广场存在的问题，提出了广场复兴设计应采取的对策[72]。

1.2.2.4 城市空间微气候环境评价研究

我国目前应用最广的舒适度评价指标是WBGT和PET。朱颖心等运用三围植物冠层流体模拟方法、植物与环境的热质传递模型等多种方法组合的方式建立了绿化与室外环境的通用模拟体系，以WBGT与SET相结合来评价绿化与室外环境间的相互影响关系[73]。马彦红为了研究哈尔滨市过渡季节住区街道空间布局对其微气候影响，利用ENVI-met对寒地住区街道空间进行了数值模拟，得出住区街道空间的热舒适评价、选择及优化建议[74]。蒋存妍等利用Fluent 13.0软件和模糊评价方法，建立了住区气候舒适范围评价体系——中心绿地微气候环境模糊评价[75]。陈睿智构建了旅游景区微气候舒适度综合指标评价方法，分析了地面铺装、植物等不同要素在不同季节对微气候舒适度的影响[76]。唐鸣放等研究了重庆农村住宅常用地面在春夏季节的热湿状态，发现农村住宅地面的热湿状态亟待改善[77]。

1.2.3 国内外研究综述

1.2.3.1 主要成果特点

国内外学者们近年来运用先进的理论与技术，界定了微气候理论的研究对象与范围，基于各国地域气候特征，论证了多项微气候参数的相关性，总结并实践了多项研究方法。主要成果呈现以下特点：

（1）对不同尺度的空间进行分层研究

国内外的微气候理论研究均将微气候环境的影响范围作为要点，将研究对象或要素、指标按微气候影响范围进行分类，分类主要有两种，分别是垂直尺度与平面范围。垂直尺度是指从地表向上进行计算的垂直空间距离。前文文献指出 2m 内的垂直空间具有明显的微气候特征，景观或绿化是调节微气候的有效途径，经过国内外众多学者的研究，已经得到普遍认可。平面范围是指区域规模、尺度等，基于平面范围的研究主要有城市、城市内特定区域和街谷三个层次，主要的研究类型为具有各类典型气候特征城市、城市的住区和其他公共区域、街区、步行街等。

（2）关注地域气候对微气候环境的影响

近年来城市微气候研究已遍及全球各种类型的气候区，如湿热地区、寒冷地区等。我国各地气候差异大，学者们针对各地气候特征，结合我国国情进行了多角度研究。

（3）关注区域功能对微气候环境的特殊要求

早期研究针对不同地域，研究对象遍及整个城市，缺乏对微气候范畴的区域功能分析。近年来，国内外研究者关注了如居住区、商业区、大学校园、街区等功能区内微气候环境研究，包括理论验证、功能区微气候特征研究、行为影响和环境质量评价等，成果十分丰富。

（4）研究结果趋于定量化

部分研究论证了城市布局、城市设计要素与微气候环境的相关性，对区域规模、建筑密度、人口、下垫面布局等城市影响参数也进行了相关性讨论，研究走向定量化，并推广数值模拟技术。国内外文献显示，国际上对微气候环境研究的主要技术都各有其优缺点，基本能够从各自的层面定性研究微气候环境的各个因素，但对于定量研究，仍需要针对当地气候进行验证。许多研究者对研究方法和关键技术进行了专门的验证与论述。我国学者对这些技术的运用持谨慎态度，注重对研究中所使用的技术进行验证与对比，许多文献介绍了技术的使用方法、验证过程和适用范围等。

1.2.3.2 有待深入研究的问题

在现有研究成果的基础上，仍有待深入研究的问题主要包括以下四方面：

（1）微气候系统多参数的耦合研究

由于微气候环境包含了多种物理要素，大多数研究者从热环境、风环境等方面入手，单独研究微气候的某一方面，针对该要素开展量化研究并得出具有针对性和预见性的调节方案，但诸如针对“风环境进行调节与优化以后是否对热环境也同样有利”这类问题并没有明确回答。同样，地面垫面类型（包含绿地）会对垫面以上的微气候环境产生影响，这是被微气候环境研究者普遍认可的重要结论与依据，许多文献指出适宜的垫面类型对降低城市热岛强度有一定效果，但也有研究者认为这可能会提高行人区域的辐射温度从而影响行人的日间热舒适。接近地面的建筑外墙材料对微气候的影响并不在大多数空间布局研究者的讨论范围以内，国内外已有许多学者认识到这一问题，他们提出应进行多元化研究、耦合研究等观点，但具体成果还有待进一步丰富。

（2）数值模型的普适性

用于微气候环境研究的空间模型主要有三类：马丁研究中心的城市形态原型（如平均天空开阔度的计算方式和城市粗糙度的计算方法），实例商业区还原模型，体量关系简化模型。马丁城市形态原型是以欧洲城市肌理为基础，实例商业区还原模型仅适用于对应的商业实例，体量关系简化模型适用性优于实例商业区还原模型但精确度低。国内外已有部分理论研究指出，参数化模型的建立应加强普适性。从事城市形态研究的学者们从整个城市的角度多层面论述了城市肌理对城市气候的影响，这为局部地区的室外空间形态对其微气候影响的研究提供了借鉴和依据[14]。

（3）微气候环境相关影响因子权重

研究者们在关注微气候环境的物理参数的同时，也关注使用者的体验，除了以设计规范为依据，还将舒适度作为首要参考，对安全、经济等要素却很少专门研究。研究者还对微气候的影响要素进行探讨，论证了影响要素与微气候的关联性，但在特定功能下的影响要素均有其特殊性，各个因子的重要程度有所变化，对此还应进行专门研究。在进行微气候质量评价时，研究者多只关注评价本身，尚未能将其应用到“针对评价结果对环境设计进行修正”这一领域。计算微气候环境相关的影响因子权重，便是进行微气候环境优化的重要前提，具有研究价值。

（4）以微气候调节为目的优化设计方法体系

我国城市公共服务区的微气候研究已积累了一定的理论成果，学者们已充分认识到城市微气候设计的重要性，但在实际设计中，微气候理论却难以应用。在我国城市街区微气候环境的研究中，许多研究者都考虑了商业街区空间尺度的特殊性，为公共服务区微气候研究提供了参考依据。严寒地区城市住区微气候理论及研究方法已经取得了一定的成果，在住区布局形态、空间布局对微气候环境影响等方面已经进行了验证，并确认住区布局对微气候环境具有影响。这些成果是公共服务区微气候研究的理论支持。

1.3 研究对象与范围

1.3.1 城市气候与微气候

微气候环境受到空间所处城市气候背景的决定性影响，即大气环境中的太阳辐射、空气温度、湿度、风速、风向及降水等复杂的气象因素综合作用对区域环境产生的影响。我国国土面积较大，不同经纬度城市的气候差异较大，因此研究局地微气候规律之前需要对城市气候特征有所把握。

1. 城市气候

气候是人类生活和生产活动的重要环境条件，人类最初只能凭借经验认识天气和气候，但随着科学技术的进步，人类已逐渐掌握气候的规律。气候学作为地理学的组成部分和大气科学的分支学科，其长足发展为改善微气候方面的工作提供了基础。现代气候学主要研究辐射因子、大气环流、下垫面性质作用下的气候特征、形成、分布和演变规律，以及气候与人类活动的相互影响关系。对气候的深入研究及其应用有利于人类适应和利用气候资源，并能够有效防御气候灾害，因此相关研究日益受到各方面的关注。

气候是某一地区的大气物理性能在相当长时期内的平均或统计状态，时间范围一般采用世界气象组织定义的30年。气候包括温度、湿度、气压、风力、降水量、大气粒子数及众多其他气象要素在很长时期及特定区域内的统计数据，气候由干湿、冷暖等特征进行权衡，通常采用某一时期的平均值与离差值表示。气候的形成是这个地区的太阳辐射、大气环流和地理环境长期相互作用的结果。由于太阳辐射在地表的分布差异，气候具有温度随纬度变化的特征，除此之外，由于海洋、陆地、山脉等不同性质的下垫面对太阳辐射产生不同作用机制，气候呈现出一定的地域性差异。气候可根据水平尺度的大小进行分类，广泛使用的气候分类系统由气象学家Barry提出，其根据大气统计的平均状态、空间尺度（水平及竖直尺度）、下垫面构造特性和时间影响范围将气候细分为大气候、中气候和小气候。其中，大气候又称为全球性风带气候（macroclimate），指大区域及全球性气候，如地中海气候、极地气候等；中气候为地区性气候（localclimate），指较小自然区域的气候，如森林气候、城市气候、山地气候以及湖泊气候等；小气候可细分为局地气候（mesoclimate）和微气候（microclimate）。

2. 城市微气候

城市气候与其他所有的气候一样，是一个地方许多天气状况综合统计累计的结果，其中任何一个局部的状况均受到大尺度天气形态所影响[43]。环境也或多或少会改变大气边界层的近地面空气层的局部状况，这些地面的特殊状态称为局地气候或微气候。根据吉野正敏1989年针对气候尺度范围及其气候现象的划分，微气候覆盖到的空间和水平范围见表1-2。本书以影响人类生活环境的微气候所产生的热环境为研究范围。

表1-2　气候尺度及其相对应的气候现象

气候分类	水平范围/m	垂直范围/m	气候现象	气候现象时间/s
微气候	10^{-2}～10^{2}	10^{-2}～10^{1}	温室气候	10^{-1}～10^{1}
局地气候	10^{2}～10^{4}	10^{-1}～10^{3}	公园冷岛	10^{1}～10^{4}

续表

气候分类	水平范围 /m	垂直范围 /m	气候现象	气候现象时间 /s
中气候	10^4～2×10^5	10^0～6×10^3	城市气候	10^4～10^5
大气候	2×10^5～5×10^7	10^0～10^5	气候带、季风区	10^5～10^8

无论是哪一地区，它的气候都是由不同的微气候构成的。特别是在一些城市地区，下垫面类型较多，下垫面结构非常丰富，导致城市的各个区域产生了多种多样的微气候。许多因素都会给微气候带来影响[45]，表 1-3 中的因素都会给地表的水分、动量和热量等下垫面物理特征带来影响，对下垫面的特征进行调整和改进，可对微气候进行影响。对各因素给微气候带来的影响进行深入研究和分析，能够为改善气候提供指导和参考。

表 1-3　微气候影响因素及其相对应的常见指标

影响因素	常见指标
土壤	类型、结构、颜色、空气和水分含量、热导率
水	表面面积、深度
植被	类型、高度、覆盖率、季节变化
建筑区	各种下垫面（混凝土、沥青、金属等）的颜色、热导率、热源等

大尺度的背景气候会给微气候的变化和特征带来影响。大尺度气候与微气候间的相互作用是不断变化的，有时是大尺度气候占据主导地位，有时微气候也能发挥自身的优势，所以，二者是同时存在的。一般情况下，如果出现降雨、多云或大风天气，此时微气候不明显甚至不存在；在晴朗无风的条件下，微气候现象则十分明显。因此，在研究城市微气候特征时，主要是将风速小、天气晴朗作为研究的前提条件。

微气候涉及的气象要素有温度、风速、湿度等。本书提到的微气候指的是由风速、湿度、温度以及太阳辐射强度等气候变量描述的，因受各种局部因素影响而形成的，小范围内的气候状况。不同的空间形态对周围微气候会产生一定的影响，这种影响体现在环境物理指标的变化，本书正是通过研究这种影响，探讨微气候调节的途径。

1.3.2　严寒地区

《民用建筑热工设计规范》（GB 50176—2016）将我国划分为五个气候区，包括夏热冬冷地区、夏热冬暖地区、温和地区、寒冷地区以及严寒地区，同时指出，严寒地区为累年最冷月平均气温≤ −10℃的地区，日平均温度≤5℃的天数≥145[78]，冬季寒冷漫长、夏季凉爽短暂，主要分布于东北、内蒙古和新疆北部、西藏北部、青海等地区。

哈尔滨位于中国东北地区北部，黑龙江省中南部，是黑龙江省的省会城市，也是我国东北地区的中心城市之一。在全国省会城市中，该城市位居最东端，所处纬度最高的目标城市。

1.3.3　城市公共服务区

公共服务是指那些通过国家权力介入或公共资源投入来满足公民生活、生存与发展的某种直接需求，能使公民受益或享受的服务。在城市规划和日常生活所涉及的范围，城市公共服务是一种狭义的概念，主要是指由公共资源投入而提供的服务，不包含国家权力的介入。为居民提供日常生活公共服务的城市功能区，即为本书所研究的城市公共服务区。

根据其内容和形式，城市公共服务区所提供的服务分为基础公共服务、经济公共服务、公共安全服务、社会公共服务。基础公共服务指为公民及其组织提供从事生产、生活、发展和娱乐等活动都需要的基础性服务。经济公共服务指为公民及其组织即企业从事经济发展活动所提供的各种服务。公共安全服务指为公民提供的安全服务。社会公共服务指为满足公民的社会发展活动的直接需要提供的服务。城市公共服务区的服务对象除了服务本身所涵盖的消费、金融、教育、科普、文化和健康等领域，还包含了居民本身的活动与行为，如休闲、游乐和社交等。

在城市中，集多种公共服务职能于一身的公共服务区，受到城市布局和建筑功能的影响，表现为多种具体形式。本书根据公共服务区的发展特征，选择其中的传统保护街区、中心商业街区、城市综合体和公共绿地 4 种主要形式进行研究，如表 1-4 所示。

表 1-4　公共服务区类型及案例

公共服务区类型	案例
传统保护街区	哈尔滨道外传统保护街区
中心商业街区	中央大街商业步行街、建设街商业区
城市综合体	群力远大城市综合体
公共绿地	古梨园城市公园

1.4　研究内容与方法

1.4.1　研究内容

本书共分为三个部分，分别是基础研究、现状调研与分析、微气候调节机制与优化策略。

第一部分的主要内容是对本项研究的背景、对象、进展和内容等进行初步分析和确立，在此基础上开展基础资料调查和整理工作，总结出研究所涉及的严寒地区城市微气候和公共服务区等方面的现有成果和问题，确定了研究方法和技术，作为研究基础。

第二部分主要介绍本研究的调查测试工作的开展情况。研究主要包括实地调研、现场测试和主观调查，因此对这3项内容分别进行说明，详细介绍整个研究过程中各个环节工作的具体内容。

第三部分是本研究所取得各项成果的总结。本书针对传统保护街区、中心商业街区、城市综合体和公共绿地这4种公共服务区类型进行多重调查和测试，从中找到不同类型的关键影响因素，分析其影响机制，最后总结不同类型公共服务区的规划设计和优化策略。

需要说明的是，本书不同章节采用的术语和标度体系不完全相同，这是由于书中的内容形成于不同的时期和研究方法，若勉强进行统一反而会带来理解偏差，敬请读者理解。

1.4.2 研究方法

本书主要采取如下方法进行研究：

（1）文献法

国内关于微气候和公共服务区规划的理论实践成果，在近年来已经渐渐显示出一定的方向和潜力，研究的首要工作就是搜集国内外大量的现有研究成果，尤其是实际工程中的案例。不仅要对本专业的文献进行整理，也跨学科对公共经营、消费心理学等相关资料开展了一定的研究和学习，使本书的研究工作在客观的前提下开展。

（2）比较法

整理资料后发现，微气候环境设计的理论研究在温暖地区较为成熟，尤其是我国南部城市以及欧洲地中海地区，微气候测量和评价方法较为全面系统，虽然其成果不能直接应用于寒地，但具有非常强的指导意义。除了学习和研究先进的理论，也需重视经济发展和社会体制的相对差异，全面比较地区、气候、商业需求，再进行权衡。

（3）实地测试法

研究采用相关的仪器设备对室外微气候环境进行客观测量，通过实地测量获取不同空间和节点的微气候参数，用于后期的环境分析以及影响机制研究。

（4）主观调查法

研究收集了大量的哈尔滨市公共服务区基础资料，并进行了空间形式调查，选取典型公共空间，进行调查问卷、记录与拍照等工作，以文字、图像、图表等方式记录空间形态、使用者行为特点及微气候环境特征等，统计分析微气候环境的现状特点、调节潜力及存在问题，为后面的研究提供依据。

（5）统计分析法

依托基础调研信息，采用统计分析方法、SPSS统计分析软件，系统分析哈尔滨市公共服务区空间形态要素、影响微气候的公共服务区规划设计要素和微气候环境评价指标的相关性，确定微气候参数区间。通过对微气候环境资料与数据的收集，以及使用者进行行为活动意愿和微气候环境需求调查，最终确定微气候指标和参数。

1.4.3 研究框架

本书的研究框架如图 1-2 所示。

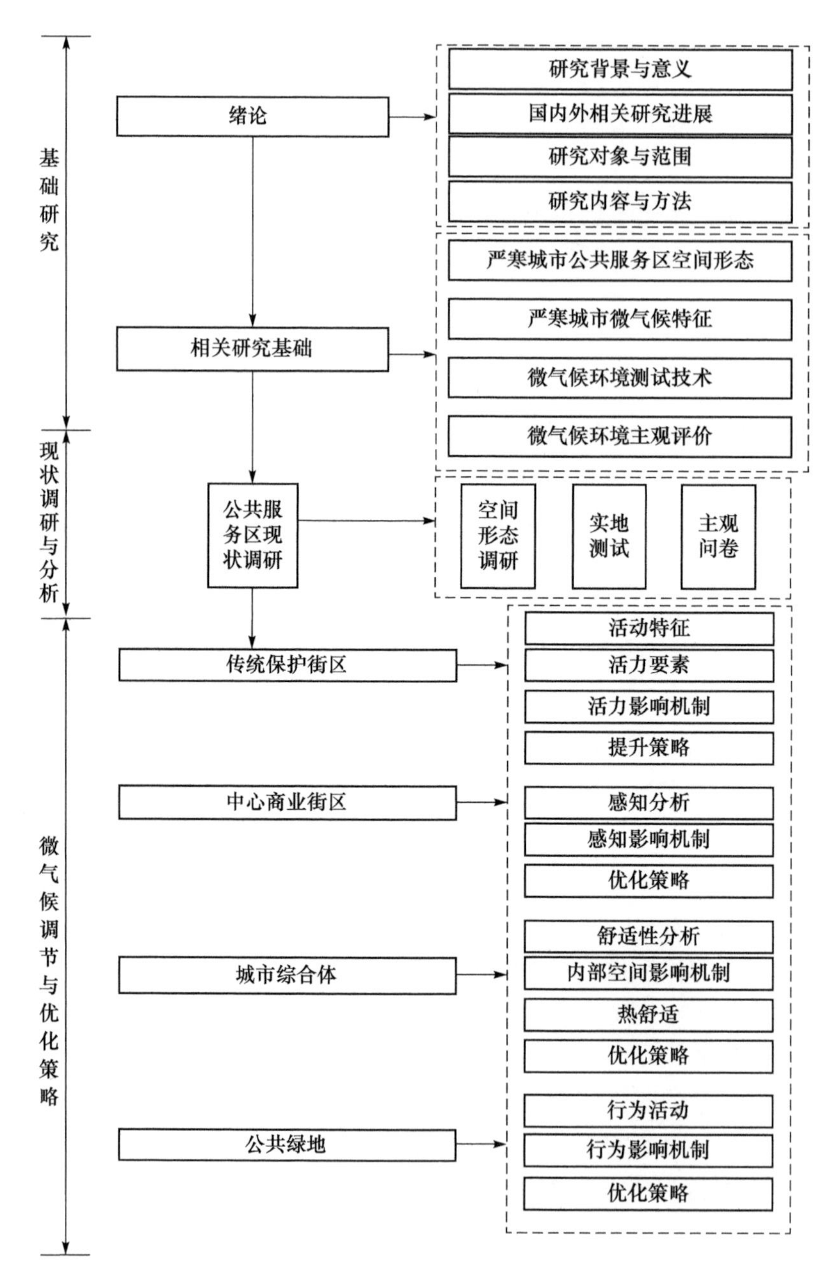

图 1-2　研究框架图

第 2 章　相关研究基础

本章首先对严寒地区城市公共服务区空间形态的相关研究和情况进行介绍；而后对严寒城市气候作用下形成的微气候特征进一步解析；实地测试是了解空间微气候环境的直观方法，因此对这一角度的相关研究进行了分析；此外还对微气候主观评价的相关研究进行了深入介绍。

2.1　严寒地区城市公共服务区空间形态相关研究

2.1.1　公共服务区发展趋势

伴随着城市空间的发展与更新，公共服务区也由传统形态向现代形态转型。我国商业发展已突破了传统商业模式的局限，展现出多层面的活跃和创新，但面临商业空间落后的现实问题。公共服务区的发展依赖于原有的城市结构和城市功能，这种依赖在城市核心区域显得尤为明显，单纯的商业与其他的休闲娱乐等功能特征融合，形成了以大型商业建筑为主干、中小商业建筑体系化集聚的中心商业区域或商业圈。商业不再是简单的买与卖，商品的概念已经突破了单纯的物质内涵，其中的文化、智力因素日益被重视，体验和服务也成为一种商品，消费与购物模式呈复杂多样化发展，出现了多种新兴商业形态。传统商业建筑的设计一直遵从原有的公共建筑与商店建筑设计规范及标准，但这些资料在规模与商业业态等方面并不完全适用于当今的商业需求。在新城区建设的现代公共服务区，已经有了许多独立和区别于传统商店建筑的特征。可以说，在以哈尔滨为代表的东北地区主要城市，核心公共服务区主要以新区现代商业区和经过改建的老城区传统商业区为主。

在新城区发展中，公共服务区的建设显示出系统化、组团化和功能复合化趋势，近年公共建筑发展呈现规模巨大化势态，建筑面积在 15000m^2 以上的综合体建筑构成了公共服务区的结构性单元。室外公共空间作为城市中商业活动和公共行为的承载空间，在城市经济生活中发挥了重要的媒介作用，其本质就是将分散的、不同规模的公共建筑组织到一起，所形成的规模化、系统化、功能完善的集团。这些公共服务区有如下现代特征：

（1）业态构成复合多元

公共服务区的业态往往由不少于 3 种类型的城市功能组成，且均具有较高的资金投入产出比，常见的包括商业零售、酒店公寓、办公会议、娱乐游憩、居住休闲等几大功能。各功能间相对独立，但在服务群体和空间布局等方面又有着显著的复合化特征，协调共生。

（2）空间形体复合高效

与一般建筑综合体通常以单体建筑出现相区别，公共服务区在空间形体组织方面的标志是其群体化体征，例如城市建筑综合体通常由多个功能、形态相关联的建筑单体或建筑群落结合而成。群体化统筹设计的优势在于，土地利用效率更高，空间形态布局更舒适，不同业态间扰动较少，慢行体系更加完善，更易建立区域形象，社会绩效与景观效果更突出。

（3）城市设施复合发展

公共服务区是多维度开发的，一方面对城市能源、交通、土地等资源的占用需求极大，对城市资源统筹的挑战较大，另一方面带来了快速科技发展。公共服务区与城市可持续发展、建筑绿色节能趋势以及市政基础设施建设的联系相当紧密，在一定程度上促使城市设施向更加完备、复合、可持续的良性方向发展。

2.1.2　公共服务区形态特性

现代城市公共服务区是包括了如城市实体物质空间环境中的建筑、街道、广场等元素的综合功能空间，以建筑要素作为主导，将城市中不同功能不同形态的建筑空间相组合，如居住、办公、商业等空间组合成为综合性巨构建筑或建筑群落，或者以非建筑要素作为主导，例如将建筑设计手法与城市景观要素、生态环境相配合而表现出复合多变的空间形态。

作为区域中心，现代公共服务区需要具备承载居民公共活动的功能，因此除包含相关联的多种业态外，也对城市公共空间体系进行完善和补充。与一般建筑周边开敞空间的内向性不同，公共服务区的室外开敞空间相对独立，并且承载一定市民公共活动职能，不仅为顾客人群服务，还为市民提供休闲、健身和娱乐等活动的开放场地。从区域角度来看，公共服务区的室外公共空间还具有外向性，与其他城市公共空间构成体系，连续的公共空间能够间接带动消费行为，获得经济效益。

由于上述公共功能的要求，当描述一个公共场所时，除了描述空间本身的功能，常常也会提到如何到达、进入并使用这个场所。Stephen Carr 在其著作《公共空间》（*Public Space*）中指出，城市公共空间应是足够开敞的、富有公共事务包容力的、社会个体或人群允许进入活动的空间；并提出，可以被人的行为利用或被允许使用是城市公共空间的首要特征，这包含两个内涵，即自由出入和自由行为。

在对公共服务区的活动空间进行设计时，使用者的行为和感受是不容忽视的。人在空间中的活动赋予了空间和建筑建设的意义，步行、驻足和聚集行为的增加能够说明该场所具有良好的容纳性、流动性和吸引力，由此公共服务区规划设计中布置的历史、景观、人文等元素得以发挥效用，进而提升经济效益和社会效益。

2.2　严寒地区城市微气候相关研究

2.2.1　严寒地区城市气候

哈尔滨是黑龙江省的省会城市，位于中国东北地区北部，黑龙江省中南部，松花江沿岸，是我国东北地区的中心城市之一。市域地理位置为东经 125°42′～130°10′，北纬 44°04′～46°40′，在全国省会城市中，该城市位居最东端，所处纬度最高，在气候方面有非常鲜明的地域特征。哈尔滨所处气候带为寒温带，气候类型属温带大陆性季风气候。其特点是夏季凉爽短暂，冬季寒冷漫长，而春秋季气温升降时间短、变化快，为过渡季节。哈尔滨的四季气候分明，春季易发生大风和春旱，气温变化无常且回升快，较大的降温或升温幅度可达 10℃左右，且春季气温月际变化强烈，一般在 8～10℃。夏季的 7 月平均气温 19～23℃。秋季昼夜温差和逐日温差变化幅度较大，9 月平均气温为 10℃，10 月可能已经出现日间 2～4℃、夜间 0℃以下的低温天气。冬季一般能从 11 月持续至次年 3 月，1 月最冷，平均气温 -15～-30℃。从全年来看，哈尔滨年平均气温为 3.6℃，极端最高气温可达 36.4℃，极端最低气温 -38.1℃。全市年平均降水量 523mm，主要集中在夏季。冬季降雪占全市降水 12.1%，降雪期超过 180d，年降雪量平均为 63.1mm，最大积雪深度达 41cm。哈尔滨年平均日照时数 2446h，在日照方面同样有四季差异显著的特点，夏季多，冬季少，春、秋介于夏、冬之间。在风速方面，哈尔滨冬、夏两季风速偏小，春、秋两季风速较大，年平均风速 4.1m/s，常年主导风向以西南风为主。春季风力大、水汽蒸腾快，因此地面空气中的水汽较少，此时哈尔滨的空气相对湿度较小，为 51% 左右。

哈尔滨这种四季分明和季风频繁的气候极易导致极端天气，不利气候也是城市宜居建设亟待解决的问题。例如，与纬度相近的芬兰赫尔辛基（北纬 60°）相比，哈尔滨市整个冬季平均气温约为 -17.4℃，赫尔辛基虽然纬度更高，却由于受海洋性气候的影响，冬季平均气温仅有 -3℃，比哈尔滨温暖得多，如表 2-1 所示[79]。

夏季炎热与冬季严寒一直是困扰城市居民生活的主要难题。由于太阳高度角、太阳辐射强度和日照时数差异，哈尔滨市夏、冬两季的平均气温差异较大，平均温差可以达到 41.7℃。与国内其他城市相比，哈尔滨的冬季平均气温非常低，最寒冷的 1 月份平均最低气温可达 -24.6℃。整个夏季平均温度约为 20.8℃，相对于国内大部分城市，哈尔滨的夏季平均气温并不高，但每年 7 月是哈尔滨气温最高的月份，最高平均气温可达 31.2℃，在此期间，天气十分炎热，严重影响了居民的户外活动。近 50 年来，哈尔滨市冬季出现极端低温天气频率显著升高，夏季持续的时间也逐渐增长，且气温也呈现出逐年升高的趋势。

哈尔滨的春、秋季节虽然气温较为适中，但不利的气候影响同样很多。由于逐日温度和早晚温差变化范围较大，一天中，早晚温差最高可达 16℃，每隔一段日子，还会出现幅度 10℃以上的大幅降温。近年来，春季多风天气（5 级以上）频率越来越高，偶有极端的大风天气（7 级以上）。

表 2-1　全球主要寒地城市冬季平均气温

国家	城市	纬度	冬季平均气温
中国	哈尔滨	北纬 44°04′～46°40′	−17.4℃
蒙古	乌兰巴托	北纬 47°	−21.5℃
俄罗斯	莫斯科	北纬 55°45′	−6.5℃
日本	札幌	北纬 43°	−6℃
加拿大	温伯尼	北纬 49.89°	−15℃
芬兰	赫尔辛基	北纬 60°	−5℃
中国	沈阳	北纬 41.8°	−8℃
中国	齐齐哈尔	北纬 45°～48°	−18℃

2.2.2　严寒地区城市空间微气候特性

2.2.2.1　中心商业街区的微气候特征

中心商业街区均位于城市的中心区，是整个城市建设密度最高的区域。高密度的建筑和日益拥挤的交通也给环境带来了负面影响。首先是城市硬质底界面比例过高，热岛现象加剧，近年来城区建设速度加快，城市硬质覆盖面积比例增大，地面热辐射值增高，城市生产、生活所产生的大量污染物和热扩散更加重了城市的热岛现象，建成区热场强度最高点比郊区平均状况高 25% 以上；其次，城区雨水资源没有得到充分利用，影响了生态系统小循环，城市空气干燥，威胁着居民身心健康；此外，在“一主多副”的城区建设布局下，城市中的风环境也发生了改变，如果某些区域出现不当的布局，将直接影响空气的流通性。哈尔滨市区冬季供暖煤烟多、春季多风扬尘，周边机动车产生的氮氧化物多，这些污染物都需要在良好的风环境下才能扩散和净化。可是在严寒地区气候条件下，逆温天气多，再加上严寒地区建成区建筑密度高、开敞空间少的这种空间形态，都对风环境产生了制约。人们从事户外活动时，对风环境有较高要求，过高或过低的风速都会降低该空间的行为活力，因此在具体的区域建设中，风环境质量受到越来越多的重视，其次受到重视的则是太阳辐射的影响[80]。

城市建成环境中，不同高度、间距、朝向的建筑组合使空气由于气压差而引起流动，并在遇到建筑界面等遮挡物时产生流速和方向上的明显变化，从而形成多种局地风效应，同时，地形变化、植物配置等环境设计要素也对局部风环境产生影响。风可以使人体皮肤表面水分的蒸发加速，加快体内热量流失、体表温度下降。人体散热量与风速和风频相关，风速越大频率越高，体表温度越低，有研究表明，风力每升高 1

级，人体感觉空气温度降低 1.8℃左右。

公共服务区因其特殊的建筑体量与布局形成了更加复杂的风环境，高层建筑群产生的楼群风已成为继废水、废气、废渣和噪声之后的城市新公害。风场环境是影响户外活动舒适性最为不利的微气候要素。有研究表明，除了 90°风向角以外，其余各风向角下，随着建筑高度的增加，周围的风速明显增大，高层建筑形成的下冲风、建筑拐角处的角隅风、建筑间的狭管效应都会导致交通通道、景观游憩空间、休闲交往场所的风速加倍，加上建筑对风的阻碍，使气流发生升降和涡旋等不可预测的变化现象。另外，公共服务区低压区域多，通风能力弱，当风速低于 1m/s 时，污秽的空气容易滞留，不利于散热和污染物的排散。在严寒地区城市的冬季，高楼恶性风流导致人体热量散失而感到寒冷，在炎热的夏季，涡流区加剧了居民户外活动的炎热感[81]。尤其是近年来，恶性风害随着高层建筑的涌现时常发生。

太阳辐射可以为室内外环境提供光线，亦可维持地表温度和大气温度，是热量的主要来源。自然的太阳光线对人的生理和心理健康有益，增强免疫力，促进钙吸收，还可以改善抑郁情绪。太阳辐射情况通常受太阳高度、日照率、云量、云状等气象因素的影响，又因太阳光照具有一定的方向性，在被照射物体背后形成明显阴影，因此太阳辐射与建筑遮挡也密切相关。有数据表明，其他条件恒定的前提下，阳光区域的空气温度可比阴影区域高出 3～5℃，可见太阳辐射对温度变化产生的作用非常明显[82]。

为解决城市用地日益紧张的问题，开发商利用有限的土地进行高密度建设，尤其在商业区这一类寸土寸金且对自然采光没有刚性要求的功能区，进行中心绿地等室外活动场地设计时，规划师与景观设计师常常仅从美学角度出发考虑形态、结构等要素，缺少对人体舒适性问题的权衡，由此不适宜的太阳辐射量常常引起室外驻足停留的减少。在严寒地区城市，地理纬度高，太阳入射角较低，日照时间短，建筑体量巨大导致的日照环境最大特点体现为室外某些场地的阴影区面积较大，长时间缺少阳光照射，虽然夏季这些阴影区域为居民带来一些惬意凉爽的感觉，但是在漫长寒冷冬季，缺少温暖的阳光照射必然会影响居民户外活动的意愿和舒适感，消极的空间设计大大降低了户外绿化空间的吸引力和使用率。

2.2.2.2　城市综合体的微气候特征

城市综合体的活动空间是商业空间和开敞空间整合的结果，多种因素共同影响其微气候环境。其中寒地气候条件决定了城市综合体微气候环境的大背景，空间形态要素在建设前期的影响较大，起着决定性的作用，在建设完成格局基本确定之后，绿化等其他因素对微气候环境表现出较强的调节能力，对城市综合体外部空间的微气候环境起到改善作用。

1. 寒地气候环境

寒地气候条件直接决定了城市综合体的气候环境，在大气候环境无法改变的条件下，可通过改变局地微气候环境提高人们的舒适度，尽量延长人们的室外活动时间，以增加城市活力。

2. 空间形态要素

城市综合体的微气候环境与建筑布局模式、街道走向、建筑高度等有着直接的关系。

建筑布局模式：建筑布局可对街道空间的太阳辐射环境和风环境产生影响。太阳辐射方面，由于遮蔽效果的差异，直接影响人群聚集情况；风环境方面，随着城市商业综合体体量和规模的增大，风影区的范围也相应增大，影响其外部空间环境的通风情况，并且不利于污染物的扩散[83]。

街道走向：城市商业综合体内部的街道走向可对街区的通风状况产生直接影响，进而影响人体热舒适性。街道走向平行于风向时，有利于气流进入街区环境，风速增大；垂直于风向时，建筑间形成风影区，风速减小；多数情况下街道走向与风向间存在一定角度，此时街区的风环境表现为利于通风或阻碍自然通风。因此，可通过调整街道走向、合理布局街道空间等方式改善街区的风环境[84]。

建筑高度：建筑高度主要对城市商业综合体外部空间的太阳辐射环境产生影响，不适宜的建筑高度会造成建筑间的相互遮挡，形成巨大的阴影区，减少日照时数，导致外部空间的使用率降低，尤其对于严寒地区的寒冷季节，建筑遮挡直接影响了街区活力。除对太阳辐射产生影响，建筑高度也会影响城市商业综合体的风环境，出现逆风、下冲风、角隅效应、风影效应等现象。

街道高宽比：建筑高度与沿街建筑距离的比值称为街道高宽比，对街道空间吸收太阳辐射情况和风环境产生影响。部分学者研究表明，街道高宽比在 1 附近时，容易让使用者感觉到舒适。

3. 其他因素

影响微气候环境的其他因素主要包括采光顶形式、景观系统、下垫面材质等。

采光顶形式：采光顶的形状、面积、高度、材质、透光量等均可对微气候环境产生不同程度的影响。

景观系统：植被可通过吸收、散射、反射等方式降低太阳辐射的影响，起到降温的作用，并通过蒸腾作用增加空气湿度，从而影响城市商业综合体的微气候环境。夏季树木枝繁叶茂，可为使用者提供阴凉，起到降温增湿的效果；冬季叶片凋落，枝干在一定程度上可降低风环境的影响，提高环境舒适度。水体可调节区域内微气候环境，在增加空气湿度的同时降低周边环境的温度，随着水体面积的增加，降温效果也愈发明显。

下垫面材质：下垫面材质的种类较多，包括混凝土、水泥、砖、沥青、草地等，由于各种材质的热吸收系数和发射率不同，太阳辐射的影响差异较大，其中沥青的增温效果最明显，草地的降温效果最好。

2.2.2.3 公共绿地的微气候特征

城市景观的类型并不是单一的，在多种多样的景观类型中，公园与其他景观的热环境明显不同。之所以存在这种现象，是因为公园景观需要种植较多的绿色植被，例如树林、草地等，一些公园还有水体区域，无论是绿色植物还是水体，热容量和热惯性都较大、热辐射率和热传导都较低，这使得公园空间内形成独特的微气候特征。

1. 热环境特征

大量的研究表明，植被能够有效降低周边温度。总体来讲，植被的降温原理包括蒸腾散热和减少太阳辐射。植被覆盖率较高的城市公园园内温度低于周围的建筑环境，这种现象被称为“公园冷岛”。由于植被随着季节发生变化，环境热源也会随着时段发生变化，因此，公园内热环境特征也会随之变化。

在夏季的白天，太阳辐射是热量的主要来源。在蒸腾过程中，植物将热量转为潜热，进而降低气温。与此同时，植物冠层将太阳辐射拦截，降低其对下垫面的影响，从而减少对近地面空气的温增。人工下垫面的热容量较大，而且建筑物能起到遮阳作用，因此城市建筑区的气温有可能会低于公园气温，形成“城市冷岛”效应。尽管植被和建筑物这两类下垫面的热力学性质存在差异，但对夏季白天气温的影响差异较小，气温与下垫面组成的相关程度也较小。

在夏季的夜晚，热源主要来自下垫面的长波散热。此时由于公园空间较为开阔，同时白天蒸腾作用散热多而蓄热少，散热快。而城市建筑区由于周围建筑对长波散热有阻碍作用，同时白天蓄热量较大，温度下降速度慢。Yokobori 等对东京近郊的环境进行了研究，他们分析了城市温度受下垫面的影响情况：在晚间，植物受到高降温率的影响，它们的降温强度要高于白天。

进入冬季后，太阳辐射变弱，许多绿色植物都已经凋零，无论是人工下垫面还是植被下垫面，在耗热和吸热方面的差异都比夏天时的差异小，因此无论是晚间还是白天，植被组成和气温的联系都较小。之所以出现该现象，是因为冬天许多树木树叶都掉光了，此时建筑结构决定了天空可视因子。

在冬季的夜晚，城市的取暖达到高峰，此时人工下垫面会释放许多热量，人工下垫面和气温存在密切的联系。在日间，植被下垫面和人工下垫面的热差小于夜晚的热差，它们对气温的影响差异小于晚间的影响差异，植被下垫面和气温的联系较弱。

2. 风环境特征

公园风环境特征主要受内部植被和水体影响，因此可以通过控制植被和水体的布局模式和面积等要素进行防风与导风设计。

植物主要通过叶片摩擦力以及枝叶间的扰动作用来降低风速。风穿过树冠时，受摩擦力的作用，风速减缓，同时树枝与树叶的扰动作用使湍流增强，从而进一步降低风速。乔木冠层下的树干对风的影响较弱，因此，在冬季，乔木和灌木的搭配能够达到较好的防风效果；在夏季，可以利用乔木树冠下的空间进行通风，同时利用树木的导风作用，将凉风引到需要通风的区域。公园内植物的配置与布局会根据城市主导风向进行设计，一般会在将常绿植物设置在冬季主导风向上，构成风障抵御寒风；将落叶乔木设置在夏季主导风向上进行导风，以满足夏季遮阳和冬季采光的双重需求。

绿地的布局形式对公园内风环境也会产生影响。例如，集中式绿地能够使空气流通发生变化，其阻碍较少，此时在小范围内较少旋涡风出现，通常不会出现其他方向的风，有利于发挥通风效应，将一些受到污染的空气吹散；如果绿地为分散式，空气无法顺利流通，建筑会对风速起阻挡作用，同时也会改变风向，此时在小范围内可能出现旋涡风，一些区域会出现狭管效应和较多旋涡风。比起分散绿地，集中绿地的通风效果较好[85]。

在城市中，人流活动较频繁、建筑较密集、街道较狭窄的地方经常是高温地区，集中绿地和水体较多的公园气温则较低。受到某些冷岛效应和热岛效应的影响，一些区域会出现局地环流。研究表明，除灌木林地外的各种绿地和水体的表面温度都与其面积成反比，因此绿地面积和水体达到足够的规模时有利于风的形成，从而与城市内热岛区域之间形成一定风速的局地环流，改善城市与公园内部的风环境[52]。

城市建成环境对微气候具有一定反馈作用，这些要素综合作用影响人体热感觉和舒适度。例如，公园周边的高层住区受到建筑高度和规划布局等因素的影响，其微气候环境较低层、多层住区具有更鲜明的特征，尤其是风环境和日照环境特征。

2.3 微气候环境测试相关研究

2.3.1 微气候测试内容

2.3.1.1 城市范围

1833 年 Howard 根据对伦敦温度场的观测出版了《伦敦气候》，首次提出热岛效应对城市气候环境的影响，为城市气候和热环境的系统研究奠定了一定的基础。随着城市气候学的长足发展，对城市尺度的微气候实测研究不再局限在对传统气象参数的测量等方面，还逐渐扩展到城市布局和设计与微气候的相互作用、城市化进程对微气候的影响以及热岛效应的成因与变化等几个方面。

瑞典学者 Eliasson 及其团队利用飞机获得了哥德堡的城市红外图像，并利用机动车运动观测温度变化，总结得出天空可视因子与地表温度存在线性关系的结论。美国学者 Hart 收集机动车行驶过程中测量的温度数据和 GIS 数据，对波特兰的下垫面情况与夏季城市热岛效应的关系进行了总结，归纳出白天最高温度时段热岛强度的变化规律，发现建筑面积、道路长度和植物郁闭度等因素对城市热环境有较大影响。国内学者黄良美、黄海霞等在南京地区选取了四个典型观测点，对林地、湖面、草地及裸露水泥地面四种景观用地的微气候因子进行 24h 定点同步观测比对，基于时、空序列及数据正规化三种标准差对测点温湿度变化进行分析，揭示出下垫面覆盖类型对热岛效应在时间与空间上的影响规律，研究结果表明，林地与湖面对日间和热季高温有显著的调节作用，可使空气温度降低 0.2～2.9℃，同时，林地与湖面对夜间和冬季起到缓和的保温作用。

2.3.1.2　城市特定区域

城市特定区域通常是指中观尺度范围的区域，包括住宅区、商业区、城市公园、大学校园等城市典型用地区域，其环境微气候质量与市民室外活动的舒适程度息息相关，引起了国内外研究机构和专家学者的广泛关注。

对居住区室外微气候的实测研究主要集中在建筑密度、下垫面属性及绿化方式对城市微气候、日照及污染指数的影响等方面。美国学者 Bonan 采用观测卫星图片与实测相结合的方法，对位于半干旱地区的科罗拉多州的郊区住宅微气候进行了研究，结果表明植被景观要素对室外环境有明显降温效应，且灌溉后湿润的草地比干燥的草地降温作用更明显，研究还发现住房密度对良好的微气候环境产生关键作用。华南理工大学亚热带建筑科学国家重点实验室选取广州典型住宅小区作为实测对象，研究结果表明，街谷风速小于开阔空间的风速，树荫及水体可以延缓最高温度出现的时间。国内学者熊咏梅等通过对广州市 3 个典型居住区的绿地温湿度进行连续 30 天的观测，采用主成分分析（principle component analysis，PCA）法得到叶面积指数、建筑物高度等因素与绿地温湿度的相关性，另外，研究发现，居住区绿地降温增湿效果与住宅高度和容积率成反比、与绿化覆盖率和绿地叶面积指数成正比，而建筑物方位角的影响不明显。

城市公园作为城市重要的公共绿地，是市民休闲游憩的最佳场所，且其特殊下垫面结构所产生的局地微气候对城市热环境及空气质量具有良好的优化作用，这种作用不仅影响公园自身区域，还会延伸至其周边地区。日本学者在对东京西部某公园的实测中发现，正午草地上方 1.2m 高度处的温度明显低于沥青地面或混凝土地面的停车场或商业区域，且日落后草地的保温效果可以延伸至深夜；占地约 0.6km^2 的公园对顺风方向 1000m 内的商业区的微气候有调节作用，最高降温幅度可达到 1.5℃，能有效节约商业区域的空调能源。埃及学者 Ayman 在炎热和寒冷的月份对开罗某城市公园 9 个不同区域的环境进行了研究，采用主观调查和实测微气候参数的方法，通过热感觉投票（thermal sensation vote，TSV）、人体服装和代谢率记录及 Rayman 模型计算分析微气候舒适等级，提出适应干旱气候和游客热舒适度的公园景观设计策略。国内学者晏海对北京奥林匹克公园和奥林匹克森林公园内不同树木群落和下垫面构成的气温进行了实测，揭示了公园绿地的微气候特征及其对周边区域环境的作用程度。研究表明，在午后林地的面积比率对公园微气候起主导作用，在夜间则是草坪的面积比率起主导作用；公园区域空气温度比周围城市区域更低，最大降温强度可达 4.8℃，平均降温强度为 2.8℃；距公园边界距离每增加 100m，气温上升 0.20～0.31℃；白天城市空气温度受周围 20m 半径范围内植被覆盖率的作用，晚上空气温度则受周围 150m 半径范围内植被覆盖率的作用。广州市园林科学研究所朱纯等选取广州 4 个城市公园作为研究对象，连续 30 天定点记录绿地温湿度及其与周边的差异性，并运用 PCA 排序法分析得出，公园面积、水体面积、乔木胸径等因素与降温幅度正相关，水体面积、乔木高度、乔木平均胸径等因素与增湿幅度正相关。

许多学者对大学校园的微气候环境进行了实测研究，Lin 等的研究认为阴影是影响室外空间微气候的因素，大多数研究只针对某一天测量结果进行阐述不能代表局地气候的准确性，因此选取台湾大学校园作为研究对象，采用田野观测数据和十年的气象数据计算得到等效温度 PET 用于热舒适评价，并利用 Rayman 模型计算得到了 SVF 与全年热舒适的关系式。研究结果表明，天空可视因子 SVF 数值越高，夏天的热舒适感越弱，而在冬天，SVF 数值越低则越会引起不适。杨惠珊选取南京金陵科技学院江宁校区作为实测场地，提取景观要素逐一作为唯一变量、其余要素作为不变量，按照要素类别适当组合分别对不同铺装材料、绿化种植结构、景观设施不同表面材料对水面的降温效果进行了对比试验，基于现场实测和软件模拟相结合方法提出了有关地形、绿植、建筑景观的适应性设计策略。

2.3.1.3　节点

街道朝向、高宽比、两侧建筑的高度差、开口形式和裙房形式都会对街谷微气候产生不同影响，介于城市宏观层面（城市热岛等）和建筑微观层面（室内环境等）之间，中观尺度下的城市街谷环境存在诸多问题，已成为很多研究学者关注的重点。国外学者 Shashua-Bar 对以色列炎热潮湿地区的 60 种不同形式城市街谷的空气温度进行了评估，通过对当地气象台测量数据与绿色 CTTC 模型计算数据的分析得出实测温度和计算温度之间的差值，并最终归纳出建筑维度、街道间距等因素与温度的线性关系。国内王振以武汉为例，在冬夏两季实地观测了商住混合街区的微气候数据，并结合气象数据证明了计算模拟的适用性，从街谷的几何特性、布局形式、覆盖面性质以及植被、水体、季节等多因素角度分析了街谷微气候的分布状态和日变化规律，提出了遮阳通风策略、绿植和水体技术策略、下垫面及环境热稳定性技术策略等，并提出了对城市微气候进行不同区域不同时段的设计方法。

2.3.2　微气候测试参数与方法

室外空间微气候环境主要包括空气温度、空气湿度、风速和太阳辐射强度 4 个要素，各要素之间相互作用与制约。在不考虑人工因素（设备和机动车等散热）的情况下，太阳辐射强度和风速是引起室外空气温度变化的主要因素。太阳辐射强度和风速都受到空间形态的直接影响，并综合作用于人体的热感觉和舒适度。

总结收集的文献发现，城市范围的微气候实测研究更加关注整体性和宏观性，大多采用气象站、机动车流动测量、遥感等技术手段得到气象观测数据，通过分析城市气象数据的累年变化趋势、不同区域气象数据的横向比对或工作日与非工作日热岛强度的比较等多种方法，归纳城市气候与人为建设的关系。但是由于尺度限制与人力物力的约束，对涉及城市规划与热岛状况的相关性以及城市结构、用地布局等具体规划设计方法对城市微气候影响的研究尚不全面，且大多数研究仍然是定性的，只能为城市规划、城市环境治理及城市绿化建设提供理论参考。城市区域的实测研究主要集中在建筑形态、空间组合、下垫面类型、绿化体系以及能源利用等因素对特定区域微气候的影响，大部分研究定量归纳了微气候及其影响因子之间的作用机制。实测研究经验为微气候理论以及模拟预测奠定了一定的实验基础，但实测研究在微气候的作用范围、利用规划设计耦合以改善局地微气候等方面仍有待深入。

2.4　微气候环境主观评价相关研究

2.4.1　微气候评价理论与内容

2.4.1.1　微气候舒适性

关于微气候的研究，最早可追溯到公元前 1 世纪，维特鲁威在其著作《建筑十书》中提出：应将建筑物以及城市同与之密切相关的气候条件放在一起讨论。随后，建筑设计师开始在设计中考虑到气候和地域的要素。

从 20 世纪 60 年代开始，随着环境心理学的研究达到高潮，环境设计逐渐转向行为模式和心理需求的研究。1968 年，美国成立了环境设计研究协会并举办了首届年会，出版第一本年会论文集《环境与行为》，对建筑环境、行为、设施规划等进行了探讨。而后，环境行为学发展迅速，很快传入欧洲，英国的坎特、霍尼克曼，北欧的库勒等都对其进行了研究。环境行为学在 80 年代后传入亚洲，在日本尤为盛行。至此，环境行为学作为独立的学科正式出现在学术界。环境行为学出现后，前期专注于对其理论进行深刻辨析，包括使用者需求、环境行为的作用理论，而后随着理论研究的成熟，更多地转向对为物质空间环境设计服务的环境行为的影响关系研究，旨在更多地指导空间环境设计。

对使用者需求与行为方面的研究中，最著名的就是人本主义心理学创始人马斯洛的“需求层级理论”。该理论将人的需求分为五大层次从低至高进行排列，交往需求位于第三层级。人作为社交动物，社会性本能由自然选择产生，交往的需求是其社会性的本能体现，环境则是实现交往需求的重要载体。吉沃尼在城市设计领域开展了有关微气候的研究，其中《建筑和城市设计的气候考虑》一书针对不同气候分区提出了相应的建筑和城市设计的方法。关于城市气候的研究涉及从城市规划到建筑设计的方方面面，并日益受到世界各国的关注与重视。

随着微气候环境学的研究兴起，空间环境的微气候开始得到重视。部分学者对空间环境的微气候对行为产生的影响开展研究，认为微气候环境的确作用于人的行为模式。有研究观察到气候条件对公共空间行为具有显著的影响，行为发生与风速、阳光等都呈现相关性。研究者对实际空间进行了深入的实证研究。选择旧金山的 7 个广场作为观测场地，在每个观察周期内记录广场上每个人的行为方式与位置以及微气候因素，得出广场人流随时间呈单峰钟形曲线；整个样本中阳光区的人均密度是阴影区的 4.5 倍，说明享受阳光照射的人们对于拥挤的忍受度更高。研究者还对不同空间因素对人的行为影响进行对比研究。扎卡赖亚斯将广场长椅以及台阶、设施边沿等辅助可坐设施都算入座椅面积，研究微气候要素对人们坐的行为的影响，发现微气候环境要素比空间设施量更能影响人们的行为。在进一步量化微气候与行为的关系时，研究者发现，人的心理环境、心理适应也对行为产生影响。

2.4.1.2　人体热平衡理论

从生理角度，微气候感知受到人体热平衡影响。在一般情况下，人体应该和周围环境维持在正常的热平衡状态中。人体采用蒸发汗液、对流、导热等方式达到散热和产生热量的目的，以此来保持热平衡，热平衡的公式是

$$M-W-C-R-E-S=0 \tag{2-1}$$

式中，M 为人的能量代谢率，个体的活动量受到它的影响；W 为人的机械功；C 为人和环境的换热率；R 为人体以辐射方式产生的散热量；E 为人体产生的水蒸气和蒸发汗液散发的热量用；S 为蓄热率，代表人体用于取暖或降温的储存热量。个体和环境的热交换受到许多因素的影响，例如风速、湿度、太阳辐射强度和温度等，当个体的热平衡改变时，个体的热舒适感也会随之改变。当 S=0 时，个体达到热平衡状态，如果 S 为正值或负值，即处于储热或散热过程中，人体的体温调节系统就会开始起作用。如果人体产生的热量小于散发的热量，即 $S>0$，人体的温度会不断升高，会冒出汗液，此时热中性渐渐转移到“热”的一边；反之，当 $S<0$ 时，人体的温度会降低，并会感觉到寒冷，还会出现打寒颤的现象，这一过程强度越大，人体的不舒适程度便会越高。

2.4.1.3　环境知觉理论

城市室外场所除了具有作为空间的容纳属性，还具有承载活动的功能属性，此时，场所使用者的心理因素对微气候感知的影响越发显著。广义的环境包括个人环境、物质环境和社会文化环境，如图 2-1 所示，这 3 个层面的环境也在彼此交互作用，而微气候环境或者热舒适环境属于物质环境范畴。当环境给人带来刺激和影响时，人们并不会被动接受它。比起在室内受到的限制，人们在室外受到的限制较小，可按照自己的舒适度来挑选活动空间，并对自己的活动量进行调整，以此来改善新陈代谢，还可通过调节衣服的增减来获得良好的热舒适。此外，个体感受到的热舒适也受到心理因素的影响，这类因素包括环境刺激、期望值等。通过上述分析可知，使用者的微气候感知是在多个因素的作用下产生的，例如生理调节、心理因素、场地条件等。

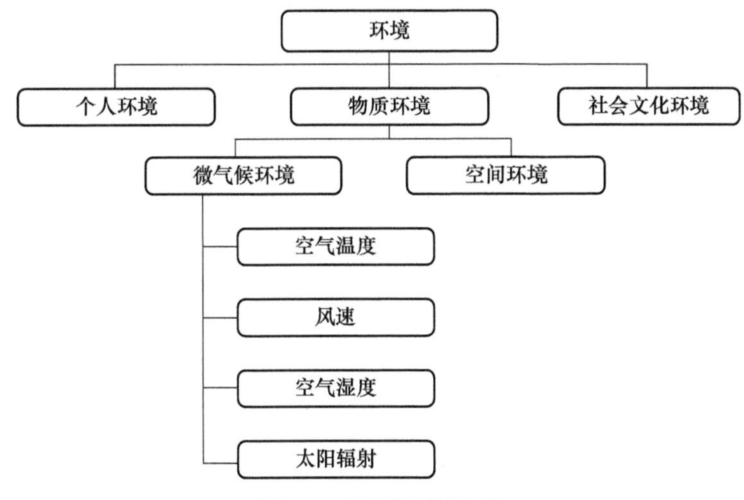

图 2-1　广义的环境内涵

微气候评价中的心理因素是以环境知觉理论为基础提出的。环境心理学研究中的环境知觉理论认为，环境的刺激会引发一系列的个体反应，这些反应中伴随了思考的过程。环境知觉的依赖信息有两类，一类是个体自身积累的经验，另一类是环境信息。个体从外部收集信息，并从刺激中提取信息特征，结合对知觉对象的认知而形成环境知觉。因天性与经验不同，个体热感觉也各不相同，受身体因素、背景条件、时间及环境条件的影响，生理反应及心理反应会产生差异。Nikolopoulou 等认为，热舒适为对热环境适应调整的过程，当环境改变对人体产生刺激时，为了达到生理和心理上的平衡，人们将在心理和行为上产生调整和适应的反应。调整是改变刺激本身，即根据自己的需求改变环境，比如增减衣物，改变姿势或位置，又或是打开空调、遮阳伞等；适应是改变对刺激的反应，包括生理适应和心理适应。生理是指因为一直处在某种刺激下，所以对该刺激做出的反应不断减少；心理适应是指结合自身经验而对外界刺激强度的感知变化，例如，个体对环境产生的期望会对感知产生影响，但这个影响并不是真正的环境给个体感知带来的影响。举例来说，个体进入一个自然通风的房间中时，会预期在不同的时间和空间中温度会有一定的变化，但进入有空调的房间时则希望室内的热环境是稳定的。当处于室外环境时，个体对各季节的期望是不同的，例如在进行室外调查时，如果热环境与个体期望一致，公众的反馈是“在这个季节，这种气候比较正常”，“这里的冬天本来就很冷”，“自然气候就是如此，人们不可能改变这种气候特征”；但如果热环境和个体期望存在巨大的偏差，个体就会抱怨该环境。

2.4.1.4　行为对热平衡的调节

行为对人体热平衡具有调节作用，下面具体介绍主要的调节因素和作用程度。由于这些调节作用的存在，现实中作为研究对象的活动者，个体与个体之间存在着较大差异。在城市尺度下进行整体研究时，虽然无需对个体差异进行比较，但需要充分考虑到这种差异的存在。

1. 服装调节

服装影响皮肤表面的蒸发，调节人体的热损失，从而影响人的微气候舒适度。当人感到冷或热的不舒适时，会主动地增减衣物，以实现舒适度的调节。服装调节与服装的样式、数量、材质、覆盖面积有关，如表 2-2 所示为日常服装组合的热阻。

表 2-2　日常服装组合的热阻

类型	着装	热阻 /clo
裤装	裤子和衬衫	0.59
	加外套	0.96
	加外套、背心、T 恤	1.14
	加长袖毛衣、T 恤	1.01
裙装	及膝裙、短袖衬衫	0.54
	及膝裙、长袖衬衫	0.67
	及膝裙、长袖衬衫、长袖毛衣	1.10
	及膝裙、长袖衬衫、外套	1.04
	短裤、短袖衬衫	0.36
工作服、运动服	工作服、长袖衬衫、T 恤	0.89
	运动长裤、长袖运动衫	0.74

服装热阻性能单位为 clo，1clo 的定义是，一个静坐者在空气温度 21℃、风速不超过 0.05m/s、相对湿度不超过 50% 的环境下感到稳定且舒适所需的热阻，$1clo = 0.155m^2 \cdot K/W$。相关研究指出，假设人的服装热阻从 0.6clo 开始，对于新陈代谢率大概为 1.2met（$1met = 58.2W/m^2$）的静坐的人来说，当人体产热量低于 2.15met（$125.13W/m^2$）时，服装每增加 1clo，相当于环境温度增加 6℃；而当人体产热量高于 2.15met 时，服装每增加 0.1clo，相当于环境温度增加了 1.2℃。

2. 行为调节

人体舒适度不仅与城市气候、城市建设影响下的微气候物理参数有关，还与当前环境发生的活动有关。人体在不同活动方式下的能量代谢不同，继而产生不同的冷热感觉，在室外活动场所中形成不同的舒适度。在微气候物理参数一定的情况下，可适当引导人的行为活动方式，例如在静风区可较多设置静态活动，以实现人体舒适度的调节。人的能量代谢主要与人身体基础代谢率有关。不同性别、年龄的机体，基础代谢率不同；活动则主要影响人的能量代谢。表 2-3 是人在进行一些典型活动时的机体代谢率，可以发现人在进行静态活动（静坐、轻度活动）时代谢率相差不大，在进行步行活动时，人的代谢率随着速度增加而提高，但当只是缓慢步行时，代谢率与静态活动的相差不大。

表 2-3　典型活动的机体代谢率

活动类型	代谢率 /met	代谢率 /（W/m^2）	产热量 /W
斜倚	0.8	47	80
端坐	1.0	58	100
站立	1.2	70	120
轻微活动	1.6	93	160
缓慢步行（0.9m/s，3.2km/h）	2.0	116	200
步行（1.2m/s，4.3km/h）	2.6	151	260
步行（1.8m/s，6.5km/h）	3.8	221	380

2.4.2　主观评价方法

2.4.2.1　微气候主观评价的定量化

在对微气候进行量化研究时发现，对生理热平衡可以进行量化，但微气候评价所包含的那些心理因素却很难被量化。这一困难在公共服务区的研究中可以借助使用者的活动规律解决。根据环境知觉理论，在生理和心理的交互作用下，微气候感知主要受场地因素的影响：室外场所的空间形态因素能够对微气候环境的具体指标产生直接影响，场地功能的差异影响使用者的主要行为类型，因此在活动具有一定规律的情况下，心理因素对感知的实际影响将更符合量化的结果。

在公共服务区的室外空间中，使用者群体具有如下特征：

（1）年龄差异性

在公共服务区中参与各类活动的人群，在身体状况、体力、性别和年龄等方面存在较大差异，所以他们在商业区的逗留时间、参加活动的频率以及活动内容等也存在差异。年龄低于 18 岁的群体在公共服务区停留的时间最短，因为该群体都有繁重的学习任务，而且像商业区这类的公共服务区也没有针对他们设置的专门设施，青少年在商业区中无法开展各类活动。观察各群体的锻炼时间可知，早上六点到七点半期间，老人会在公共服务区进行锻炼，因为其他群体要去上班或上学；在下午四点后，孩子和女性会在公共服务区活动，此时一些低年级的孩子已经放学，看护者会带着他们到公共服务区玩耍；在傍晚或周末，中青年会在公共服务区活动，因为他们在下班或周末休息时有充足的时间参与各种自己喜欢的活动。

（2）就近性

各类群体之所以到公共服务区参加各类活动，是为了获得良好的心情，人们在挑选活动区域时，通常会按照就近原则来挑选。大量研究发现，在各类公共服务区中，距公共服务区的距离和空间的利用频率是负相关关系，即离公共服务区越远，公共服务区的利用率越低，离公共服务区越近，公共服务区的利用率越高。

（3）**稳定性**

各类群体在公共服务区中参与活动时，他们的行为具有一定的稳定性，在选择和比较后，他们挑选的健身空间和时间会具有惯性，并且会表现出程式化特点。就行为心理学角度来讲，各类群体在挑选锻炼的公共服务区时，通常不会去一些陌生的地方或自己不太了解的环境，群体进入到自己熟悉的环境中后会获得归属感，熟悉的空间也会让他们倍感亲切，能够让他们产生安全感。群体进行的活动内容也影响区域选择，在开展某项活动时会选择固定的区域，例如参与舞蹈活动的人，通常会将一些景色好、地形平坦、视野开阔的区域作为固定的活动场所；参与羽毛球活动或踢毽子活动的人选择的公共服务区空间也是固定性的。

（4）**群体性**

各类人群在参与公共服务区活动时，所参与的活动具有互动性和群体性特征。在群体中获得归属感是人类共有的本性。例如人们在参与旅游、跑步和散步活动时，通常都是几个人或一队人同时进行，这能增加活动的趣味性，一边活动一边交往能够提高人的运动积极性。无论是打羽毛球还是踢足球，人们在运动时会进行互动，在活动中获得乐趣，同时也增进彼此间的感情，有利于改善社交关系。

（5）**循环性**

刘永德等在著作《建筑外环境设计》中提到：群体参与的户外活动有循环性特征，即不断重复和循环，人们从家中出发，在进行一系列活动后回到家，这种活动一直重复和循环着。公共服务区活动中也体现出该特征，例如人们参与的跳舞、健身操、散步等活动都具有循环性和规律性特征。

由于公共服务区中各类活动群体具有上述规律，即特定环境中同一事件的发生次数、频率和周期相对稳定，并保持一定时期内不变，所得数据可采取数理统计法进行量化处理。

2.4.2.2 微气候评价方法

在室外环境的微气候评价中，可以借鉴预测平均投票（predicted mean vote，PMV）方法，将主观评价指标和客观测量指标相关联，建立数学模型，计算微气候感知评价结果的预测值。Fanger 提出的 PMV 评价方法以同一环境中大多数人的冷热的平均感受作为评价标准。PMV 热舒适模型将四个环境变量和两个人为因素综合成一个能预测热舒适的指标，其中环境变量包括空气温度、湿度、风速和太阳辐射强度，人为因素包括服装热阻和新陈代谢率。在微气候感知评价预测中，可以以实际热感觉投票（actural thermal sensation vote，ATSV）和总体舒适度投票 (overall comfort vote，OCV）为被预测指标，以微气候参数为环境变量。

根据微气候评价的相关理论，人在接受气候所产生的刺激后，会产生对气候的感受，可以进行主观评价，而在产生感受的过程中，会受到个人在生理、心理、背景环境及当下环境的影响，可见微气候感知理论对微气候评价来说是一种较为全面和动态的基础理论。本研究在讨论微气候环境评价指标时，以微气候感知理论为基础，引入感知指标作为评价指标。微气候感知评价属于主观评价，关于微气候环境评价的指标项目主要可以归纳为两种类型，包括综合评价指标和分项评价指标。

1. 综合评价指标

在微气候环境评价的相关研究中，环境的舒适程度是最重要的标准之一。由前文可知，人们对微气候环境是否舒适的判断，受到生理和心理的共同影响，此外周边环境也对人们的视觉、听觉、嗅觉等方面存在影响，此时使用者所作出的主观判断是一种综合了各方面因素的综合评价。评价过程中受客观物理环境及多种主观因素共同影响。物理环境指太阳辐射环境、温度环境、风环境和湿度环境，主观因素包括个体的生理、心理上的差异等。主观因素的涉及面较广，包括年龄、性别、身体机能等生理因素和个人经验、热期望等心理因素。衣服厚度的差异及活动状态的不同对热量的消耗也会产生不同程度的影响，进而影响人们对舒适度的判断。

在关于微气候舒适性的主观评价中，ATSV 和 OCV 是较为常用的综合评价指标。ATSV 是指场所中的使用者根据微气候感知对自身冷热程度所作出的主观评价；OCV 是指使用者在相同条件下对微气候环境是否舒适作出的主观评价。

2. 分项评价指标

城市室外环境中诸多物理因素影响着空间微气候环境，但对于使用者来说，空气温度、风速、湿度和太阳辐射强度这 4 项参数对微气候的影响几乎是决定性的。分项评价指标可以用于对具体某项参数的感知程度进行判断，也影响着综合评价结果。

空气是人体热交换的重要媒介，因此空气温度是最容易被感知的微气候要素。在热交换过程中，人体具有一定的调节适应能力，以维持自身的生理平衡，但当空气温度超出人体调节的临界范围，使用者的评价结果将会发生改变。例如，哈尔滨的常年空气温度都比南方城市低，冬季寒冷且漫长，夏季存在短期炎热天气，冬夏两季最高温度与最低温度的差值达 70℃（温度波动范围为 −35～35℃），人们容易产生不适感。在这样的气候下，寻找合理途径进行调节，对于居民活动尤为重要。

太阳辐射是地球上光热能的主要来源，对温度产生直接影响，也间接影响着气流与湿度。哈尔滨地区的太阳辐射环境四季变化较为明显，太阳入射高度角的高低和辐射强度可决定气候环境。例如，冬季太阳的入射高度角较低，白昼短且太阳辐射强度低，导致温度较低；相反，夏季太阳入射高度角较高且太阳辐射强度较高，温度显著上升；春秋季介于冬夏季之间。大气透明度、云量等因素也会对太阳辐射造成影响，如雾霾天气、多云天气等。场所的太阳辐射接收差异主要体现在建筑布局、景观环境上，例如长期处于建筑阴影下、植物阴凉处等场所太阳辐射获得量明显较低。

湿度是表示空气干湿程度的物理量，基本形式包括绝对湿度（也可称为水汽压）、相对湿度和露点温度。为简化表述，本书中的湿度指相对湿度。哈尔滨的蒸腾过程较快，因此地面空气中的水蒸气较少、湿度较小，夏季植被范围内空气湿度较大，冬季雨雪天气也会使周边环境的相对湿度增大。相关研究指出，相对湿度的适宜范围为40%～60%，实测发现哈尔滨地区室外环境多数情况下满足该范围，使用者对湿度的变化并不敏感。

风是由空气流动引起的一种自然现象，主要具备三个基本属性，即风向、风速和风温。在严寒地区，从郊区吹向城市中心的风多为冷风。在微气候影响范围内，风向并不会使人们的舒适度发生改变，相比之下风速则是最重要的参数和指标。风速的改变在一定程度上可引起温度环境和湿度环境的变化，良好的自然通风环境不仅可以为人们提供新鲜空气，同时还能够形成区域内气候因子间的动态平衡，快速排除人类生产生活中产生的废气等污染物，但是风速过大则会产生一定的负面影响，比如冷风透过门窗消耗热量，增加冬季采暖的能耗，并加剧人们的寒冷感受。哈尔滨地区的建筑风环境设计存在需求冲突，即寒冷季节为了防风所规划的建筑形式，在夏季同样起到了降低风速的效果，进一步增加了人们的不适感，因此风速的控制设计对于严寒地区城市来说，应该受到更多关注。

第二部分
现状调研与分析

第二部分主要介绍并分析哈尔滨公共服务区的现状调研情况。研究主要包括城市公共服务区空间形态调研，以及四类典型服务区的针对性调研，详细介绍整个研究过程中各个环节工作的具体内容。通过对典型公共服务区进行的微气候实测和主观调查，不仅能充分了解哈尔滨公共服务区微气候环境特点以及活动者需求，还可为关于微气候调节机制和优化策略的研究提供基础数据。

第3章　严寒地区城市公共服务区空间形态调研及分析

本章主要介绍严寒地区城市公共服务区空间形态实地调研的详细情况。首先说明调研的内容与方法，之后针对四类主要公共服务区类型逐一进行分析。

3.1　调研内容与方法

调研针对传统保护街区、中心商业街区、城市综合体和公共绿地这4类主要公共服务区开展。在每类公共服务区的初步调查中，首先通过所收集的资料了解此类公共服务区在哈尔滨市区的总体情况，确定研究范围和流程，对其各项要素和特征逐一进行分析。

每个公共服务区类型各选取若干个有代表性和研究价值的典型实例，对这些实例进行实地走访，分析空间、使用方面的现状与需求。根据收集到的公共服务区基础资料，进行空间形式调查，选取典型公共空间进行走访和拍照等工作，以文字、图像、图表等方式记录空间形态、使用者行为特点及微气候环境特征等，以统计与分析微气候环境的现状特点、调节潜力及存在问题，并为后期的问卷调查和实地测试研究提供依据。

3.2　传统保护街区

3.2.1　哈尔滨传统保护街区概况

哈尔滨传统保护街区包括中央大街历史文化街区、道外传统商市历史文化街区（简称“道外传统街区”）、红军街—博物馆历史文化街区、花园街历史文化街区、文庙历史文化街区、极乐寺历史文化街区、亚麻厂历史文化街区、太阳岛历史文化街区、萧红故居历史文化街区、石公祠历史文化街区、哈飞家属区历史文化街区、东安家属区历史文化街区、斯大林街历史文化街区共13处，总用地面积为453.33万m^2。

在13处传统街区中，道外传统街区是在城市发展和民族资本发展的碰撞下形成的具有代表性的特色鲜明的街区。19世纪末，中东铁路的修建和松花江的通航使哈尔滨成为东北地区重要的交通枢纽，哈尔滨开埠吸引了大批外国人和外国资本涌入，由此迅速由若干个村庄发展成为远东大都市。大规模的城市建设也带来了欧洲的建筑文化，新艺术运动、巴洛克、古典主义、文艺复兴和折衷主义等建筑形式纷纷落户哈尔滨道里区和南岗区。19 世纪末，“闯关东”浪潮兴起，大量居民涌入哈尔滨，却被中东铁路所挡，因此就地安家立业、开设商铺，形成道外区。19 世纪 20 年代，道外区的民族资本已经发展壮大，民族资本家感叹于西方独特的建筑形式，又碍于心中的爱国情结，因此在新建建筑中将两者结合，由此该片区逐渐演变成了具有独特文化特点的传统街区。

哈尔滨传统保护街区分布如图 3-1 所示，可以看出，传统保护街区集中于主城区的人口聚集处。道外传统街区的形成具有自发性，由传统聚落逐渐演变成独特的街区形式，汲取中国民居之道和欧洲建筑之精髓，因此选取道外传统街区作为开展传统保护街区研究的典型案例。

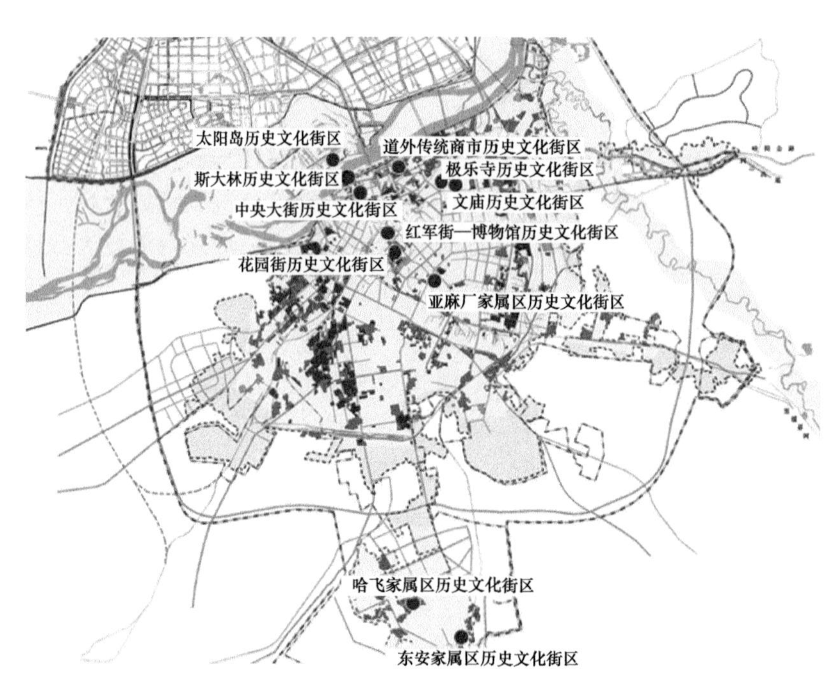

图 3-1　哈尔滨传统保护街区分布图

（萧红故居历史文化街区和石公祠历史文化街区位于图示范围之外，故未标出）

3.2.2　调研范围及流程

道外传统街区以靖宇街为横轴，分为南北两区（图 3-2）。南北两区的建筑风格、空间形式与使用特征具有一致性。

南区在 2006 年进行街区改造，成为如今的“中华巴洛克历史文化保护街区”。北区以居住功能为主，居住者多为外来务工人员和本地老年人。由于缺乏治理，北区居住环境较差，道路和院落内部被生活垃圾和临时设施占满，调研和测量难度较大；南区自改造完成后，经过十多年的运营已逐渐成熟，形成特有的使用模式，也逐渐暴露出发展问题。研究南区的微气候环境对行为模式的作用规律，不仅可对南区提出优化建议，也可为北区的街区改造提供依据。基于以上原因，本研究选取改造成熟的南区作为研究对象。

南区（下文统称道外街区）占地面积 5.1hm^2，包括两条主要干道：南二道街和南三道街。这两条街道分别承担不同功能：南三道街以旅游观光为主，道路两旁多设置文化观光活动；南二道街为生活型街道，餐饮、服务业为街道内主要业态。

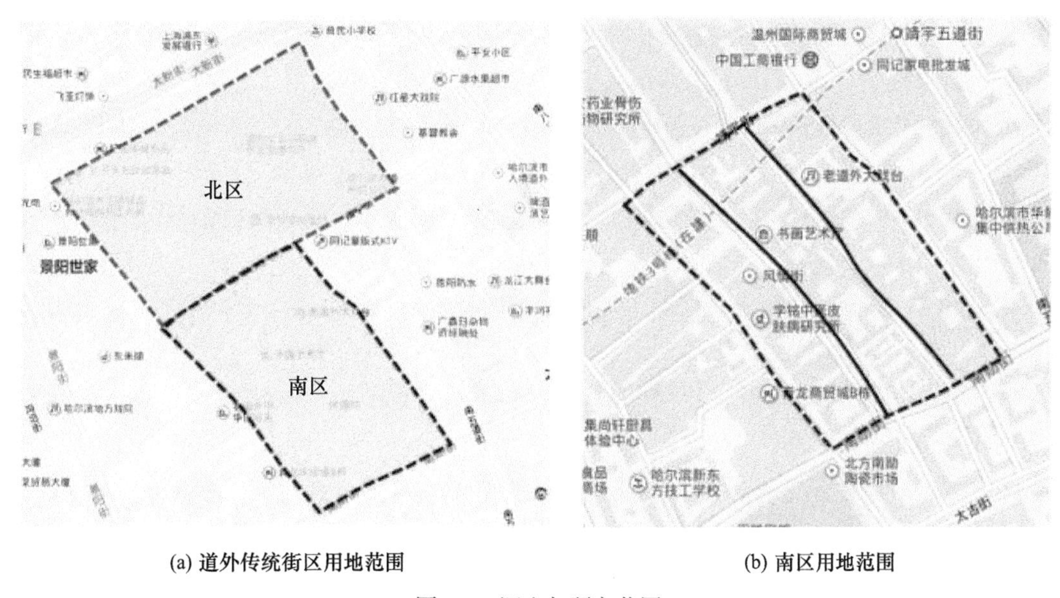

(a) 道外传统街区用地范围　　(b) 南区用地范围

图 3-2　调查与研究范围

对道外街区微气候环境和使用行为的研究分别涉及客观物理微环境和人群主观使用两部分，因此分别采用行为注记研究法、微气候环境测试法、问卷调查法进行研究，主要研究微气候环境、人们的行为变化规律以及微气候环境如何影响人的行为[86]。

调研分为预调研和系统调研两部分。预调研阶段主要对整个街区的使用进行了解。调研内容包括：街区活动人群和所有活动形式，街区活动聚集空间，街区使用时间规律。

在 4 月选取平日和周末两天进行预调研，根据结果对系统调研方案进行调整。

在预调研中发现，由于冬季院落长时间积雪，道外传统街区的游客较少，只有少量周边居民来此进行活动，活动人群数量较小、活动行为单一，对行为和微气候环境进行调研比较困难。因此，本书的研究范围不包括冬季，只考虑过渡季节和夏季。

在确定调研时间方面，道外街区周末的使用率明显增高，活动人群数量多，活动类型多样，可采集的样本量较大，研究结果更有意义，因此，系统调研选取周末进行测试，分析人群活动的集中时间。过渡季节和夏季道外街区的使用时间有很大不同：

在过渡季节，8:00 开始出现人群活动，16:00 以后人群活动逐渐停止；在夏季，人群活动的时间集中于 9:00～18:00，晚上有时也有集会活动。因此，在研究不同季节道外街区的使用规律时，为控制研究变量，将研究时间确定为 9:00～17:00。

在预调研阶段，对活动内容进行统计分类，并根据结果设计相应的行为符号，以便系统调研时对人群活动行为准确注记。

在系统调研阶段，根据预调研确定的街区活动聚集空间，从 9:00 至 17:00，对不同空间的人群行为模式展开调研，调研内容包括：行为活动类型，不同行为活动的人数，每种行为活动的持续时间，每个时间段内该活动空间的微气候环境。

统计时间为 15min，在这 15min 内所有的使用者及行为活动方式都将作为点数据采用行为注记符号遵循空间对应关系进行记录。在小型院落、广场等较为封闭或较小面域的空间可以采取现场注记法直接记录，在人流量较多的面域空间则借助相机每隔 2min 捕捉使用者行为活动的场景，后期进行图像和数据间的转录。

根据预调研分析结果，系统调研的时间为 4 月 23～24 日、5 月 21～22 日、6 月 18～19 日、7 月 9～10 日、10 月 22～23 日。

3.2.3　街区空间特征

道外传统街区涵盖三种空间类型：街道空间、广场空间和院落空间。下面对每种空间类型进行特征分析：

1. 街道空间

道外传统街区的街道是典型的鱼骨状街道，靖宇街作为主轴，串联南北支路，支路之间由院落连接相通，构成交通网络。南区的南三道街与南二道街道路宽度不同，街道建筑高度相似，空间环境比较相近。

2. 院落空间

院落空间是道外传统街区的主要空间，承载了一部分交通功能和大部分活动功能。随着道外传统街区的发展演变，出现了众多的院落空间形式，其形式的复杂多变也成为道外传统街区的一大特色。

通过调研道外传统街区南北两区的 30 余个院落，总结归纳典型院落空间形式如图 3-3 所示。

根据院落空间平面形状，将院落分为矩形、L 型、复合型三种。其中，根据院落的朝向和面积比例，又分别细分为南北向、东西向和均等三种。对所有院落分类统计，以归纳典型院落空间，统计结果如表 3-1 所示。

总结发现，道外街区院落中矩形、L 型院落占有率较大，多于复合型院落。其中东西向矩形院落、东西向 L 型院落在各自类型中比例最高。因此，在后文的研究中，注重对这两类院落类型进行研究分析。

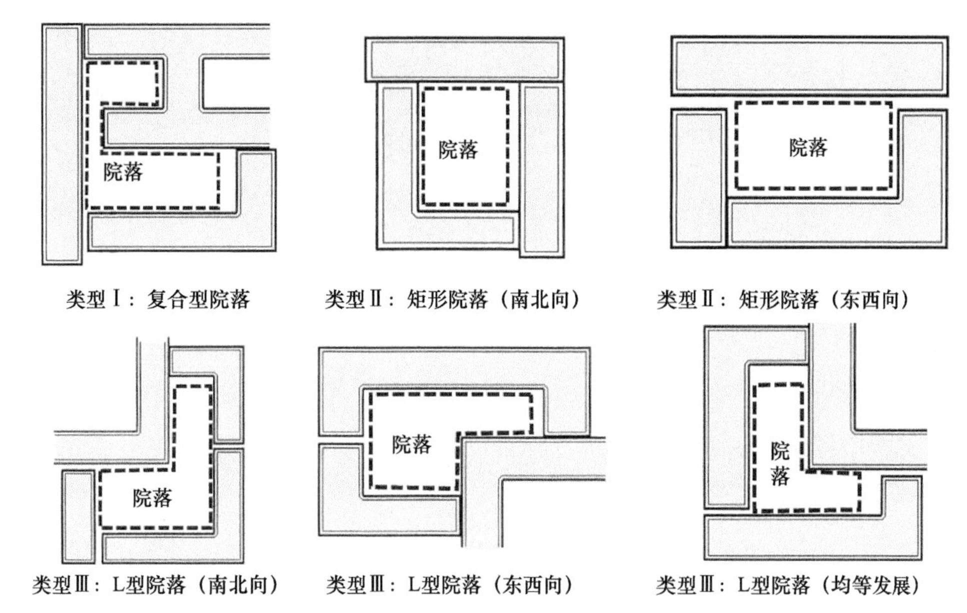

图 3-3　道外传统街区典型院落空间形式

表 3-1　道外传统街区院落类型及所占比例

院落类型	具体形式	所占比例 /%	所占百分比 /%
矩形	南北向	18	42
	东西向	24	
L 型	南北向	20	53
	东西向	23	
	均等	9	
复合型	复合型	5	5

3. 广场空间

道外传统街区的广场数量不多，在南部改造完成区域，只有两处开敞的广场空间，这两处广场空间都位于南三道街东侧，均为三面围合，空间规模相差较大，可作为广场空间的典型代表进行研究（图 3-4）。

建筑空间是形成微气候环境的重要因素，同时也是影响传统街区使用与行为的重要因素。道外传统街区的典型空间形成典型的微气候环境，这对于研究传统街区微气候环境与行为活动的相关性十分重要。因此，下文将街道、院落、广场三种空间类型的典型空间作为代表，研究整个街区微气候环境与行为活动的相关性。

3.2.4　街区使用现状

3.2.4.1　使用主体

对道外传统街区的使用者进行调研，问卷结果如图 3-5 所示，可见，道外传统街

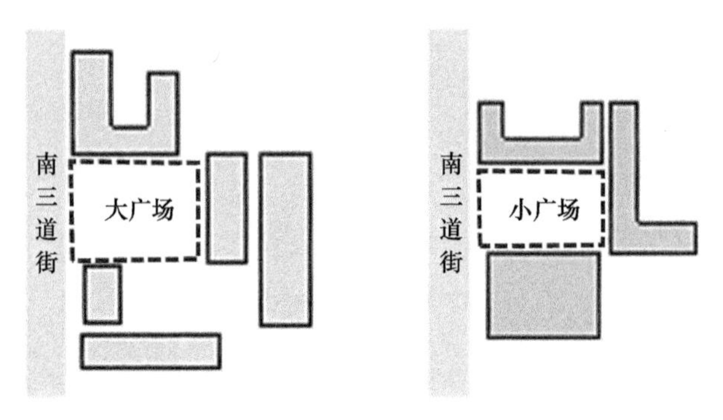

图 3-4　典型广场空间平面示意图

区的主要使用者是游客与周围居民，平时以周围居民为主，周末则以游客为主，其中本地游客居多。使用者年龄呈现明显的不均匀分布态势，青年人和老年人居多，中年人和儿童较少。

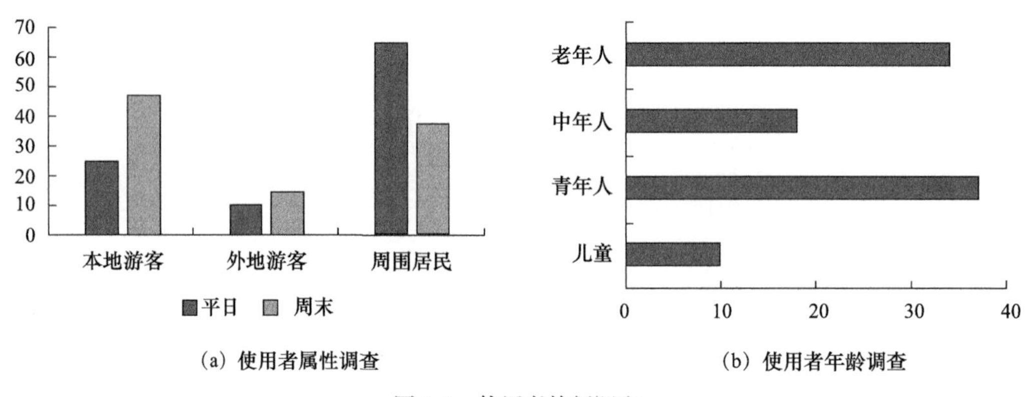

图 3-5　使用者特征调查

3.2.4.2　使用现状

道外传统街区发生的活动主要包括三类：游览类活动、生活类活动和文化类活动。其中以生活类活动为主要活动类型。

道外传统街区具有独特的空间属性，吸引众多游客前来参观，因此观光类活动成为街区内的主要活动。除此之外，街区根据其文化属性设置各类业态，吸引人们前来游览，业态类型涵盖餐饮、住宿等。街区内开设哈尔滨老字号餐饮，吸引游客慕名前来；同时街区内还有传统文化商业业态如玉器店、古玩店，吸引古玩爱好者。街区内商业业态较为丰富（表 3-2），但整体经营状态不佳。

表 3-2　道外传统街区商业业态分布

业态类型	业态内容
餐饮业	传统餐饮：张包铺、厚德居、饺子馆
	特色餐饮：巴洛克咖啡馆

续表

业态类型	业态内容
住宿业	青年旅社、酒店等
传统文化商业	茶居、玉器店、字画店、古玩店

同时，传统街区还承担着大部分周围居民的生活性活动。道外街区的住区老龄化严重，老年人活动是街区的重要生活性活动，主要包括散步、照看孩童、儿童嬉戏、遛狗等。

除此之外，道外街区经常在周末举行文化展演活动，如图 3-6 所示，这里也因此成为哈尔滨重要的文化活动聚集地。道外街区在不同空间设有小舞台，举行汇演、相声表演、乐器演奏等文化类活动，以及商业展演等商业化活动，吸引众多游客。道外传统街区的活动行为统计如表 3-3 所示。

戏台表演

广场表演

图 3-6　道外传统街区特色活动

表 3-3　道外传统街区活动类型

活动类型	活动内容
游览类活动	游览、散步、照相
生活类活动	照看孩子、儿童嬉戏、老年人锻炼、遛狗、散步、打牌、休息、聊天
文化类活动	观看演出、传统商品买卖
其他活动	轮滑、撕名牌、骑自行车

总体而言，道外传统街区建成十年，已成为哈尔滨独特的旅游景点，拥有固定的使用人群和使用模式，但其问题仍然突出，包括：使用模式单一、商业惨淡、空间利用率低、整体活力较差等。对于上述问题的解决应从商业、活动、空间等多种形式的策划出发，进行整体考虑、解决。因街区本身属于全开敞空间，其使用与行为很大程度上受到天气环境和街区微气候的影响。本书试图通过研究街区微气候环境与行为模式的作用关系，改善空间微气候环境，从而实现改善街区行为与活动、提升街区活力。

3.3　中心商业街区

3.3.1　中心商业区概况

城市商业区的建设是一个随时代和经济发展而变化的动态过程，因此除了对哈尔滨市中心商业区进行调研以外，本研究还对地理、气候和经济方面有相似之处的长春市、沈阳市、大庆市、牡丹江市的中心商业区进行了统计及基础资料收集。调研显示，这些商业区的布局主要有两种典型模式：步行街型和组团型。

步行街型是最常见的商业区布局模式，以某条商业街或步行街为轴线，小型零售商店沿轴线即主要街道两侧分布。当其与另一处商业密集区相邻，则具有明显的引导方向；辅街的步行空间比例较大，核心商业建筑主入口正对辅街之一；区域内其他建筑主要为中小型商业建筑，呈块状布置。步行街型布局的空间形态如图 3-7 所示。

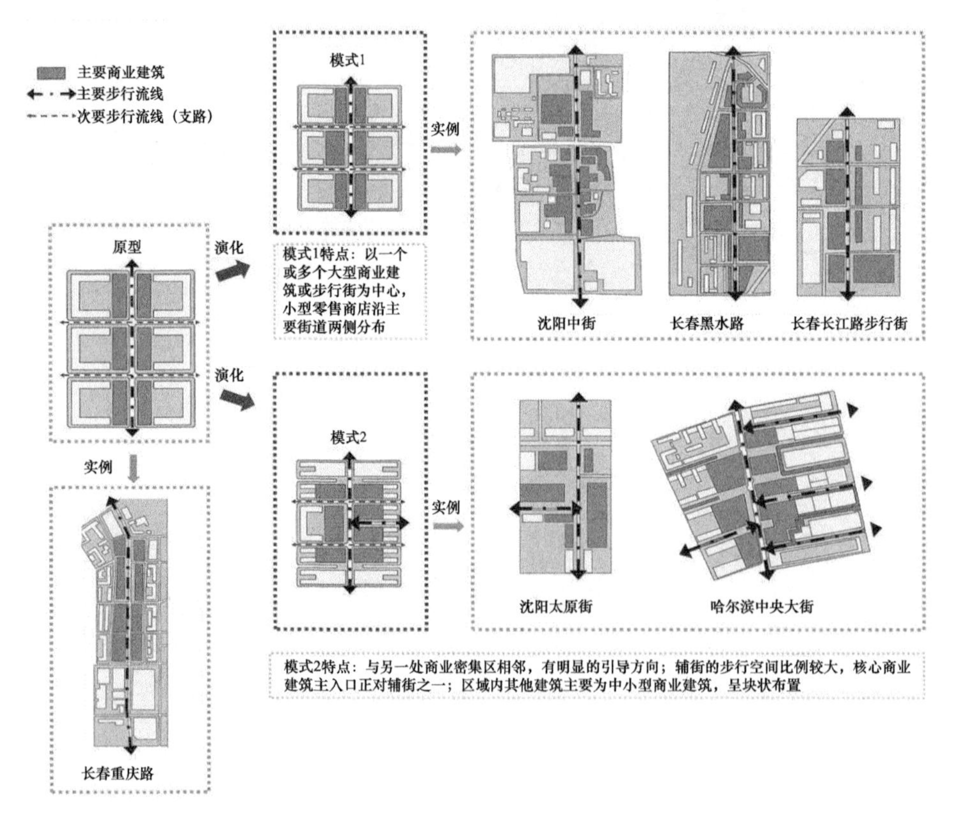

图 3-7　步行街型布局的空间形态

组团型，或者以多个大型商业建筑为中心、集中布置在同一片场地内，几栋建筑的组合形式较为多样，如哈尔滨市的友谊路百盛商业圈、建设街远大商业圈、香坊万达商业圈等，或者设有广场空间或宣展空间，通常广场布置在组团内部，宣展空间布置在沿街位置，或者以大型滨水构筑物或广场为视觉中心。集中布局与周边建筑关系反映了一般商业区沿街布置形式，如图 3-8 所示。

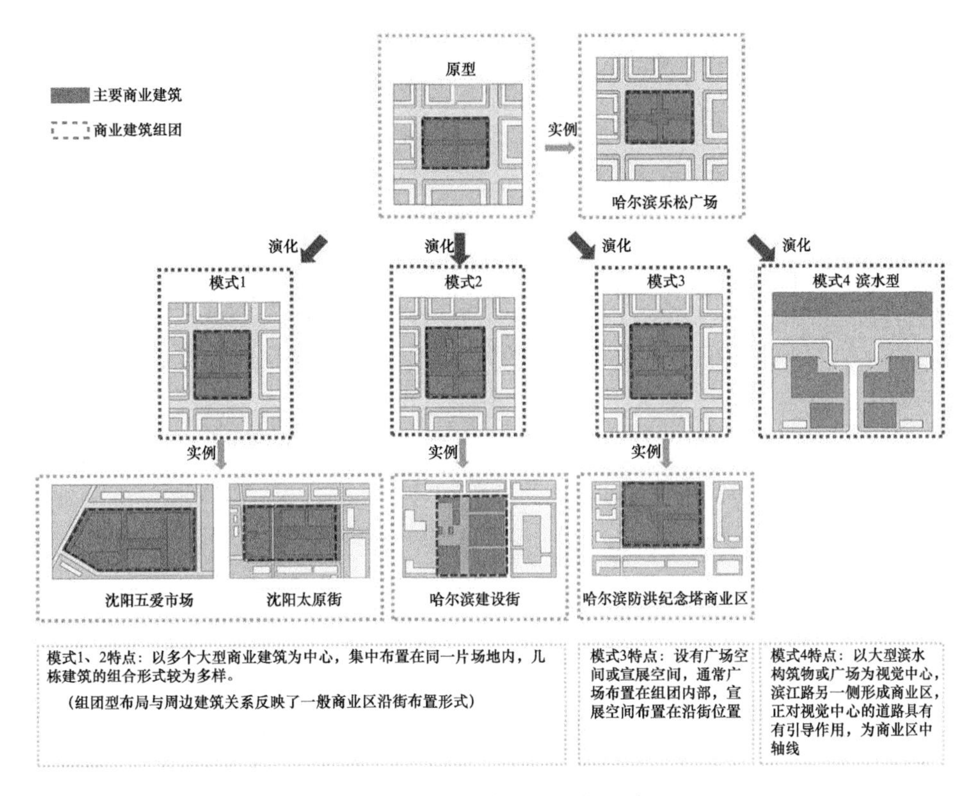

图 3-8　组团型布局的空间形态

按照国外中心位置理论学说，城市商业区主要由中心商业区、区域性商业区和邻里性商业区构成。中心位置理论是由经济学家 Walter Christaller 于 1933 年创立的。在实践中，有些城市以零售商营业额的大小作为中心商业区分界的标准，有些城市则以土地价格来划定其中心商业区的范围，如哈尔滨市的中央大街、建设街商圈就可以作为整个城市的中心商业区。

中心商业区指以营利为目的的集零售、服务、办公、金融和非中心商务类功能于一体的区域，在可达性上具有中心性。它不一定是城市的地理中心，但它一定是交通中心，是最易到达的地方，它集中了各种快捷地为整个服务区域服务的设施。

区域性商业区可以看作是一座大中型城市在多核心模式发展下形成的商业区域。区域性商业区主要分布在城市的副中心地带，主要以大型连锁超市和百货公司的分店为主。其在特征上重复中心地区零售设施的模式，并能提供充分的停车位，而且距离客户的住所更近。

邻里型商业区主要以满足片区和社区需要为目的，是正在兴起的一种新的商业物业形态，也可以称作为社区商业。它是立体化的商业步行街，经营业态主要以餐饮、娱乐和休闲为主。邻里型街区商业中心是国际流行的商业形态，也是最适合社区和片区的一种商业形态。在发达国家，几乎每一个社区都有一个邻里中心。其特点是自然或人为地邻街，规模适中，为社区或片区服务，更有人情味，充分体现包容、宽容、谦和。

在城市区域发展中，商业建筑的建设显示出系统化、组团化和功能复合趋势，商业区域逐步形成体系，表 3-4 是对一般商业区域的分类，表中还包含了中心商区面积、功能、人数等数据。近年大型商业建筑发展呈现规模巨大化、功能复合化势态，综合商场，即建筑面积在 15000m^2 以上的百货商场、商店，构成了大型商业区的结构性单元。商业区作为城市中商业活动和行为的承载空间，在城市经济生活中发挥了重要的媒介作用。商业区的本质就是将分散的、不同规模的商业建筑组织到一起，形成规模化、系统化、功能完善的集团，商业建筑通常在这个集团中起着主导作用，不仅是商业活动的载体，还以具有的规模与功能使所在的商业区域有了个体形象，以建筑个体的功能和环境提升整个商区在消费者心目中的地位和价值。

表 3-4　商业区主要规模分类

类型	商业圈人口数/万人	核心商店构成	运营面积/m^2	附属设施
超大型、大区域型	120	3～4 个综合商场、百货商店、专业商店	35000 以上	市民服务、医疗、政府派出部门、文娱、福利设施、餐饮、办公、宾馆、停车、交通站
大型、区域型	40	1～2 个综合商场、百货商店	15000～35000	市民服务、医疗、文娱、福利设施、餐饮、会场、停车
中型、地方型	20	1～2 个综合商场	8000～15000	市民服务、医疗、文化、餐饮、体育、停车
小型、邻里型	8	1 个综合商场	3000～8000	医疗、文化、餐饮、体育、停车
微型	1.6	1 个综合商场或超市	1500～3000	饮食、停车、文教

3.3.2　调研范围及流程

在研究初期，为了了解哈尔滨市主要商业区的空间形态现状，以及活动者对空间的使用情况和总体需求，进行了哈尔滨商业区室外空间调查。选取中央大街、建设街、乐松广场、建筑艺术广场、秋林、哈西万达广场、江畔万达广场、红博会展、群力远大中心、松北凯德广场等 10 个市大型商业区开展商业区内部核心街区的实地调研，对空间和空间里的活动人群均进行了调查。

首先利用卫星地图资料结合实地走访拍照，总结街区空间的布局模式和要素。以核心街区为单元进行统计，初步计算出空间尺度的大致范围。

对街区的使用者进行随机抽样调查和访谈，获取活动人群的基础信息，通过后期的数据统计，找出空间使用的规律和特征。为了了解哈尔滨市主要商业区的微气候现状，以及活动者们对微气候感知的大概情况和总体需求，进行了商业区室外空间微气候满意度调查。

总体满意度的评价对象是上述 10 个商业街区。空间满意度评价的评价对象是各个类型的活动空间，分为驻足空间和通行空间两个类别；除了对空间进行评价以外，受访者还需回答哪些空间对微气候的要求更高及其原因。在调研中，对受访者人群也进行了分类，分为购物消费人群、休闲活动人群和工作经营人群。

微气候满意度调查分为问卷调查和网络投票两个部分，样本数量总计 3026 份，包括 892 份问卷和 2134 份网络投票。在回答问题前，受访者将接受关于微气候的简要说明。问卷调查是在实地调研现场随机选取受访者填写满意度问卷，“评价地点”即为当前所在商业区，主要调查的商场节点均选自作为该商业区核心的大型商场。网络投票则是通过微信公众号对商业活动人群推送满意度投票窗口，收集投票数据，其中的“评价地点”是指“最常去的商业区”，由受访者在给出的选项中自主选取。在进行结果统计时，对阴雨、雾霾等极端天气进行了筛除，排除了这些因素对评价结果的影响。受访者对个别选项的备注，可以用文字说明、场地举例或者地图圈选等方式进行，数据统计阶段将对这些备注进行分类总结。调研时间选在 2015 年 9 月（秋季）和 12 月（冬季），2016 年 3 月（春季）、7 月（夏季），具体时段为 9:00~18:00。

3.3.3　街区空间特征

3.3.3.1　布局模式

对以商业零售业态为主的典型商业区的空间形态进行调研的结果表明，商业街区的新建和改建项目的主要形式是以步行街为核心多层建筑组团中插建少量高层建筑，主要建筑类型包括核心商店、高级酒店、商业街、商务写字楼、住宅或公寓等。大型商业区空间要素主要有 4 种类型：建筑、街道、广场和绿地。

1. 建筑

建筑要素包括核心商场、高级酒店、开敞或半开敞的步行街、商务公寓、办公楼和民用住宅等。不同类型的建筑要素围绕核心商场（1 个及以上的商业购物中心）形成商业片区（表 3-5）。

表 3-5　大型商业区的建筑构成及特点

建筑要素	要素特征
核心商场	综合购物、餐饮、休闲、娱乐等功能，功能日趋复合化
高级酒店	一般为大体量的高层建筑，对周边的微气候环境具有较大影响
步行街	以步行路线组成的购物空间，沿街功能更为丰富，主街为步行道，辅街多为机动车道
商务写字楼	通常为商住两用的高层建筑
民用住宅	在商业街区所在的相邻地块，外围通常为高层板式住宅

业态是商业建筑空间的另一个重要属性，大型商业区的业态构成主要包括商业零售、现代餐饮、休闲娱乐、文化艺术、度假酒店、商务培训、居住生活等。完备的业态功能结合成一个有机整体，相互补充，协同联动，共同引领区域活力的持续提升（图 3-9）。

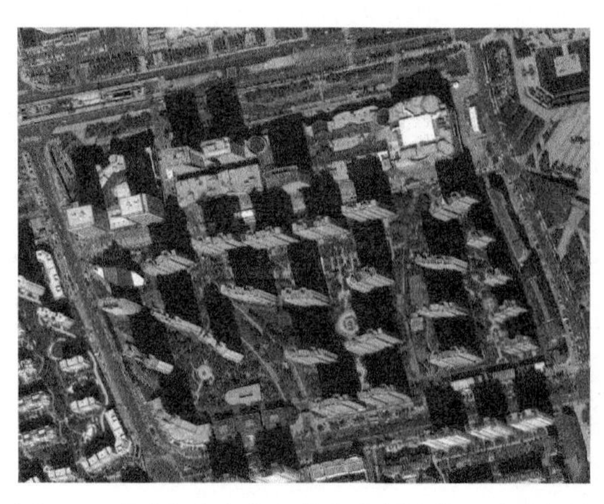

图 3-9　以哈尔滨商业区模式为例的典型建筑布局

2. 街道

街道要素包括商业步行街、普通人行道、楼间通道等。

商业步行街分为开敞和半开敞两种类型。此类步行空间不仅作为线性要素联结不同性质、不同业态的商业空间，还在沿街的弯折点、交互点、院落等处设置小型节点场所，营造出区域中轻松、休闲的开放性商业氛围。

普通人行道是指街区中机动车道两侧的人行步道，是机动车道边缘与建筑外缘之间的可供行人通行的空间。

楼间通道是指两栋相邻建筑之间，为满足消防疏散而预留的安全间距，通常设有安全出口，同时不设置任何业态和活动功能，仅用作通行。

3. 广场

临街广场（全开敞）通常位于购物中心的主要出入口，面积 1000～3000m^2 不等。临街广场不仅承担集散消费客流以及举办商业活动的功能，同时也向城市居民开放，在满足其休闲集会需求的同时承载部分非必要社会活动，是大型商业区最具活力气息的场所类型。

院落广场（半围合）主要承担商场自身所需的容纳和缓冲功能，面积随建筑规模而设定，与临街广场相比尺度较小，使用人群以该商场的顾客和工作人员为主，该空间的舒适性对购物体验影响极大。

4. 绿地

商业区的绿地空间一般围绕主体建筑四周，包括生态公园绿地、沿街隔离绿地、景观休闲绿地等。

生态公园绿地：在“一主多副”规划格局下，近年来大型商业区及其周边一般都新建或改建了新型的生态公园，这种绿地形式具有规模大、林地多以及兼顾活动等特征。其与全开敞的广场型场地相比，更注重对绿地布局、植物结构和生态功能的完善。

沿街隔离绿地：在大型商业区外部空间设置的带状绿地。该类型的绿地除了提供绿化景观作用外，还将机动车道和人行步道进行分隔，减轻了车流对活动空间的影响。

景观休闲绿地：在商业区内部设置的小型或中型场地，以活动广场为主，辅以绿地景观。与前两种相比，绿化覆盖率较低，活动密度更高。

这些公共绿地不仅为项目所在区域起到了净化空气、调节微气候的积极作用，相比纯粹的铺装地面也更符合绿色建筑发展趋势，更贴合低碳环保的可持续发展理念，还能够美化公共空间环境。可以说，公共绿地是大型商业区中除商业空间外的对城市生活质量的最有效补充。

3.3.3.2　街区形态尺度

以核心街区为单元进行统计，街区占地面积在 2～6hm^2 之间，主街宽度在 20～40m 之间，辅街宽度在 15～20m 之间，且设置了一处以上可供人群活动的集中绿地或广场。根据卫星地图初步测量了本研究中所调查的主要街区，结果如表 3-6 所示。

表 3-6　调查街区形态尺度统计

商业区	调查街区数量	街区面积 /hm^2	步行街宽度 /m	辅街宽度 /m	活动场地
中央大街	3	1.8～3.2	22～38	12～20	—
建设街	1	4.2	26	9～13	1
乐松广场	1	3.6	—	—	1
建筑艺术广场	2	2.7~3.6	—	—	1
秋林	1	3.2	—	—	—
哈西万达广场	2	4.4～4.6	—	—	1
江畔万达广场	1	3.1	24	18	1
红博会展	2	3.4～4.2	—	—	1
群力远大中心	1	4.3	18	13～20	1
松北凯德广场	1	2.8	—	—	1

以哈尔滨市最为成熟的商业步行街中央大街为对象，将其分为长度相近的 10 个街段单元，对每个单元的空间形态进行实地调研。这些空间的形态特征均有所差异，街道宽度、立面高度、街道连续度、与对向沿街立面高度差、底层立面窗墙比、底层挑出或退让距离和入口间距等空间变量也呈现不同特征，适于进行对比和分析。这些街区中分布着不同类型的商业建筑，丰富的空间变化和高密度的商业活动，对研究空间形态与微气

候主观评价之间的关系具有重要价值。所选街段单元空间形态变量如表 3-7 所示。

表 3-7　所选街段单元空间形态变量（取值均为平均值）

位置编号	街道宽度 /m	临近立面高度 /m	所在街段立面连续度	与对向沿街立面高度差 /m	底层立面窗墙比	底层退让距离 /m	沿街入口间距 /m
1	45.2	18.8	0.62	2.2	0.38	0.42	52.5
2	24.1	13.8	0.87	0.9	0.38	0.00	30.2
3	21.1	15.7	0.73	−3.4	0.37	0.91	20.4
4	21.1	15.7	0.69	0.6	0.38	0.30	15.6
5	19.8	12.3	0.67	−1.7	0.35	0.17	13.3
6	19.8	10.8	0.72	1.7	0.35	0.05	14.9
7	30.2	24.0	0.78	−5.7	0.42	0.05	15.9
8	23.2	16.7	0.79	7.7	0.76	0.05	32.1
9	22.2	10.2	0.86	−3.4	0.28	0.00	14.3
10	22.2	13.6	0.86	3.4	0.36	0.00	15.2

3.3.4　街区使用现状

在访谈调查中发现，中心商业区的主要使用者包括周边居民、周边职员、跨区顾客和外地游客 4 种类型。工作日以周边居民和周边职员为主，周末则以周边居民和本地跨区顾客为主，此时外地游客数量也有所上升。商业区的活动者主要是消费人群、休闲人群、工作人群和过路人群，根据行为目的又分为有目的人群和无目的人群。使用者年龄呈现明显的中间分布态势，青年人和中年人居多，儿童和老年人较少。如图 3-10 所示。

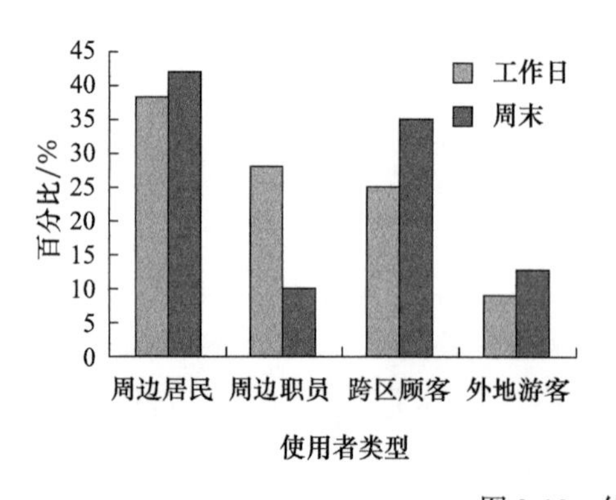

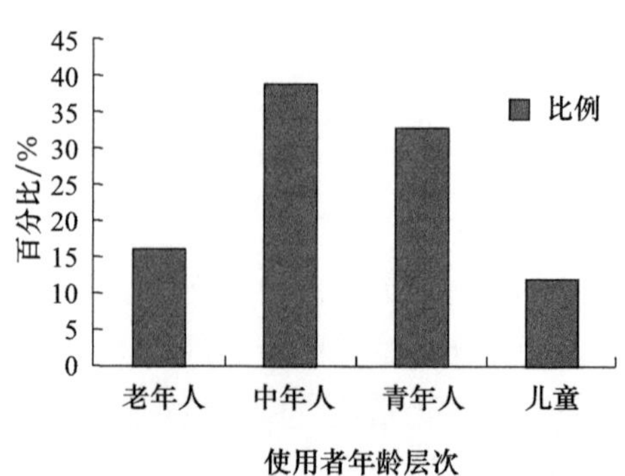

图 3-10　使用者调查

3.3.4.1　活动类型构成

通过对行为活动调研结果进行统计，得到调研时段内使用者活动类型和活动人数总体情况如表 3-8 所示，该表反映了春、夏、冬 3 个季节各行为活动的参与概况。表中的样本量（N）代表经过抽样各个季节不同活动类型数量的累计值；样本百分比代表各个季节不同活动类型的发生频率。

表 3-8　哈尔滨主要商业区的活动类型和样本数量

哈尔滨商业区活动类型	春季		夏季		冬季	
	N	百分比 /%	N	百分比 /%	N	百分比 /%
漫步观望	909	27.9	812	25.4	30	2.0
休息坐靠	248	7.0	224	7.0	15	1.0
驻足购物	125	3.5	85	2.7	92	6.2
驻足观望	108	3.0	76	2.4	87	5.9
快速通行	460	13.0	205	6.4	643	43.4
驻足休息	11	0.3	6	0.2	15	1.0
围观活动	220	5.0	83	2.6	0	0.0
慢跑健身	362	10.2	405	12.7	256	17.3
跳广场舞	125	3.5	136	4.3	72	4.9
打羽毛球	23	0.6	33	1.0	0	0.0
跑动嬉戏	9	0.3	12	0.4	0	0.0
抽陀螺	44	1.2	52	1.6	12	0.8
休闲娱乐	335	9.5	362	11.3	42	2.8
器械运动	68	2.8	75	2.3	25	1.7
宠物锻炼	11	0.3	7	0.2	0	0.0
唱歌演奏	6	0.2	28	0.9	0	0.0
做操练武	20	1.4	70	2.2	56	3.8
照看儿童	242	6.8	302	9.4	46	3.1
放风筝	24	1.0	10	0.3	0	0.0
抽冰嘎	0	0.0	0	0.0	56	3.8
滑冰	0	0.0	0	0.0	35	2.4
合计	3542	100.0	3196	100.0	1482	100.0

3.3.4.2　高频行为分析

由表 3-8 可见，在春季调研中发生次数总数超过 200 次（约 5%）的高频活动类型共有 7 种，依照其发生频率从高到低分别为漫步观望（27.9%）、快速通行（13.0%）、慢跑健身（10.2%）、休闲娱乐（9.5%）、休息坐靠（7.0%）、照看儿童（6.8%）和围观活动（5.0%）。

夏季的活动人数比春季略少，这主要是由于夏季太阳辐射强烈，受太阳辐射的影响，可供居民活动的场地以及时长减少，受影响最严重的活动类型为快速通行，人数下降超过50%。在夏季，高频活动类型共有8种，依照其发生频率从高到低分别为漫步观望（25.4%）、慢跑健身（12.7%）、照看儿童（9.4%）、休息坐靠（7.0%）、快速通行（6.4%）和广场舞（4.3%）。

受到寒冷气候的影响，冬季较春季与夏季的活动人数明显减少，活动人数集中在快速通行（43.4%）与慢跑健身（17.3%），合计超过活动总数的60%。

在春季与夏季的行为活动中，休闲娱乐与照看儿童虽然属于高频活动类型，但是在调研过程中发现，进行这两类活动的人群并不希望被打扰，很难进行主观问卷调研，同时由于儿童天性活泼好动，但活动持续时间较短，家长在陪同过程中的活动情况很难确定，因此本书并不对这两类活动进行研究。

3.3.4.3　高频活动空间

在对不同人群行为进行行为注记标记时，总结活动频率较高的典型空间（活动发生频率超过1.5%）如表3-9所示。从表中可以直观地发现，商场主入口、商场次入口、步行街主街、活动广场、货运空间、车站、宣展、商场外围人行道、步行街辅街、狭窄楼间通道、交叉路口、绿化小径和开敞玻璃廊道这13类空间是活动发生频率较高的空间。这些空间的活动人流量较大、发生率较高，可以显示出整个商业街区行为活力的分布情况。

表3-9　空间的分布人数比例

空间类型	分布人数比例 /%
商场主入口	13.2
商场次入口	8.7
步行街主街	15.4
活动广场	6.0
货运空间	1.8
车站	3.1
宣展	5.7
商场外围人行道	9.8
步行街辅街	8.5
狭窄楼间通道	4.9
交叉路口	6.3
绿化小径	3.4
开敞玻璃廊道	6.6
其他	6.6

3.3.4.4　空间与活动满意度

微气候平均满意度评价结果如图 3-11 所示，根据统计结果，在哈尔滨市区人流量比较大的商业区中，微气候全年平均满意度最高的商业区是群力远大中心（平均满意度 1.13）和中央大街（平均满意度 1.08）；平均满意度较高的红博会展（平均满意度 0.62）和建设街（平均满意度 0.24），活动者认为微气候“尚可”；其余商业区的平均满意度均在 0 以下，在这些商业区活动的人普遍对微气候环境不太满意。从活动者的评价可以看出，哈尔滨商业区的微气候环境尚有待改善。

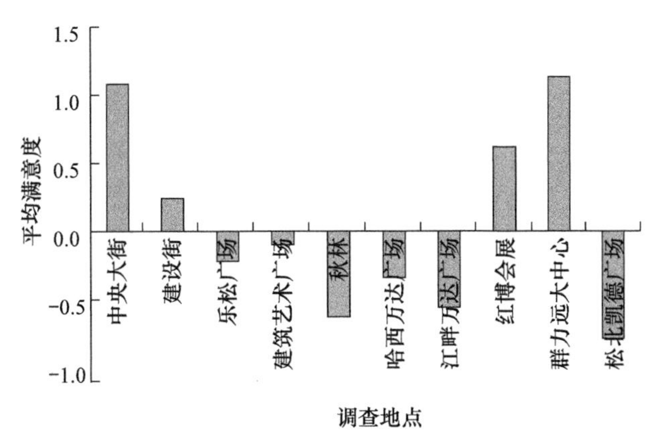

图 3-11　各个调查地点的评价满意度投票结果

1. 不同空间满意度对比

将活动空间分为驻足空间和通行空间两类，两类空间的具体内容如表 3-10 所示。受访者可在这些空间中选取常去的一两项，分别进行评价。总体来看，活动者们对现有通行空间的满意度评价结果要略高于驻足空间，这侧面说明驻足空间对微气候的要求更高。

表 3-10　驻足和通行空间包括的具体空间类型

空间分类	主要类型					其他类型	
通行空间	商场外围人行道	步行街主街	步行街辅街	狭窄楼间通道	交叉路口	绿化小径	开敞玻璃廊道
驻足空间	商场主入口	商场次入口	步行街主街	活动广场	货运空间	车站	宣展

2. 驻足空间的满意度评价分析

驻足空间的平均满意度评价数据情况如表 3-11 所示。在所收集的样本中，“商场主入口”（729 份）和“步行街主街”（807 份）的样本数量最多，这是由于两处空间的驻足行为发生频率最大，并且具备比较强的容留功能；货运空间的人流量较小，因此样本量最小，且受访者多为工作人员。在“其他功能空间”这一选项中，备注数量最多的两个空间是车站（包含公交、出租候车区）和临时宣展（包括户外特卖场、文体表演、广告宣传等）。

表 3-11　驻足空间的平均满意度评价数据情况

驻足空间	商场主入口	商场次入口	步行街主街	活动广场	货运空间	其他（车站）	其他（宣展）
样本数量	729	487	807	372	108	187	332
平均满意度	0.97	−0.65	1.28	0.66	−0.96	−0.33	0.82
满意样本比例/%	32.5	27.5	51.5	55	21.3	30.6	24.1

从各个驻足空间的平均满意度来看，“步行街主街”的活动者微气候平均满意度最高，高达 1.28，其次是“商场主入口”，平均满意度达到 0.97，“活动广场”的评价满意度为 0.66，而样本数量较少的“其他功能空间”中的“临时宣展”，平均满意度也达到 0.82。其余驻足空间的平均满意度均未达到“尚可”标准（平均满意度 0）。

平均满意度的数据可以一定程度上反映各个空间的微气候水平，但由于所收集的样本来自不同时间和不同地点，分布范围较广，还需进行样本总体的满意程度检验，检测指标为“满意样本比例”，计算公式如下：

满意样本比例 =（“非常好”样本量 + “还不错”样本量）/ 总样本量

满意样本比例代表了该空间能够满足活动者基本需求的能力，满意样本比例越高，说明达到满意标准的人数越高。

在驻足空间中，平均满意度最高的“步行街主街”，其满意样本比例达到了 51.5%，说明哈尔滨市商业区中的步行街主街微气候环境整体令人较为满意；虽然“活动广场”的平均满意度较低（0.66），但满意样本比例却高达 55.0%，说明哈尔滨的活动广场微气候总体令人较为满意，但存在极端不利情况，例如有些活动广场的场地设计不合理，或是未能防范不利的季节性气候，导致一部分样本评价非常低，影响了平均满意度的结果；“商场主入口”（32.5%）和“其他功能空间”的车站（30.6%）同样存在两极分化的情况，平均满意度尚可，但满意样本比例较低，说明存在特别有利的情况，例如新建商业区合理的朝向、布局和局部空间设计，使活动者对微气候环境满意度得到显著提升。

3. 通行空间的满意度评价分析

通行空间的平均满意度评价数据情况如表 3-12 所示。在所收集的样本中，“商场外围人行道”和“步行街主街”的样本数量最多，这是由于两处空间的以通行为目的的行为发生频率最大，并且也是商业区人流量比较大的位置，除此之外的几个空间样本量较小，其中“交叉路口”主要是指 T 字或十字路口紧邻的活动场地。在“其他功能空间”这一选项中，备注数量最多的 2 个空间是“绿化小径”（包含草坪上的石板路、小树林间的穿行通道、两片绿化带之间的狭长步道等）和开敞玻璃廊道（包括侧面未封闭的玻璃屋顶的步行街和玻璃穹顶的院落等）。

表 3-12　通行空间的平均满意度评价数据情况

通行空间	商场外围人行道	步行街主街	步行街辅街	狭窄楼间通道	交叉路口	其他（绿化小径）	其他（开敞玻璃廊道）
样本数量	599	686	484	299	363	211	381
平均满意度	0.22	1.33	0.87	−0.35	0.16	1.05	0.65
满意样本比例 /%	35	55.4	30.2	26.5	26.2	53.6	47.9

从各个通行空间的平均满意度来看，“步行街主街”的平均满意度最高（1.33），其次是“绿化小径”（1.05）和“步行街辅街”（0.87）。“步行街主街”和“绿化小径”的满意样本比例也很高，分别达到 55.4% 和 53.6%，可见对于通行活动，主要商业区的步行街主街和绿化小径的微气候情况总体较为令人满意。“步行街辅街”的活动者微气候平均满意度虽然也很高，但满意样本比例仅为 30.2%，说明有一部分商业区的辅街局部微气候环境非常好，但此类空间大多还未能使活动者达到满意。平均满意度最低的通行空间是“狭窄楼间通道”（−0.35），满意样本比例 26.5%，微气候环境较差，其次是“交叉路口”（0.16），“交叉路口”的投票主要集中在“尚可”一项（单项比例 52.0%），有 26.2% 的满意样本，说明哈尔滨商业区中的此类空间微气候环境不佳，但在该处通行的活动者总体感觉尚可。“开敞玻璃廊道”的平均满意度尚可（0.65），满意样本比例较高（47.9%），说明虽然该类型空间内部的微气候环境尚未使活动者感到非常满意，但还是对提升活动者满意度有一定帮助。

4. 微气候对活动吸引力的影响

在“您认为哪些空间对微气候的要求更高？”这个问题中，活动者的回答反映了他们在空间和场所方面对微气候的具体需求，可以从中发现哪些场所的微气候改造更具有实际价值（图 3-12 和图 3-13）。“商场主入口”、“活动广场”和“车站”是活动者认为对微气候要求最高的空间，主要理由可归纳为人流量大、来往频率高、停留时间长、微气候现状不佳、兼容其他功能和活动等。“商场外围人行道”则是被评以“微气候现状不佳”最多的活动空间。值得说明的是，满意度评价样本量较小的“开敞玻璃廊道”和“货运空间”在“微气候要求”这个问题中获得的投票显著提高，“开敞玻璃廊道”的高票理由是停留时间长、微气候现状不佳、兼容其他功能和活动，而“货运空间”的高票理由是微气候现状不佳、货物储存和消防安全等，可见除了活动者对舒适性的要求，场所实际功能和环境安全性也是微气候环境设计需要重点考虑的问题。

在不同季节里，商业区的微气候满意度情况也有显著差异，但各个商业区平均满意度的总体变化趋势较为接近。总体来说，商业区室外活动空间的微气候主要是由季节变化决定的。在哈尔滨的气候条件下，活动者对微气候最为满意的季节是秋季（1.26），其次是春季（0.80）。不同空间类型的微气候在季节变化时差异较大，在微气

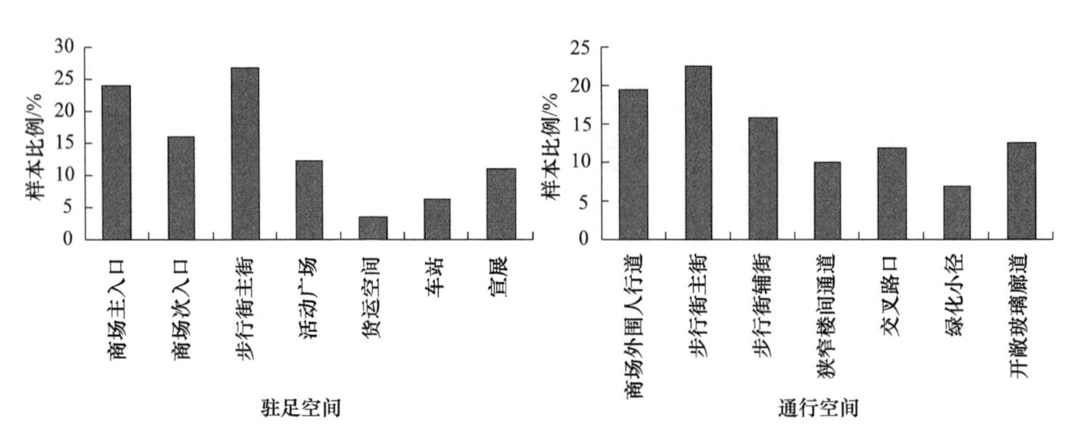

图 3-12 “对微气候要求更高”的驻足空间投票　　图 3-13 “对微气候要求更高”的通行空间投票

候条件较为不利的季节，空间类型对于微气候满意度评价的优势就显得尤为重要。例如在夏季，“步行街主街”、“步行街辅街” 和 “绿化小径” 的微气候平均满意度就明显高于其他空间；而在冬季，“绿化小径” 的微气候平均满意度明显下降，“活动广场” 的平均满意度有所上升。

在满意度调查中发现，商业区活动者可以根据自身需求对微气候环境质量给出相对明确的评价结果。通过调查得出哈尔滨市主要商业的微气候满意度总体情况、不同空间不同行为（驻足、通行）的微气候满意度差异，以及各个季节微气候满意度的变化，根据这些数据和现象，对影响微气候满意度的因素进行分析，得到如下结论：

① 哈尔滨市区主要大型商业区微气候平均满意度总体偏低，许多商业区的微气候环境尚有待改善，通过合理的规划设计可以一定程度上提高活动者的满意度。

② 活动者的行为对微气候满意度评价有显著影响，相比之下，当人们进行驻足行为时，对微气候环境的满意标准更高一些，而当人们只是从场地内穿行而过时，该场所的微气候环境则比较容易满足通行活动者的需求。

③ 总体来说，商业区室外活动空间的微气候主要由季节变化决定，在哈尔滨这样的严寒地区城市，秋季是微气候较为有利的季节，冬季则是微气候最为不利的季节，在任何情况下的微气候设计都应考虑到季节的影响。

④ 在商业区内部适当设置 “步行街主街”、“绿化小径” 和 “开敞玻璃廊道” 等空间有利于提高整体微气候满意度，这些空间内部的微气候环境可能未使活动者感到非常满意，但在季节不利时期对活动者满意度的提升作用十分明显。

⑤ 活动者的微气候平均满意度可以作为判断场所微气候质量的指标之一，但单一指标的变化规律并不能说明微气候环境质量的优劣，需要结合样本量、满意样本量等指标进行分析。

⑥ 影响受访者对微气候环境重视的原因主要有人流量大、来往频率高、停留时间长、微气候现状不佳、兼容其他功能和活动等，除了活动者舒适性的要求以外，场所实际功能和环境安全性也是微气候环境设计需要重点考虑的问题。

3.4　城市综合体

3.4.1　哈尔滨城市综合体概况

3.4.1.1　城市综合体形态分类

随着生活水平和质量的提高，人们在购物的过程中已经不满足于传统的需求，更希望在精神层面得到满足，在这种趋势下，城市商业综合体增加了很多配套设施及公共空间，包括体验式消费和互动式交流场所等，在设计过程中需将各种功能空间恰当的组合，以营造舒适的购物环境。因此，本研究对城市商业综合体的空间组合方式进行分类，以明确典型空间形态。

由于城市商业综合体多集中在经济发展较快、消费水平相对较高的省会城市，本节以沈阳、长春和哈尔滨为例，选取共计 13 个城市商业综合体，通过预调研的形式，将空间形态划分为点式分散型、团块聚集型和廊道连接型，总结出典型空间形态如表 3-13 所示。

表 3-13　商业综合体空间形态分类

类型	点式分散型	团块聚集型	廊道连接型
空间开敞度	高	低	中
空间模式图			
对应案例	江北万达广场 哈西万达广场 香坊万达广场 盛京金融广场	永泰城 奥体万达广场 卓展购物中心 迅驰广场 欧亚新生活	群力远大中心 铁西万达广场 市府恒隆广场 红旗街万达广场

点式分散型即购物中心、商务办公、酒店公寓等功能分散布局、相互独立，区域空间的开敞性较高，建筑通过广场形式连接起来。开敞性空间可分为两类，一类为城市商业综合体的外部空间，另一类为连接各建筑单体间的内部广场空间。外部空间一方面为人们提供休闲场所，另一方面也成为影响城市公共空间的重要因素，在丰富人们休闲生活的同时，还可获得可观的商业效益；内部广场对外部空间进行补充。交通组织上，外部空间占据重要的空间枢纽地位，不仅联系着城市整体交通网络，也在一定程度上完善了城市空间结构；内部广场与外部空间相互融合，联系综合体交通网络。

团块聚集型即商务办公、酒店公寓等功能由底层购物中心串联起来，融合在一栋建筑内，区域空间的开敞性较低。空间形态的整体性较强，人们可在商业综合体内足不出户地完成多种需求，但对能源等方面的消耗较大，且人们对室外景观环境中的活动需求得不到满足。交通组织上，开敞性空间即为商业综合体外部空间，以街道型空间为主，在入口处形成广场型空间，其中街道型空间以通过性活动为主，广场型空间则改变了线性空间形态，为人们提供了休憩、交谈、活动等场所。

近几年，寒地城市演变出了另一种城市商业综合体空间形态，即廊道连接型，其区域空间的开敞性介于点式分散型和团块聚集型之间，指的是购物中心与公寓、写字楼等建筑单体间以半室外商业步行街的形式连在一起，其中商业步行街上方建有大面积玻璃采光顶，目的是提高人们在寒冷季节的舒适度，增加活动空间，并延长人们在城市商业综合体内的活动时间。

3.4.1.2　城市商业综合体形态特征

城市商业综合体是一个多元复合型的概念，是多方位、多角度界定的交集汇总，城市性、商业性、综合性和整体性的有机结合。城市商业综合体大量建设的首要原因是城市规模的扩张，这促使城市不得不建设相应的区域中心以保证人们的日常生活，城市逐渐演变为多中心共同发展的局面；同时，空间资源的紧缺、生活节奏的加快导致城市不得不向集约高效的方向发展。在这种大环境下，城市商业综合体的建设朝着空间高效化、资源集约化及功能多样化的方向迈进，以功能完整性高、空间协同性强的优势，表现出强大的生命力和巨大的发展潜能，并以大体量、大规模的建筑形式成为城市形象的新地标。

城市商业综合体形态特征包含外部和内在两个层面：

（1）外部特征

① 功能复合性。这是城市商业综合体的最大特征。城市商业综合体自成一套完整的生活、工作配套的运营体系，包括商业、办公、公寓、酒店、休闲娱乐等功能，多种功能之间联系紧密，互为补充，在一定范围内可实现自给自足，相互提升发展潜力，并表现出一定的平衡性，以此来适应人们不同的需求。

② 高可达性。城市商业综合体多位于交通网络发达的区域，可通过地铁、公交等出行方式较为便捷地到达，同时，城市商业综合体的建设能够有效地吸引其他城市功能协同发展。

③ 高密度集约性。主要表现在城市商业综合体的体量规模相对宏大，建筑形式具有较高的可识别性。除此之外，各时段的人流量均较大，比如商务办公楼工作日的人数较多，购物中心等休闲娱乐场所周末活动人数较多，形成优势互补。

④ 整体统一性。主要体现在城市商业综合体的功能整合上，同时，建筑表现形式和与外部空间的联系等方面均需协调统一。

（2）内在特征

① 空间尺度大。这是城市商业综合体较为明显的内在特征，与城市规模配套的同时，城市商业综合体需满足自身要求，与内部功能的多样性、交通组织的复杂性、配套设施的完整性等相协调。

② 交通体系完善。主要包括交通的复杂性和立体性。复杂性体现在交通流线的整合上，在有限的空间内合理组织步行空间、车行空间、运输空间等，使这些空间引导人流的同时避免与其他空间的交叉。立体性是通过地下、地面及天桥等空间方式，将城市商业综合体与城市街道、地铁、停车场、室内交通等有机联系起来，形成较为完善的立体交通体系。宜人的景观系统和舒适的公共活动空间的营造，需通过完善绿化环境，并对建筑小品、地面铺装、街道家具等环境要素统一规划，提高场所的可识别性等方式进行。

③ 采用采光顶。由于寒地气候条件的限制，越来越多的建筑采用采光顶的建筑形式，以实现与外部空间既隔离又融合，表现出空间环境品质优良、渗透性高的特质，成为人们乐于接受的补充环境之一。因此本书以廊道连接型城市商业综合体为研究对象，探讨该种布局模式是否适用于寒地气候特点，从微气候环境及人体热舒适性角度出发，总结空间形态对微气候环境的影响，并根据热舒适性研究对空间形态分类，提出具有针对性的规划设计策略。

3.4.1.3　廊道连接型城市商业综合体

（1）空间特征

与一般空间环境相比，城市商业综合体的廊道连接空间具有更为明确的目的性和经济性，其环境设计目的是满足人们的心理需求，并开展其他商业活动，促进消费行为的发生。城市商业综合体中有部分人群并没有明确的购买目标，若在闲逛散步状态下使他们感受到舒适的感觉和愉悦的心情，则可能引发购物行为。在商业综合体的环境设计过程中，人、商品及环境三者间能否产生的良好互动取决于商业环境的规划设计，廊道连接型城市商业综合体即为互动提供了较为合适的场所。

在空间构成上，城市商业综合体的廊道连接空间与传统商业街的构成环境大同小异，差异性主要在于廊道连接空间的尺度略小于室外商业街，其余商业业态布局、店铺界面形态及整体商业氛围的营造等方面基本相同。通过商业街的空间形式加以丰富的景观设计、完善的公共区域设施，结合采光顶的建筑形式，可为城市商业综合体创造出更为惬意的廊道空间环境。

在交通组织上，廊道空间联系各种商业业态，对城市商业综合体的发展起到了推动协调的作用。同时，购物中心是发生购物行为的空间载体，人们通过廊道空间进入内部空间，脱离复杂的城市环境，转换心情以融入室内的氛围，廊道空间恰好呼应了人们购物心理转变的过程。

（2）采光顶空间设计准则

采光顶空间指的是室内空间和外部环境之间的缓冲区域。一方面利用采光顶产生的“烟囱效应”和“温室效应”获得很好的通风采光和采暖降温的功能，降低建筑能耗，改善物理环境，建立一种可循环的微气候；另一方面，改善人与自然的关系，促进人们消费行为的发生。若在活动空间中感到舒适，消费者停留的时间将随之增长，发生购买的机会也就增多。严寒地区寒冷季节时间较长，此时采光顶可作为建筑内部空间与自然环境沟通的桥梁，为人们的活动提供一定范围的保障，提升商业街区的活力。

严寒地区采光顶设计准则大致有以下四点：

① 重视对自然光线的有效引导。可通过建筑形态的变化适度为自然光开辟一条“光通道”，将天空直射光线和反射光线、漫反射光线通过采光顶投射到该空间内并充分利用。

② 重视采光顶的透光量。透光量一般受三种因素的影响，一是气候因素，也是决定性要素，比如冬季整体的自然光总量偏低，太阳光入射角不高，都会对采光顶透光量产生很大的影响；二是光线透过率，这直接影响接受天然光的程度，当顶部透光率偏低的时候，采光量显著下降；三是遮阳设施，适当的遮阳设施可使空间中的自然光线呈现比较均匀的照度分布。

③ 重视采光顶空间的高宽比。采光顶高度差的变化影响着太阳光照射的范围。在保证有足够透光量的前提下，控制良好的采光顶高宽比也是非常重要的，其高宽比的最大值为 3∶1，这样的比例可满足对自然光线的需求。

④ 重视对建筑技术的运用。随着材料技术突飞猛进的发展，低辐射层、选择性膜等成为被广泛应用的材料，对改良采光顶的发展起到了助推作用。在现代建筑技术中，对建筑形式、体量、平面组织形式等一系列问题的综合考量，成为了影响采光顶有效性的重要判断。

3.4.2　调研范围及流程

通过对城市综合体特征、空间形态分类及微气候环境的相关研究发现，廊道连接型城市商业综合体由于其半室外空间的特殊性，具有较大研究意义和研究价值，且通过改善或充分利用空间形态可有效提升微气候环境舒适度，增添区域活力。本书以廊道连接型城市商业综合体为研究对象，选取哈尔滨群力远大中心作为实地调研地点。

哈尔滨群力远大中心的区位分析包括哈尔滨层面及群力新区层面，如图 3-14 所示。

从哈尔滨层面分析可以看出，哈尔滨群力远大中心坐落于二环路与环城高速之间的中心位置，位于群力新区东部，紧邻松北新区及道里区，地理区位较优越。与此同时，在建地铁三号线将从哈尔滨群力远大中心门前经过，可有效提升该区域的街区活力。

从群力新区层面分析，哈尔滨群力远大中心位于群力新区核心地段，距离关东古巷、王府井购物中心等商业空间较近；周边居住区较多，以高层为主；周边景观环境较好，包括群力丁香公园、体育公园、金河公园三期、群力国家城市湿地公园等。

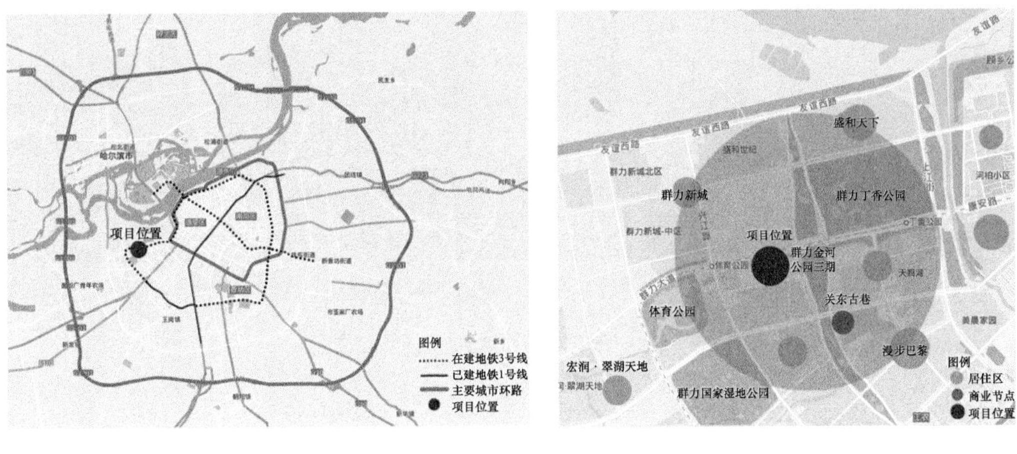

哈尔滨层面　　　　群力新区层面

图 3-14　哈尔滨群力远大中心区位图

哈尔滨群力远大中心用地面积 7 万 m^2，总建筑面积 30 万 m^2，由综合商场、商业街、写字楼及公寓组成。东临景江西路，临近群力新区金河公园三期，该园区绿化景观环境较好，适宜人们休闲娱乐；南临恒盛 • 豪庭高层居住区，该居住区建筑形式为 32 层沿街板式高层；西侧为群力财富中心，其建筑形式为底商加两栋点式高层，建筑层数为 27 层；北临群力大道，并建有景观绿化带。哈尔滨群力远大中心总平面图如图 3-15 所示，主要界面实景照片如图 3-16 所示。

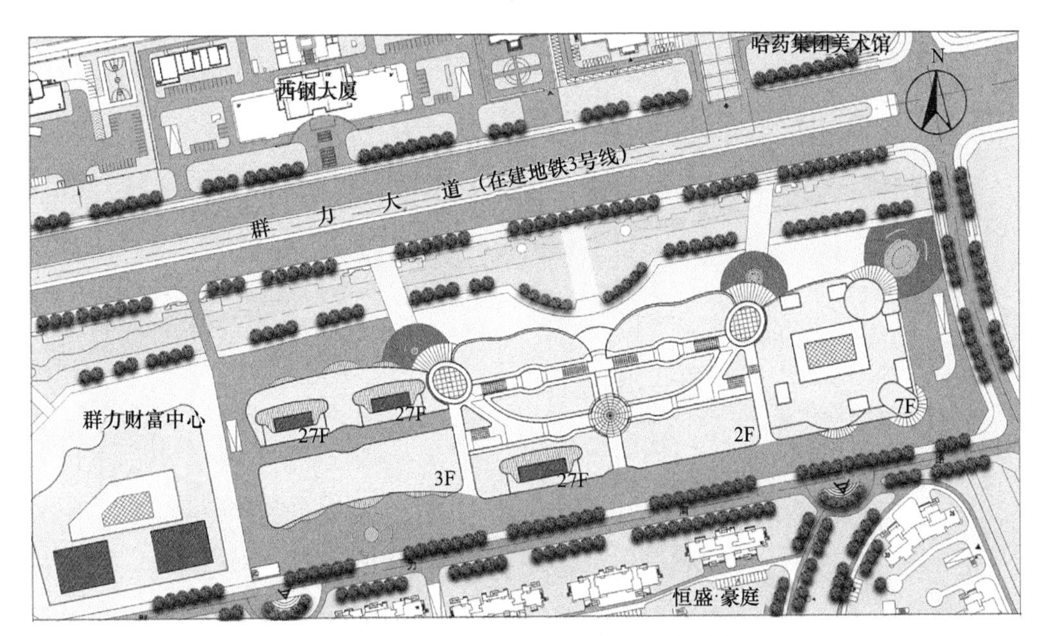

图 3-15　哈尔滨群力远大中心总平面图

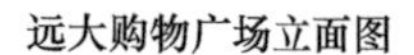

远大购物广场立面图　　商务公寓立面图　　廊道空间

图 3-16　哈尔滨群力远大中心实景照片

3.4.3　街区空间特征

根据总平面分析及现场预调研，哈尔滨群力远大中心平面构成上可分为三类，即购物中心、半室外商业街和室外商业街，其中商务办公、公寓等以板式高层的形式出现在商业街部分。空间形态可根据空间开敞度大体分两类，即室外空间和半室外空间，其中室外空间包括外围空间及廊道空间。

如图 3-17 所示，哈尔滨群力远大中心外部空间主要包括街道和广场两种基本模式，其中街道空间多以线性为主，随着城市商业综合体功能结构的发展升级，线性空间相互叠加逐渐形成网络状空间；广场空间多位于主要出入口及活动兴趣点附近，形成人群活动的聚集点。室外空间和半室外空间作为商业建筑室内空间的延伸，其微气候环境的优劣在一定程度上影响着人们对城市商业综合体的综合判断[87]。下面对两类空间形态进行特征分析：

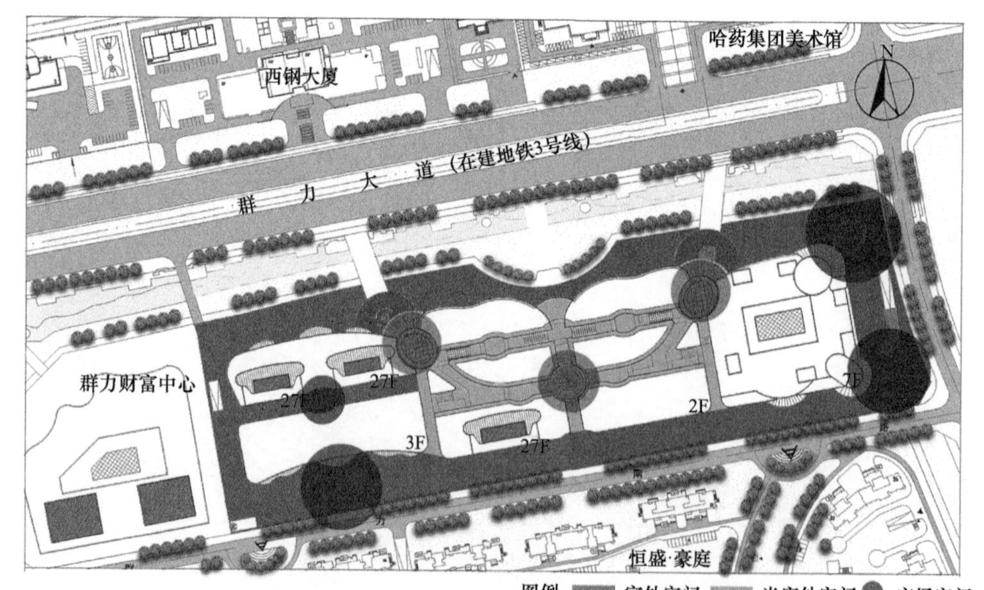

图 3-17　哈尔滨群力远大中心空间分类图

1. 室外空间

室外空间即地块内哈尔滨群力远大中心的周边环境。由于哈尔滨群力远大中心紧邻城市道路交通，其室外空间大多为线性空间，以通过性活动为主，在商业建筑的入口处结合街道边缘扩大空间在局部形成小的节点，即为入口广场，如图3-18所示。其微气候环境不仅受到该商业综合体自身规划布局的影响，同时，也受到周边建筑形式、景观绿化等的影响，如南侧的高层居住区、西侧的群力财富中心、东侧的金河公园等。

廊道空间以商业街形式为主，建筑层数为2层，北侧建有两栋27层的商务公寓，在中心位置通过改变建筑形式营造出小型节点空间，但基本无人停留，其微气候环境受自身规划布局的影响较大。

入口广场

广场节点

线性空间

图3-18　外围空间实景照片

2. 半室外空间

半室外空间同样以商业街形式为主，其特殊性在于建筑上方采用了采光顶，以尽可能延长人群的活动时长，各出入口为开敞状态。其中商业街部分以2层为主，并建有一栋27层的商务公寓，在核心节点处通过改变周边商业店铺的建筑形态围合一处圆形广场，丰富廊道空间形态的同时，为人们提供互动交流、休憩放松的空间，形成对人们有吸引力的场所，其微气候环境以自身空间形态的影响为主。

半室外空间建筑层数为2层，相比于一层商业业态的丰富度，二层的商业功能较弱，多以摄影工作室、跆拳道兴趣班等具体服务类商业类型为主，零售类和餐饮类较少；交通空间多为沿建筑外侧组织的环状步行空间，对应于一层的广场空间，二层也在节点处布局了公共空间，但其利用率明显较低，如图3-19所示。

3.4.4　街区使用现状

哈尔滨群力远大中心的空间类型可划分为商业空间、交通空间、公共空间和辅助空间四部分。下面对各空间类型的使用情况归纳总结：

商业空间是与商品活动有关的空间形态，以消费类空间为主，商业业态主要包括零售业和餐饮业等，辅以部分服务业，如理发、摄影等工作室类，教育业，如幼儿园、

一层节点空间

二层活动空间

图 3-19　半室外空间实景照片

跆拳道、舞蹈等课程辅导类，以及青年公寓等住宿业；同时结合配置以消费者散步、休憩、交流等为主要目的非消费类空间，此类空间尽管不会带来直接的消费活动，但确是提升商业综合体空间认知度的重要手段。

交通空间可分为一般空间和过渡空间两类。其中，过渡空间是指引导消费者从外部空间进入内部商业空间的空间类型，以有效地起到交通转换的作用。对应于哈尔滨群力远大中心的空间形态，即室外空间为一般空间，半室外空间为过渡空间，某种意义上，过渡空间与商业空间存在部分重叠，利用率较高。室外空间以通行为主，在广场节点处结合旋转木马、射击等游乐项目，在气候舒适的情况下，人群出现短暂停留、玩耍。值得一提的是，由于商业综合体内的餐饮业数量较多，南侧通道处在用餐时段会出现外卖人员的小范围聚集现象，影响人们的正常通行。半室外空间则以消费行为和通行为主，在核心节点处人群停留现象较其他空间有部分增长。

公共空间与前两类空间相互交织，不存在完全清晰的界限。

辅助空间即为楼梯间、卫生间、杂货间等服务类空间，其中楼梯间人流组织、卫生间路线指引、杂货间位置设置等需结合交通路线综合考虑，尽量不影响商业空间的规划布局。

经过实地调研可以发现，与其他商业类建筑不同的是，哈尔滨群力远大中心的使用者年龄普遍偏低，多集中在 18～45 岁之间。除购物、休闲娱乐、工作等主要活动人群外，室外空间和半室外空间中同样为活动人群提供了场地。考虑到室外活动场地较为开敞，可为儿童提供小汽车、旋转木马等活动项目，在正值世界杯期间的夏季，足球引起人们更多的关注，商家在室外空间摆放大屏幕回放精彩镜头，并为青少年提供小型足球活动场地；中老年人群的活动较少，多以广场舞的形式出现，由于中午阳光较为充足，人们多集中在建筑阴影区。半室外空间则以小范围内的活动为主，多集中在午休时段，包括幼儿间的玩耍，青少年间的踢毽子、打羽毛球等互动型运动。室外空间和半室外空间人群活动如图 3-20、图 3-21 所示。

儿童活动人群

中老年活动人群

图 3-20　室外空间人群活动

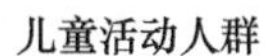

儿童活动人群

青年活动人群

图 3-21　半室外空间人群活动

总体而言，哈尔滨群力远大中心对片区内经济活动起到了推动作用，形成内部良性循环，但商业惨淡、空间利用率低、整体活力较差等问题仍较为突出，对于问题的解决应从商业、活动、空间等多方面进行调整。商业功能结构的改善是根本，适宜的活动在一定程度上可起到促进作用，而空间环境的改善也是不可忽略的一部分，其中半室外空间的建设是否在一定程度上改善了微气候环境，提高人们舒适度，是需要进一步研究的问题。

3.5　公共绿地

1. 哈尔滨城市公共绿地现状

哈尔滨城市公共绿地的总体类型和特征包括如下三个方面。

（1）空间类型

诺曼 · K. 布思在开展研究活动时，将植物空间划分为封闭植物空间、覆盖植物空间、半开敞植物空间、开敞植物空间等。胡宏友以植物特征和土地使用情况为依据，将公园用地的景观要素划分为水体、裸地、草坪、疏林、密林等。吴菲在对北京市城市公园空间温湿度及人体舒适度的研究中，将调研空间划分为林下广场、无林广场与草地。综合以上景观空间分类方法，根据本书的研究目的，结合实地调研，将哈尔滨典型的城市公园空间分为 6 类，分别为密林、疏林、稀树草坪、广场、道路和人工台地，其空间描述如表 3-14 所示。

表 3-14　哈尔滨城市公园空间分类

空间类型	空间描述
密林	自然下垫面为主，茂盛的上层乔木，郁闭度＞0.7
疏林	自然下垫面为主，灌木和花草繁盛，0.2＜郁闭度＜0.7
稀树草坪	自然下垫面为主，稀疏的上层乔木，灌木与花草较少，以下层草本植物为主体
广场	人工下垫面为主，以植被、水体和道路为边界
道路	人工下垫面为主，形状为带型，其长度远大于宽度，多以植被、路缘石为边界
人工台地	自然下垫面与人工下垫面相结合的特殊形式，沿垂直方向进行空间的抬升

（2）功能类型

行为活动是影响人体新陈代谢强度的主要因素，新陈代谢率则直接影响人体与周围环境的热交换。倪文峰在对上海城市公园进行研究时，将公园空间种划分为林下活动型、草坪型、疏林草地型等。以此为参考，将哈尔滨城市公园空间功能类型分为活动型与景观型。活动型空间是指游人能够进入其中活动并进行较长时间停留的空间。景观型空间是指游人能够进入但不做长时间停留的，一般为路过或进行短暂观赏的空间。通过调研发现，公园中密林、疏林以及道路空间的空间构成和尺度不同，人的行为活动性差异较大，因此有必要进行区分。活动型密林和疏林一般在乔木层下有一个内部空间，诱导游人进行坐憩、躺憩、交谈、观赏等游憩活动；景观型密林和疏林一般在乔木层下有景观小路，并配有观赏性灌木或植被供人们欣赏拍照。活动型道路空间，除了作为交通空间，往往还会有静坐休息、驻足聊天、打羽毛球、踢毽子等活动的发生；景观型道路空间一般仅作为交通空间。

（3）下垫面组成

下垫面是影响地表热量和水分变化及其动量变化的重要因素。下垫面的构成因子主要包括土壤、水体、植被和建筑用地。土壤的类型、结构、颜色、空气含量、水分含量、热导率，水体的表面面积、深度和形状，植被的类型、覆盖度、季节变化，建筑用地的颜色、热导率和颜色等，对空间的温湿度具有较大的影响。本书将水体作为空间微气候影响因子进行考虑，且不将其纳入下垫面的组成类型中。通过实地调研，将哈尔滨城市公园空间的下垫面归纳为 4 种：自然裸地、植被、建筑用地以及铺装地。其中，自然裸地下垫面主要由土壤和乔木构成；植被下垫面包括乔灌草下垫面、乔草下垫面、灌草下垫面和草地下垫面；建筑下垫面包括水泥下垫面、沥青下垫面、混凝土下垫面；铺装下垫面包括铺地石、透水砖和砾石等。

2. 调查范围

在城市公园的调查中，本研究需要在不同季节进行大量的问卷调查，因此选择四季活动人数都较多并且免费开放的城市综合性公园来进行调研。另外，本研究需要公园空间具有多样性，因此选择面积在 $5hm^2$ 以上的城市综合性公园为调研对象。

选择哈尔滨 7 个典型城市综合公园为调研对象，分别为黛秀湖公园、远大生态园、古梨园、兆麟公园、靖宇公园、儿童公园和松乐公园。根据各公园平面图与实际观察，将公园内部空间以道路、植被和下垫面为边界条件所分隔和包围的独立空间作为研究样本，共得出 96 个研究样本。在冬季和春季各进行 2 次调研，时间分别为 2014 年 11 月和 2015 年 5 月，记录公园在植被繁茂和凋零情况下的空间特征。调研公园在哈尔滨市的分布情况如图 3-22 所示。

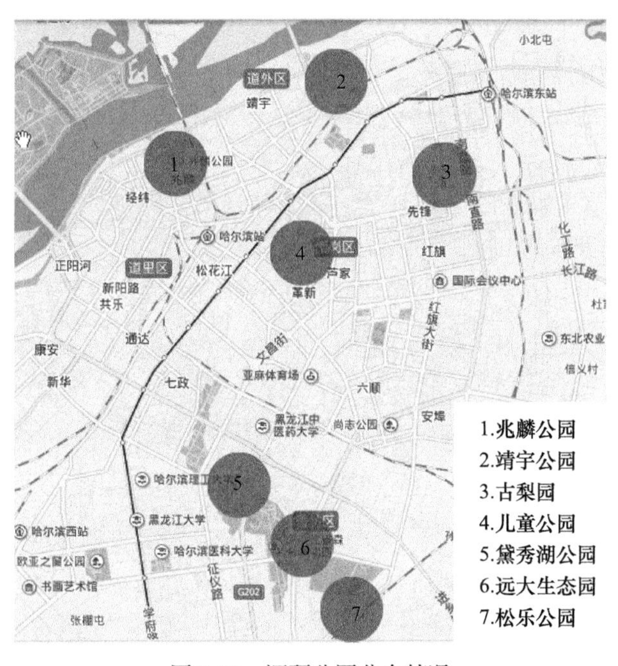

图 3-22　调研公园分布情况

3. 哈尔滨城市公园行为活动

通过 SPSS 多重响应频数分析方法（简称“SPSS 方法”）对调研公园的空间特征进行分析，确定古梨园为哈尔滨典型城市公园并将其作为研究对象。根据各公园平面图与实际观察，将公园内部空间以道路、植被和下垫面为边界条件所围合和分隔出来的独立游憩空间作为调查样本[88]。

选择冬季 2014 年 12 月 6～7 日、春季 2015 年 4 月 25～26 日、夏季 2015 年 5 月 30～31 日共计 6 天对古梨园内 12 个样本空间的使用者活动类型和活动分布进行实地调查。调研日均为周末两天，可以保证调研的样本量充足，调研结果将作为公园高频活动类型以及实测空间的分析依据。

本研究参考吴昊雯对公园使用者时空分布与环境行为研究中时所使用的行为注记法对城市公园活动类型和活动分布进行调查，这是一种建立在行为观察法基础上的，强调使用行为与物理环境间的空间对应关系的一种新型研究方法。

调研共经过两个阶段，分别为初步调研阶段和正式调研阶段。

在初步调研阶段，主要是对目标公园进行预先的现场观察。因为在哈尔滨城市公园空间调研中已经对古梨园内部空间进行过样本划分，因此在初步调研阶段主要通过观察法和访谈法对样本空间内使用者活动规律和分布情况进行基本了解，同时记录使用者的全部活动类型。

在调研中，春季和夏季共记录活动 22 种，分别为静坐休息、坐着聊天、站立、站立聊天、散步、慢跑、轮滑、个体舞、集体舞、打篮球、打羽毛球、踢毽子、抽陀螺、棋牌娱乐、器械运动、骑自行车、唱歌演奏、练武、照看儿童、放风筝、遛鸟、遛狗；冬季共记录活动 15 种，分别为静坐休息、坐着聊天、站立休息、站立聊天、散步、慢跑、跳舞、打篮球、抽陀螺、棋牌娱乐、器械运动、做操练武、照看儿童、抽冰嘎、滑冰。

在正式调研阶段，设置 7 名观察员，每名观察员分别对 2～3 个样本空间在规定时间点进行注记，记录间隔 1h，春季和夏季调研时间为 9:00～17:00，冬季调研时间为 9:00～16:00。对人流较少、活动类型单一的空间采用现场注记直接记录，对人流较多、活动类型多样的样本空间则采用相机记录样本空间内使用者的活动场景，后期通过对照照片来对活动行为进行补充记录。对于面积较大、人员活动分散的样本空间，由 2 名观察员从不同角度同时对样本空间进行拍照，保证后期补录时准确性。

4. 活动型空间模式

通过对哈尔滨城市公园的调研，对 7 个公园的空间组成要素进行总结归纳，对 96 个哈尔滨城市公园空间样本的调研结果进行统计分析，以确定哈尔滨城市公园典型的空间模式。首先通过 SPSS 方法对城市公园内部空间类型进行分析，分析结果如表 3-15 所示。

表 3-15　哈尔滨城市公园空间类型频率

类型	响应	
	N	比例 /%
密林	16	16.7
疏林	8	8.3

续表

类型	响应	
	N	比例 /%
稀树草地	2	2.1
草地	1	1.0
广场	44	45.8
道路	22	22.9
人工台地	3	3.1
总计	96	100.0

由于公园空间类型较多，本书仅对其中典型空间类型进行研究，表中 *N* 代表调研空间类型的所对应的个数，比例指对应空间类型在调研空间总数中所占的比例。

从哈尔滨城市公园空间类型频数表中可以看出，在调研的空间类型当中，占比超过 10% 的空间类型共有三类，包括密林空间、广场空间和道路空间，分别为 16.7%、45.8% 和 22.9%，并且这三类空间的数量之和占空间总数的 85.4%，因此本书将这三类空间作为进行实地测量的典型空间类型。

下一步通过 SPSS 方法，对哈尔滨城市公园典型空间模式进行进一步的确定，其中包括典型的功能类型、下垫面组成以及周围要素。

如表 3-16 所示，在调研的 96 个空间中，活动型空间的数量约为景观型空间数量的 1.7 倍，因此本书将活动型空间作为实地测量的对象。在上文所确定的典型空间类型中，道路空间中的景观型占 86.4%，远远高于活动型，但是由于本书研究的对象是人体的热舒适性，研究对象需要在空间内停留时间超过 30 分钟以确保其已适应空间内环境，因此本书选择具有活动型功能的道路空间作为研究对象。

表 3-16　哈尔滨城市公园空间类型与功能类型统计

类型	活动型		景观型	
	N	比例 /%	*N*	比例 /%
密林	8	50.0	8	50.0
疏林	3	37.5	5	62.5
稀树草地	1	50.0	1	50.0
草地	0	0.0	1	100.0
广场	43	97.7	1	2.3
道路	3	13.6	19	86.4
人工台地	3	100.0	0	0.0
总计	61	63.5	35	36.5

对 96 个调研空间的空间类型和下垫面组成进行交叉分析，如表 3-17 所示，可以

看出，密林空间的典型下垫面组成为植被下垫面，所占比例为 75%，广场空间的典型下垫面为铺装地，所占比例为 73.3%，道路空间的典型下垫面为建筑用地，所占比例为 81.8%，因此本书将植被下垫面的密林空间、铺装地的广场空间和建筑用地的道路空间作为研究对象。上述对空间类型、功能以及下垫面的分析限定了研究空间的内部要素，于是通过对公园空间类型和周围要素进行交叉分析，定性地研究空间的外部要素，分析结果如表 3-18 所示。

表 3-17 哈尔滨城市公园空间类型与下垫面类型统计

类型	自然裸地		建筑用地		铺装地		植被	
	N	比例 /%	*N*	比例 /%	*N*	比例 /%	*N*	比例 /%
密林	3	18.8	0	0.0	1	6.3	12	75.0
疏林	0	0.0	0	0.0	0	0.0	8	100.0
稀树草地	0	0.0	0	0.0	0	0.0	2	100.0
草地	0	0.0	0	0.0	0	0.0	1	100.0
广场	0	0.0	10	22.7	34	73.3	0	0.0
道路	0	0.0	18	81.8	4	18.2	0	0.0
人工台地	0	0.0	0	0.0	0	0.0	3	100.0
总计	3	3.1	28	29.2	39	40.6	26	27.1

表 3-18 哈尔滨城市公园空间类型与周围要素统计

类型	乔灌草		乔草		灌草		草地		乔木		水体	
	N	比例 /%	*N*	比例 /%	*N*	比例 /%	*N*	比例 /%	*N*	比例 /%	*N*	比例 /%
密林	3	18.8	10	62.5	0	0.0	1	6.3	2	12.5	0	0.0
疏林	6	75.0	2	25.0	0	0.0	0	0.0	0	0.0	0	0.0
稀树草地	1	50.0	1	50.0	0	0.0	0	0.0	0	0.0	0	0.0
草地	0	0.0	0	0.0	0	0.0	1	50.0	0	0.0	1	50.0
广场	15	34.1	14	31.8	1	2.3	0	0.0	7	15.9	7	15.9
道路	12	54.4	9	40.9	0	0.0	0	0.0	0	0.0	1	4.5
人工台地	2	66.7	0	0.0	1	33.3	0	0	0	0.0	0	0
总计	38	39.6	37	38.5	2	2.1	2	2.1	9	9.4	8	8.3

本研究仅对影响公园内部微气候环境的周围要素进行定性分析，这些周围要素主要有植被、水体、大型构筑物和建筑物。所调研的公园空间中，受大型构筑物和建筑物影响的空间较少，因此只将植被和水体作为影响空间内部微气候的周围要素进行研究。其中植被周围要素包括乔木、灌木和草地。对公园空间的实地调研发现，植被要素组合类型包括 5 种，分别为乔灌草、乔草、灌草、草地和乔木。密林空间的主要的周围要素组成是乔木与草地，所占百分比为 62.5%，广场空间和道路空间都为乔木、

灌木与草地，所占比例分别为 34.1% 和 54.4%。水体对空间内部的微气候环境影响较大，因此也将水边空间作为研究对象。

通过上述对哈尔滨城市空间类型、功能、下垫面和周围要素的分析，总结得出 4 种哈尔滨城市公园典型活动型空间的模式，分别为周围要素为乔木与草地，植被下垫面的密林空间；周围要素为乔木、灌木和草地，铺装下垫面的广场空间；周围要素为乔木、灌木和草地，建筑用地下垫面的道路空间以及水边空间，以此作为本书实地测量的研究对象。

第 4 章　典型区域微气候环境现场测试及分析

本章对典型公共服务区空间的微气候环境展开具体测试。首先，明确实测内容及方法，介绍测试仪器；其次，根据第 3 章的调研结果，归纳总结典型空间，确定不同公共服务区的实测时间及详细测试点；最后，针对空间类型，进行微气候影响分析。

4.1　测试内容与工具

微气候环境实地测试与感知投票调查同时进行，并且实地测试的持续时间更长，共进行 2 轮测试。第一轮是与感知投票调查同步进行的典型节点微气候实地测试，第二轮是在典型节点测试结果分析进行过程中对特殊节点的补充实测。

测量工具采用 Testo435 测量仪（空气测量温度、相对湿度及风速）、JTR05 太阳辐射测试仪（记录太阳辐射强度）和 JTR04 黑球温度仪（记录感知投票时的黑球温度）。研究工具如图 4-1 所示。

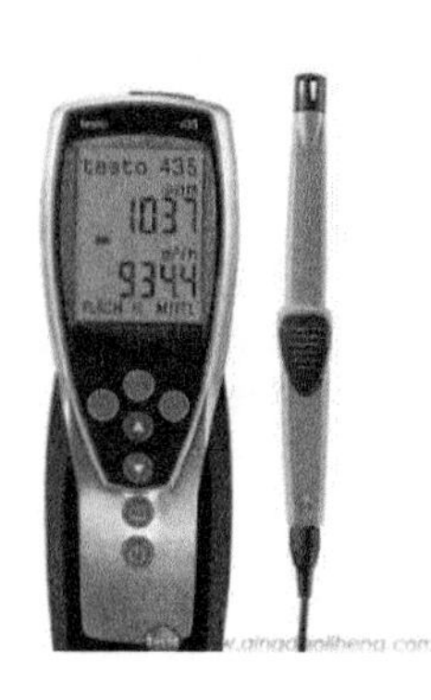

(a) Testo435 测量仪

(b) JTR05 太阳辐射测试仪

(c) JTR04 黑球温度仪

图 4-1　测量使用的仪器

Testo435 测量仪：可测量的湿度范围是 0～100%RH，测量精度为 ±2%RH；可测量的温度范围是 −20～70℃，测量精度为 ±0.3℃；可测量的风速范围是 0～20m/s，测量精度是 ±0.03m/s。

JTR05 太阳辐射测试仪：温度系数≤±2%（−10～40℃），灵敏度为 7～14mV/（$kW·m^{-2}$），光谱范围 0.3～3.2μm。

JTR04 黑球温度仪：测试范围 5～120℃，精度 ±0.5℃，直径 150mm。

4.2　传统保护街区现场测试及分析

4.2.1　测试流程

在行为注记调研的预调研阶段后，对微气候环境的测试空间进行确定，待测试的街区空间既是街区的典型空间类型，又是人群集中、行为活动丰富的空间。

前文已经对道外街区典型空间进行分析总结，在进行行为注记预调研后，统计人群活动度高的空间，并进行叠合分析，分别从街区的街道空间、广场空间和院落空间三种类型确定测试空间。

根据前文分析结果，道外街区的两处广场空间均为典型空间；L 型和矩形院落为典型空间，街道空间位于两条道路上。

测试点的设置遵循两条准则：①人流集中处，便于在测试数据的同时进行主观感受测试；②空间环境的均值点，由于空间各点微气候略有不同，尤其在空间较开阔时各点微气候相差较大，因此需要选取均值测试点。

空间中人流集中的区域通过观察获得，空间微气候环境的均值需要测量得出。在测试之前，需要对整个空间进行移动测量，找到数值处于均值水平的测试点，结合人流集中区域考虑，最终确定各个空间的测试点（表 4-1）。

表 4-1　选取的测试空间和测试点位置

代号	平面图	描述
小院子		L 型院落典型代表，院落内部东南角有相声小舞台和桌椅，其余三个角落均有出入口
大院子		矩形院落典型代表，院落中间靠西侧有小舞台和桌椅，东西两侧为出入口
南三街		南三道街是道外传统街区活动的主街，街道入口处有小型展架和桌椅设施，街道中间有绿化树

续表

代号	平面图	描述
南二街		南二道街是典型的美食街，街边有老字号餐饮店
大广场		三面围合式广场，广场东侧有大型舞台，广场西侧为主要开敞方向
小广场		三面围合式广场，广场西侧有小型舞台，广场中央有桌椅等设施

4.2.2 测试结果分析

道外街区的空间类型比较多，不同的空间类型在相同气候条件下呈现不同的微气候环境，分别从空气温度、风速、空气湿度、太阳辐射强度四个维度进行比较。

4.2.2.1 街区温度环境

在对比道外街区六个典型空间的空气温度时，首先对每个空间环境的温度数据进行处理。为尽可能避免测量误差，先分别对空间连续三个测量日的空气温度求平均值，再对整个街区每个时段的温度求平均值。以每个空间在每个时段的平均温度对比整个街区的平均温度，来展示每个空间的空气温度水平（图 4-2）。

通过对比可以发现，小广场的空气温度几乎全天都低于街区整体的空气温度水平，并且都比街区平均空气温度低 1℃左右。相反地，大广场的空气温度在 4 个时段中远远高于街区的平均空气温度，并且幅度均在 0.5～1.5℃之间。虽然都是广场空间，且都位于南三道街的东侧，但是在调研时段内大广场有 75% 的时间都高于街区平均空气温度，小广场则有 90% 的时间是低于街区平均空气温度的。

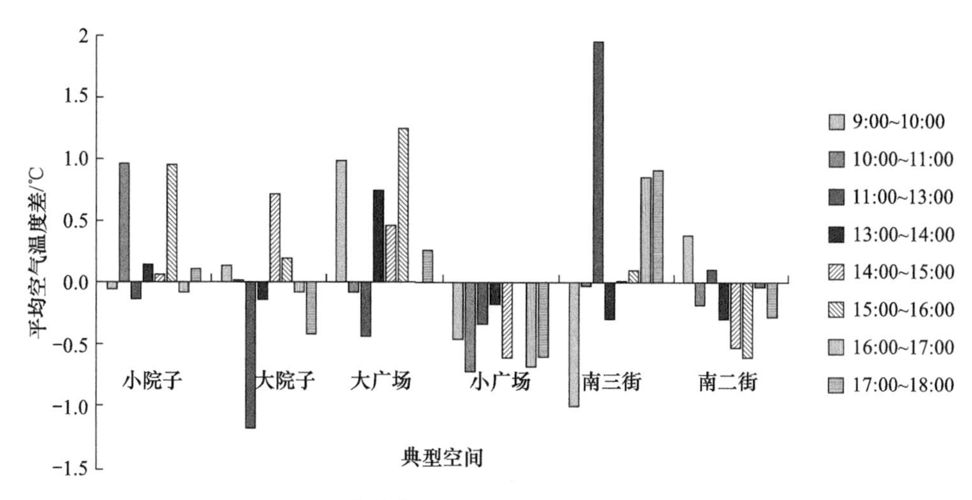

图 4-2　道外传统街区典型空间空气温度环境

除此之外，南二街的平均空气温度基本也低于整个街区平均空气温度，但低幅不大，基本维持在 0.5℃以内。其他三个典型空间小院子、大院子、南三街相对于街区平均空气温度波动较大，南三街更是在中午时段超过街区平均气温接近 2℃（表 4-2）。

表 4-2　道外传统街区典型空间空气温度与平均空气温度浮动

代号	超过街区平均温度的时段 /%	低于街区平均温度的时段 /%	平均浮动 /%	超过街区平均气温的最大值 /℃	低于街区平均气温的最大值 /℃
小院子	62	37	15	1.0	−0.1
大院子	50	50	18	0.7	−2.0
大广场	75	25	26	1.3	−0.5
小广场	0	88	14	0	−0.7
南三街	62	37	32	2.0	−1.0
南二街	25	75	14	0.4	−0.6

由表 4-2 可以更直观地看出不同空间类型在整体街区中的空气温度水平。在整个道外街区中，大广场的空气温度处于最高的水平，其次是小院子和南三街，其中小院子的空气温度相对于稳定，平均浮动只有 15%，且最低平均温度只低于街区平均温度 0.1℃；大院子的空气温度在中等水平，浮动率较小，但最低低于街区平均气温 2℃。温度水平相对较低的是南二街和小广场。总体来说，院落空间的空气温度水平较高，街道和广场空间的空气温度在道外街区中水平相当。

4.2.2.2　街区风环境

同样地，把每个时段测量的平均风速作为评判标准，对比每个空间的平均风速，可以发现，街区的整体风环境呈现出与空气温度环境基本相同的特征。整体来说，如图 4-3 所示，小广场的风速在全天绝大多数时段都超过了街区的平均水平，且最大达到了 0.5m/s 的浮动值；风速高于街区平均水平的除了小广场还有南三街，南三街的整体风速低于小广场，但全天仍有 5 个时段高于街区平均水平。

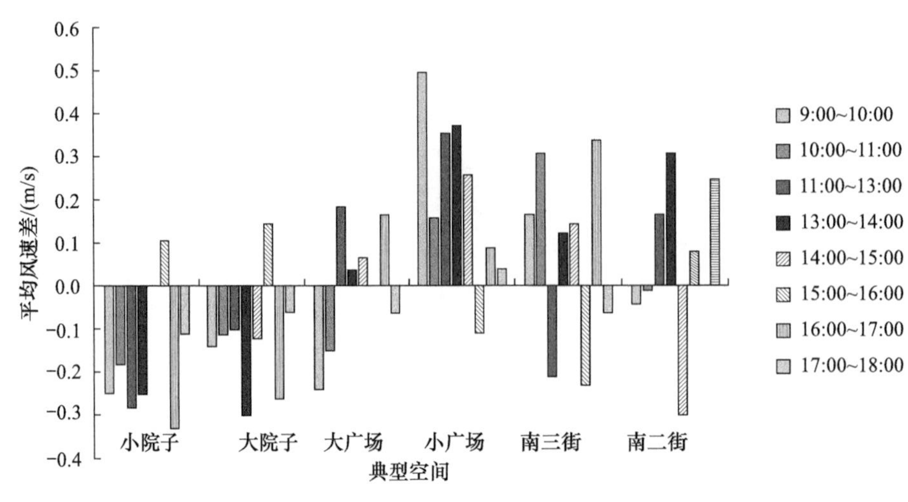

图 4-3　道外传统街区典型空间风环境

相比之下，院落空间的风速水平较低。小院子和大院子全天 85% 以上时段都低于街区平均水平。从数值来说，小院子的风速相较于大院子更低些，但幅度不大。

街区的整体风环境表现出不同空间类型的典型特点。从空间类型来说，院落的风速水平明显更低一些，基本覆盖了全天的整个时段；广场和街道的风速水平相差不多，小广场和南三街风速水平更大程度上高于街区平均水平；南二街的风速浮动比较大，最大差值达到了 0.6m/s。

纵观街区热环境和风环境（图 4-4）可以看出，街区的热环境和风环境呈现反比关系。街区整体在 13:00～14:00 和 15:00～16:00 时段达到全天的温度极值，相应地，风速在这两个时段也达到极值。街区温度从 9:00 开始增长，从 11:00 开始剧烈升高，风

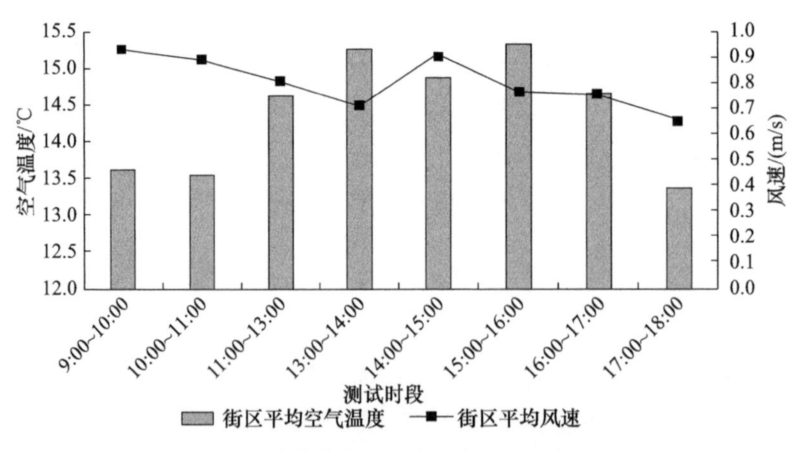

图 4-4　道外传统街区热环境和风环境对比

速在这段时间内呈现降低的趋势。此后街区直到 16:00 左右都保持较高的温度水平且略有波动，风环境也维持较稳定的状态。空气温度和风速在 17:00 以后都下降到低于 9:00 的水平。

4.2.2.3　街区湿度环境

以同样的方式对街区整体的湿环境进行数据分析。可以发现，街区整体湿环境在一天中呈现明显的变化规律（图 4-5）。街区在早晚时刻的离散度比较大，每个典型空间环境的湿度波动值也比较大，早上更加明显，浮动达到了 6%；中午和下午，离散度比较小，街区不同空间的湿度环境比较一致，尤其是 14:00～15:00，离散度最小。

将街区的湿环境与热环境、风环境对比（图 4-6）可以发现，三者之间存在对应关系。街区的整体湿环境与热环境呈现相反的发展趋势。空气温度在一天之内呈现先升

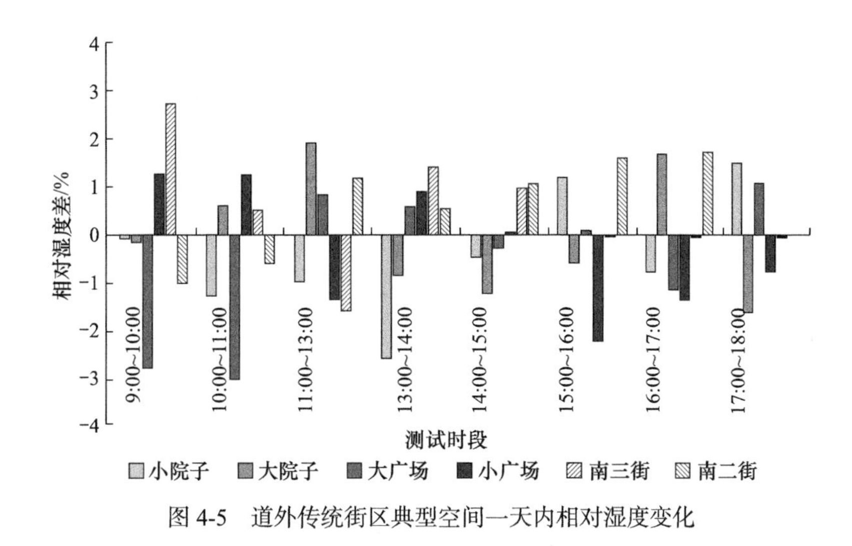

图 4-5　道外传统街区典型空间一天内相对湿度变化

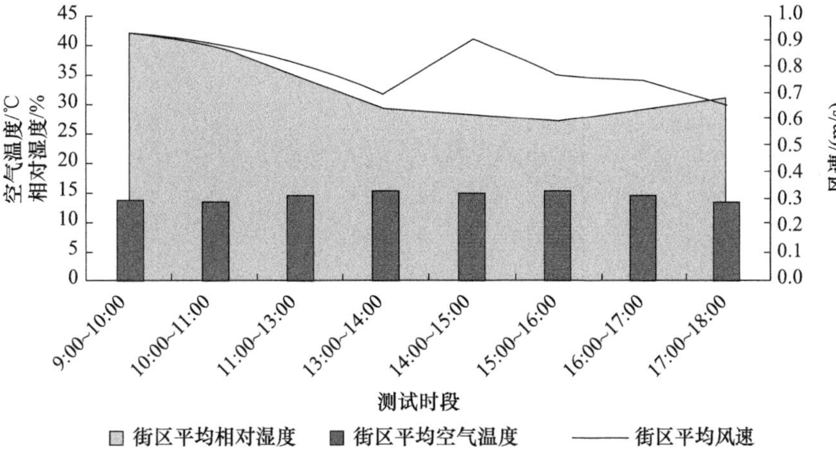

图 4-6　道外传统街区热环境、风环境、湿环境对比

高后维持再降低的趋势，相反地，街区整体相对湿度呈现先降低后维持再升高的趋势，可见两者密切相关。空气湿度与风速之间也有一定关系。两者大体上呈现相反的关系，但作用关系不是很强。

4.2.2.4　街区太阳辐射环境

统计测试空间不同时段的太阳辐射变化（图 4-7），可以发现，当测试点上方没有遮挡的情况下，不同测试点所接收的太阳辐射相差不多。其中，广场和院落由于空间开敞，可接收的太阳辐射较街道空间更大。街道空间测试点处于街道相对中心的位置，但由于有乔木、建筑阴影的影响，太阳辐射强度整体较低。

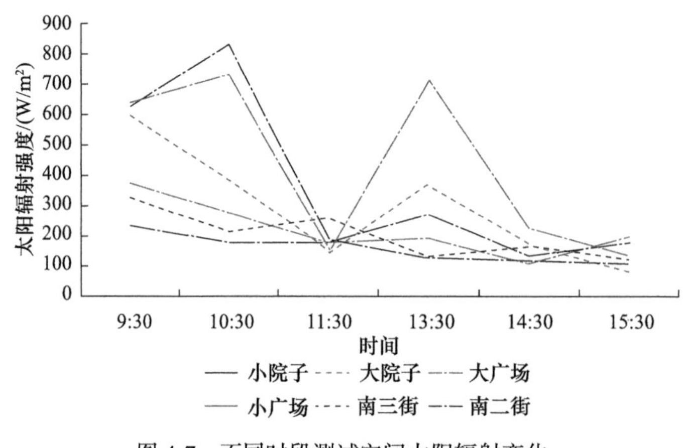

图 4-7　不同时段测试空间太阳辐射变化

同时，从图 4-7 中可以看出，测试空间在一天内接收的太阳辐射呈时段变化，9:00～10:00，接收的太阳辐射较高，随后下降，在 11:00 左右降至最低，随后升高，在 13:00～14:00 达到新高，并保持稳定。太阳辐射除与太阳高度角有关，还与当日的云量有关，测试中发现，云量对太阳辐射的影响很大，当天气为多云时，测试误差较大。

4.3　中心商业街区现场测试及分析

4.3.1　测试流程

在观测中收集的数据包括空气温度、相对湿度、风速和太阳辐射强度四项环境实测数据，以及热感觉、总体舒适度、分项要素感知的问卷投票数据。

针对多高层建筑底部、开敞广场、院落和街峡等空间的风环境差异以及人群分布特点，在商业区中分别选取 7～14 个典型活动空间进行数据采集，如图 4-8、图 4-9 和表 4-3 所示。测点均为活动人数较多的开放式活动空间，空间的类型和活动各不相同且都有稳定的人流量。在选择这些空间时，考虑了不同空间形态对室外微气候的作用，空间形态差异较大，能够测得丰富的微气候数据。

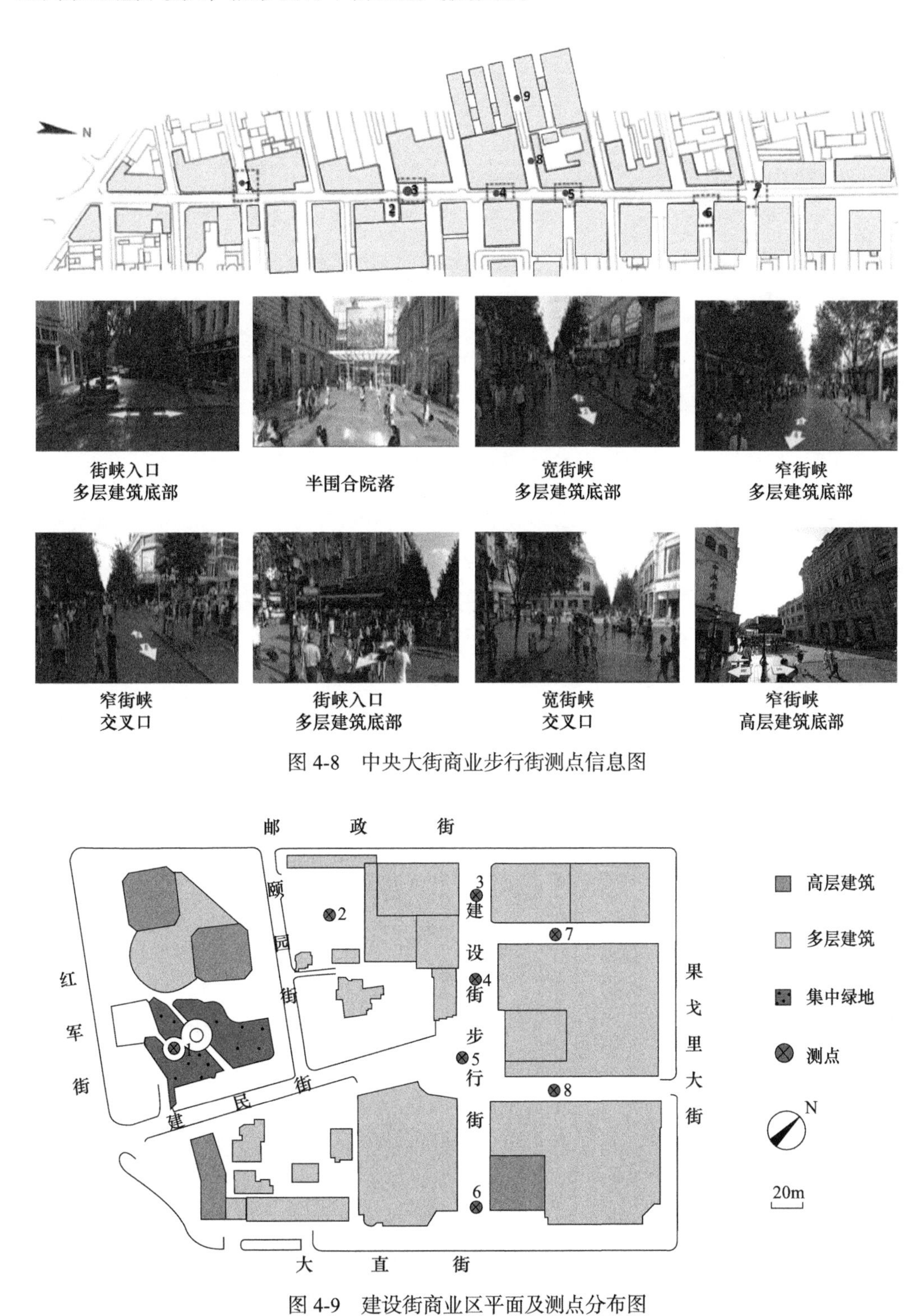

图 4-8　中央大街商业步行街测点信息图

图 4-9　建设街商业区平面及测点分布图

表 4-3 测点的节点类型

测点编号	节点类型
1	（a）开敞广场
2	（a）半围合院落
3	（a）宽街峡；（b）多层建筑底部
4	（a）宽街峡；（b）高层建筑底部
5	（a）围合广场；（b）交叉口
6	（a）街峡入口
7	（a）窄街峡；（b）多层建筑底部
8	（a）窄街峡；（b）高层建筑底部
9	（a）窄街峡；（b）多层建筑底部

4.3.2 测试结果分析

4.3.2.1 空间布局对微气候的总体影响

各个测点较为均匀地分布于案例内部空间，且包含了丰富的空间类型和微气候变化，因此，在某个案例中，同一时间各个测点的温度湿度和风速平均值可以反映该案例内部微气候的大致情况。测点的太阳辐射强度平均值不能代表整个商业区的太阳辐射情况，仅能反映出主要活动场地大致的太阳辐射情况。目前，仅从主要活动场地的角度，介绍总体的测试情况。

由图 4-10 可知，3 个案例中，案例 1 全年气温均低于其他两个案例，案例 2 全年气温较高，但总体来说 3 个案例空气温度较为接近，最大平均温差不超过 2℃。影响气温的变化的因素较为复杂，除了空间元素，场地内部及其周边的人流、车流和建筑能耗等也是重要的影响因素，同时，3 个案例位于城市的不同方位，也会导致整体温度的差异。关于湿度，3 个案例的湿度变化趋势相近，案例 1 邻近江畔，四季的湿度明显高于另外两个案例。

本书在考虑空间因素对微气候的影响时，主要以风速和太阳辐射强度进行判断。3 个案例的风速均随季节而变化，其中，案例 1 全年的风速变化最平稳，案例 2 四季风速差异最大，案例 3 全年的平均风速均高于其他案例。整体风速变化主要是受到城市季风的影响，但各个测点之间的风速差异则是受到空间因素的影响。案例 1 主轴南北向，场地中建筑多为多层建筑且布局均匀，大体量的建筑和空地较少。当季节变化，季风风向改变，案例 2 和案例 3 中的部分场地可能会从低风速变为高风速，而案例 1 中的大部分空间只是改变了风向，风速则是相对季节而提高。

案例 1 各个测点的太阳辐射在各个季节的变化差异较小，而案例 3 则正相反，冬季的太阳辐射比夏季小得多，案例 2 全年的太阳辐射都比较平稳。测点的太阳辐射平均值反映出人们经常活动的空间可以接收太阳辐射的大致情况。上述数据结果显示，

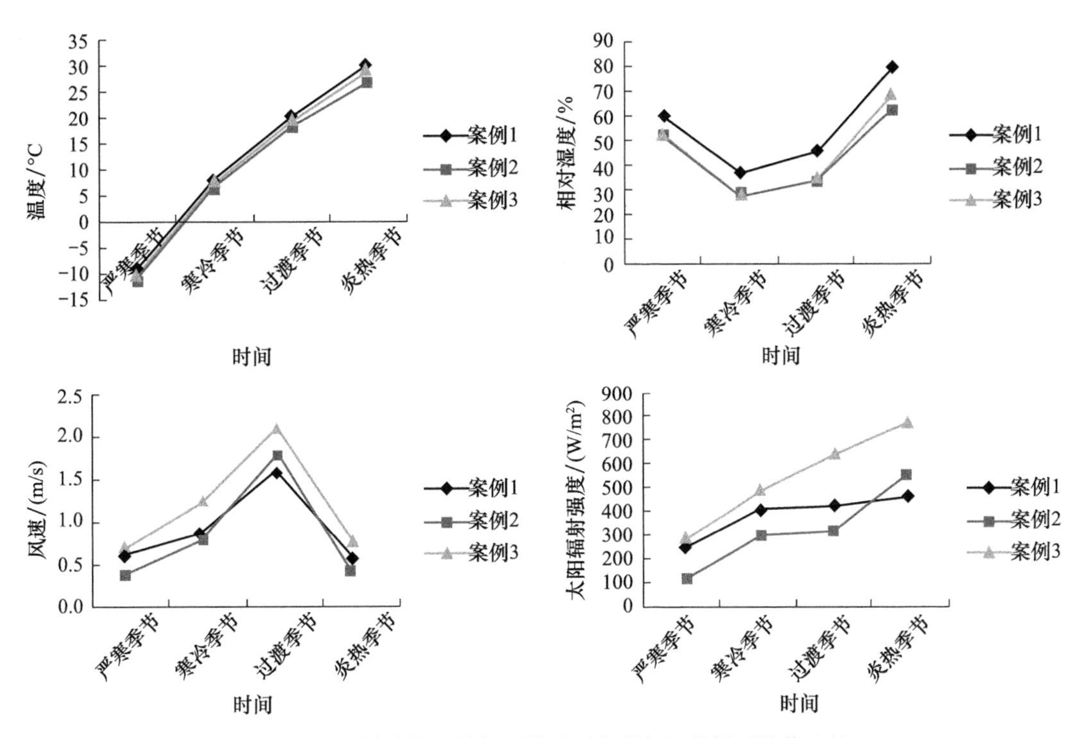

图 4-10　不同季节 3 种布局模式测点微气候数据平均值比较

案例 1 这种轴线型的商业区布局对活动者接受太阳辐射更为有利，多数节点在各季节都能有充足日照，并且在夏季和秋季也不会因为太阳辐射过强而感到不适。案例 2 和案例 3 则有明显的弊端：太阳辐射分布得不均匀。两个案例中有许多测点都能较好地满足活动者的要求，但主要集中在种植了乔木的广场和南向沿街步道，相反，在楼间和北向的场地，太阳辐射则常年较弱；同时，这两个案例中建筑高度较高，加重了北向场地的受遮挡。导致这些现象的原因，将在下面几节结合各个测点的实测结果进行详细分析。

下面选取中央大街商业区案例，介绍不同节点类型的微气候总体情况。中央大街是步行街型商业区，整体呈轴线状布局，在该案例中是以街道为主体进行测点布置，节点空间主要有邻近街道的活动场地（包括不同形式的场地和路口），以及南北或东西走向的主次街道。该案例规模较大，空间节点类型较多，因此就该案例对邻近街道的不同类型节点进行对比。

7 个测点的微气候数据及感知综合评价结果如图 4-11～图 4-13 所示。受空间形态的影响，各个观测点的太阳辐射强度和平均风速具有显著区别，并间接引起温度的变化，即太阳辐射能使空气温度升高，而强风则能使温度降低。

1、2 号测点是步行街两侧的开阔场地，场地大小相近，但空间形态截然不同。1 号测点南侧建筑较高，夏季植物茂盛，2 号测点南侧建筑低矮，夏季场地内无树荫，1 号测点全年太阳辐射低于 2 号测点。由于东侧开敞，1 号测点在以东南风为主导风向的季节风速较高，2 号测点南、东、北三面围合，且西向临近建筑较高，全年风速较

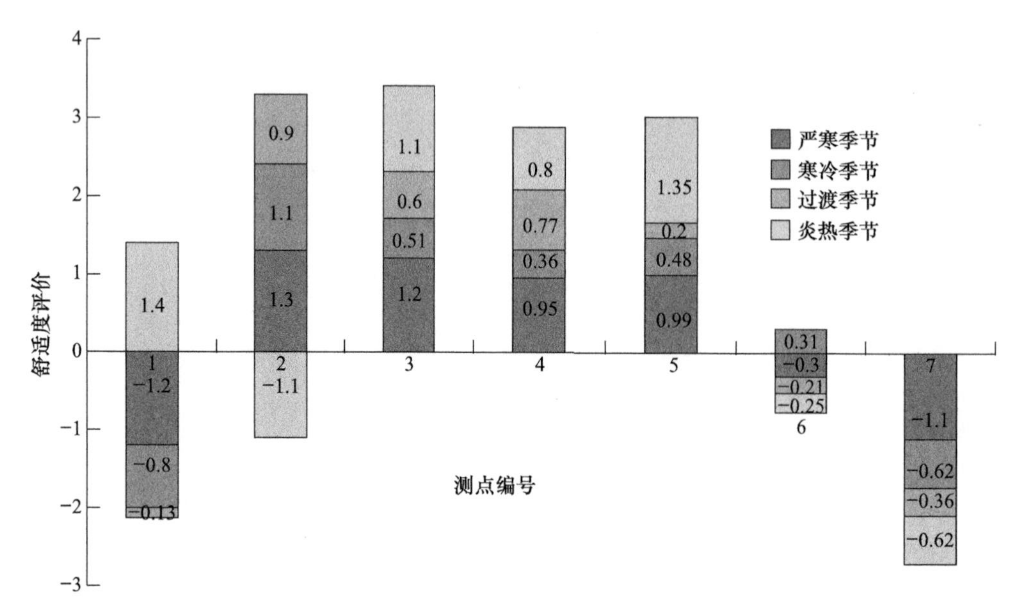

图 4-11　各测点微气候舒适度综合评价

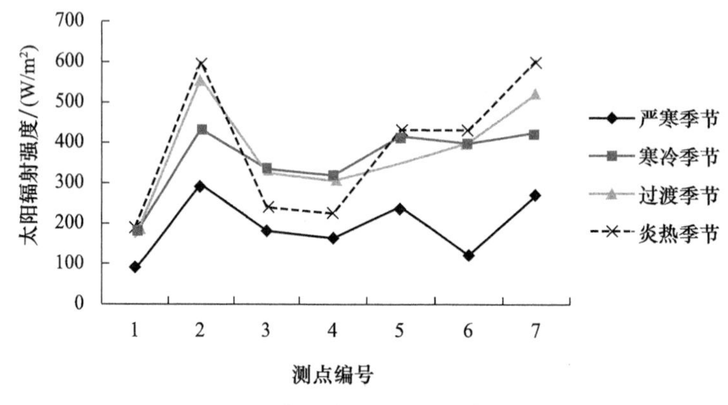

图 4-12　各测点平均太阳辐射强度

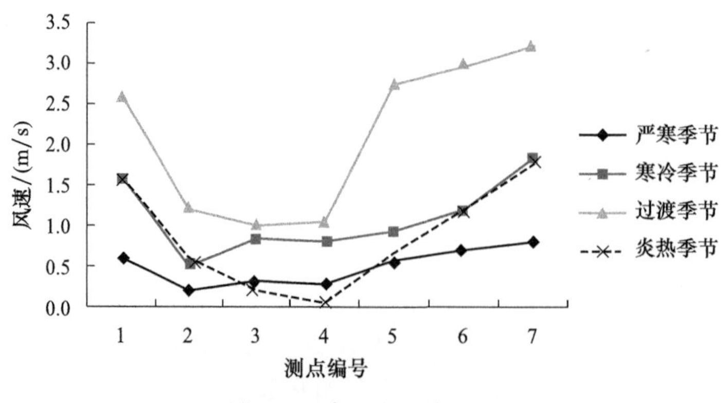

图 4-13　各测点平均风速

低。1 号测点在严寒和寒冷季节舒适度较低而炎热季节反而比 2 号测点高，说明在偏冷的季节活动者倾向于充足的日照和较低的风速，而炎热季节则相反。

3～5 号测点全年的舒适度评价均值达到“一般”以上，它们的共同特征是均为街道空间，由于南向遮挡物少，日照较为充足，且朝向偏离主导风向，平均风速较低。但在过渡季节，由于 5 号测点东侧临近辅街，在以东南风为主导风向的 4～6 月风速较高，这使得该点在过渡季节舒适度明显下降，而炎热季节舒适度上升。

6、7 号测点均位于路口，周边建筑较为低矮，街道较宽，与其他 5 个测点相比，全年平均风速和太阳辐射强度都较高。这两测点全年的舒适度评价均值在“一般”及以下，这说明，在偏冷的季节，即使日照充足，在风速过大的位置活动者会依然感到不适，而在炎热季节，过于强烈的太阳辐射使活动者感到不适，即使如 3、4 号测点这样的低风速的街道，其舒适度也高于高风速的 6、7 号测点。

通过上述分析可以发现，节点的微气候受所在街道、周边建筑和绿地景观的影响非常大。某项不利的微气候因素可能使该节点的活动者做出较低的评价。因此，下面将对这些影响微气候的空间因素进行分析。

4.3.2.2　南北和东西走向对街道微气候的影响

为了得出不同走向街道的微气候差异，选取分别位于南北和东西走向街道的两组测点进行比较。中央大街的主街呈南北走向，辅街呈东西走向，各街沿街均为多层建筑，以此作为分析案例。所选测点编号为 1 号、2 号（主街）、8 号和 9 号（辅街），微气候数据情况如图 4-14～图 4-17 所示。

如前文所述，引起不同走向街道周边微气候变化的因素主要是太阳照射方向和主导风向。由于太阳辐射强度和风速的差异，南北、东西走向的街道之间出现一定程度的温湿度差异，尤其是在平均温度较低的严寒地区，当存在建筑遮挡时，温度出现明显的下降趋势。因此，先对温湿度进行分析，掌握不同走向的街道环境温湿度变化情况，再对主要影响因素太阳辐射强度和风速进行分析，找出影响特征和关系。

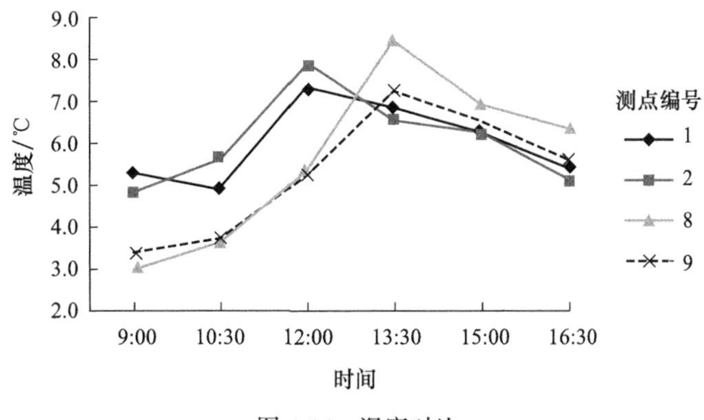

图 4-14　温度对比

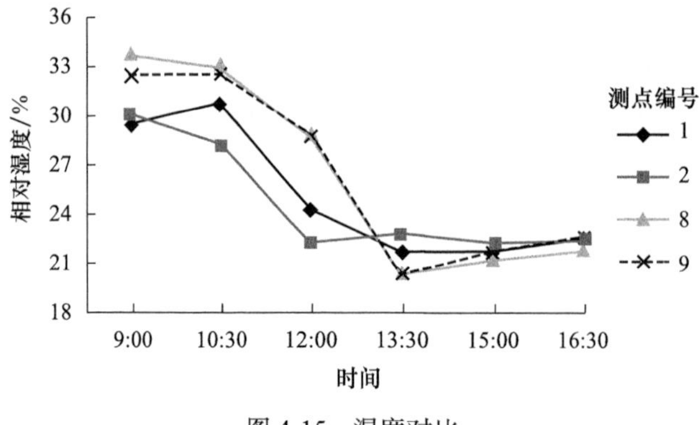

图 4-15　湿度对比

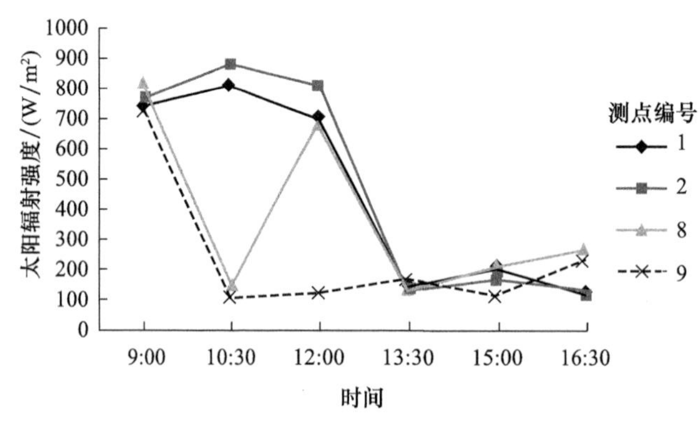

图 4-16　太阳辐射对比

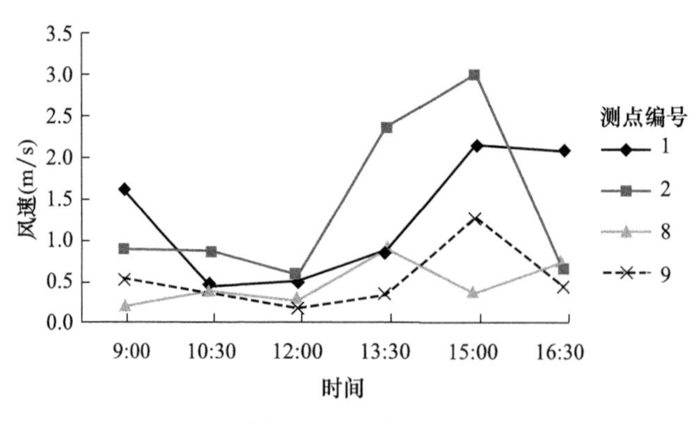

图 4-17　风速对比

两条街道的温湿度均随季节和时间而变化。以太阳辐射充足、风速相对适中的寒冷季节数据为例，可以看到在一天之中，12:00～14:00 这段时间温度较高，上午和傍晚温度较低。上午，南北走向街道的测点（1 号、2 号）比东西走向的测点（8 号、9 号）温度高，温差为 1.2～2.3℃，而下午则相反，东西走向的测点温度不仅在午后大幅升高（升温约 3.2℃），还略高于南北测点（温差为 0.2～1.2℃）。上午的空气湿度略高于下午，相对湿度差为 0.7%～6.7%，同一时间四个测点的湿度较为接近。

在一天中，上午的太阳辐射高于下午，上午 9:00 左右，4 个测点的太阳辐射都达到较高水平（724～816W/m^2），其后东西走向街道开始受到南侧建筑的遮挡，午后 4 个测点均被建筑不同程度地遮挡。在上午，东西走向街道两组测点比南北走向街道测点获得的太阳辐射更高，虽然东西走向街道测点的太阳辐射在下午也有所上升，但上升幅度较小，约为 130W/m^2。结合温度来看，太阳辐射的提高（或降低）有着比较明显的升温（或降温）效果。上午的太阳辐射（679～883W/m^2）显然比下午的（238～265W/m^2）更加强烈，南北走向的街道在上午和中午处于阳光直射之下的范围更大，更有利于接收太阳辐射，而东西走向的街道更容易受到建筑和景观遮挡，例如其中的测点 9，全天的大部分时间都处于阴影区，仅在早上和傍晚能够获得直射光线。因此，南北走向的街道更适于布置供人们进行室外活动的场地。

受主导风向和建筑遮挡的影响，街道风速的变化规律非常复杂，从实测数据也可以看到，各个测点的风速有较为显著的差异。因此，根据不同测点之间的风速差进行判断是没有意义的，应就同一测点的风速变化情况来进行分析。在一天之中，南北走向街道测点的风速变化幅度较大，而东西走向街道测点的风速较为平稳，说明在此期间东西走向街道出现高速阵风的情况较少，建筑对吹向场地的阵风有一定的遮挡作用。

上述结果表明，太阳辐射变化会对温度造成一定影响，在不考虑水体和植物的情况下，整个场地内的湿度相对稳定。在感知调查中，曾提到较高的风速会使活动者感到冷，但在实际测试中，下午风速的升高并未引起空气温度的明显下降，这与风向和建筑有着密切关系，这一问题在后面的章节将会做具体分析。

4.3.2.3　建筑组团对楼间场地的影响

为了研究场地周边建筑布局对微气候的影响，以建设街商业区作为案例进行节点数据分析。建设街是典型的组团型模式，其中包括 7 个体量较大的商业建筑。在这样的建筑组团内部，形成了多种楼间场地形式，其微气候特征也有显著差异，本小节将对此进行分析。

在场地内共设置 8 个测点。对 8 个测点的微气候数据平均值进行比较，发现与中央大街相比，建设街内部测点之间的位置距离较近，但测点之间的微气候数据变化范围更大，这说明在组团型的布局模式下，建筑对场地的影响更明显。其原因是，在组团型商业区中，以楼间通道作为辅街，建筑间距较小，同时高层建筑较多且邻近活动空间。

如图 4-18、图 4-19 所示，在不同季节里，8 个测点的平均温度在严寒季节和寒冷季节中差异较小、在过渡季节和炎热季节差异较大，全年平均温度差（温度最高测点的平均温度与最低测点的相比）在 1.6℃（寒冷季节）～2.6℃（炎热季节）之间。湿度情况也显示出相似特征，在严寒季节，全部测点的湿度差异较小，而其他季节各测点的湿度具有一定差异，全年平均相对湿度差在 2.6%（严寒季节）～8.4%（炎热季节）之间。由于严寒季节的太阳辐射强度为全年最低，因此各个测点在该季节接收到的太阳辐射均较低，其他三个季节中平均太阳辐射差最高的是炎热季节（差值为 724W/m^2）。全部季节的测点风速都显示出较大差异，全年平均风速差在 0.9m/s（炎热季节）～1.2m/s（寒冷季节）之间。

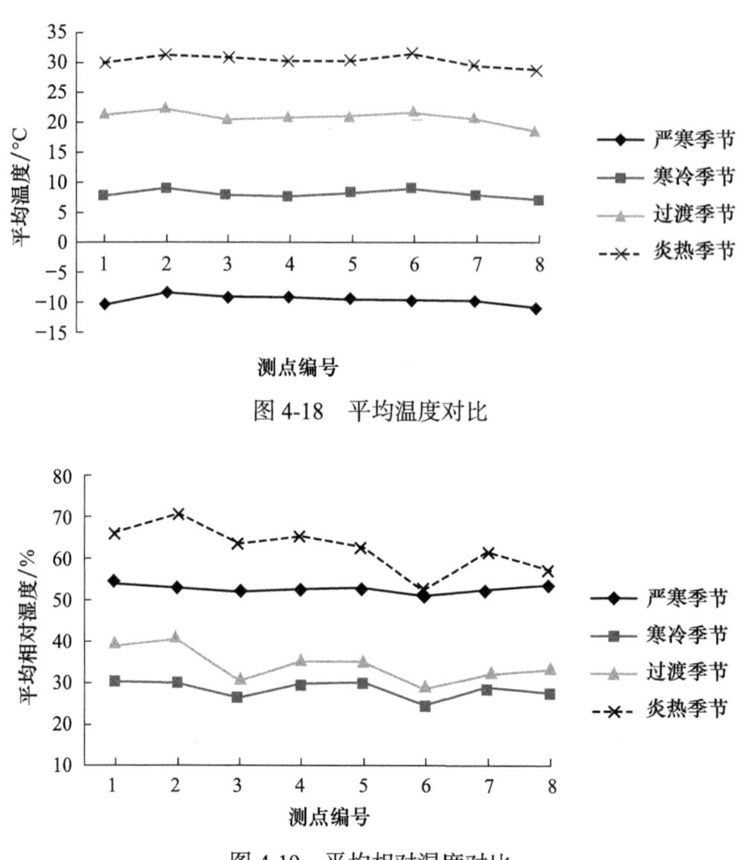

图 4-18　平均温度对比

图 4-19　平均相对湿度对比

1 号、2 号和 5 号测点可以分别代表远离建筑、邻近多层和邻近高层的 3 种空间形式。对 3 个测点的实测数据进行比较，发现建筑的围合和遮挡对微气候的影响非常明显：远离建筑的 1 号测点的风速和太阳辐射比其他 2 个测点平均高出 12%（风速）和 18%（太阳辐射）；2 号与 5 号测点相比，邻近多层的 2 号测点风速较低，被高层遮挡严重的 5 号测点所接收到的太阳辐射较低。

3 号和 6 号测点位于临近机动车道的外围空间，从微气候数据可以看出，2 个测点的温度与内部的 4 号、5 号测点差异不大，其中位于南侧的 6 号测点温度较高（最大温差 1.3℃），北侧的 3 号测点温度略低。外围测点的湿度明显低于位于内部空间。除了南北朝向外，外围较大的机动车流量也对实测温度和湿度数据有所影响。

7 号和 8 号测点位于 2 条平行楼间通道内部。与位于其他空间的测点相比，这 2 个测点的风速较高、温度和太阳辐射偏低，这些都与其东北—西南走向有关。两条通道宽度相近，但 8 号测点邻近高层，全年的风速都比较高，温度也偏低一些，在严寒季节和寒冷季节人们在此通行时不适感较为明显。

上述结果表明，建筑类型和场地围合程度的差异造成了不同节点微气候的差异，受影响最大的微气候参数主要是风速和太阳辐射，也间接地引起了温度和湿度的变化，其中高层建筑对微气候的作用更大，值得引起关注。建筑和场地的相对位置（场地在建筑哪一侧）、通道的走向等因素的影响在后面的章节进一步分析。

4.4　城市综合体现场测试及分析

4.4.1　测试流程

为确保研究的准确性，研究哈尔滨群力远大中心微气候环境的测试分四个季节进行。在各季节选择天气状况良好且气候环境相近的两天，分别进行室外空间和半室外空间测试，测试时间分别为过渡季节 2017 年 10 月 14 日至 15 日，严寒季节 2018 年 1 月 30 日至 31 日，寒冷季节 2018 年 3 月 28 日至 29 日，炎热季节 2018 年 6 月 16 日至 17 日。在天气符合实验要求的基础上，调研日尽量选在周末两天或者节假日，以保证调研的样本量充足。具体测试时间，寒冷、炎热、过渡季节为上午 9:00～12:00、下午 13:30～16:30，严寒季节由于太阳落山较早，日照时间相对较短，测试时间调整为上午 9:00～12:00、下午为 13:30～15:30。

考虑到哈尔滨群力远大中心微气候环境测试的准确性以及数据对比的处理方式，测点分布原则以对称性和均匀性为主，具体的测点分布如图 4-20 所示。地块北侧建有部分绿化景观，考虑到下垫面形式、绿化及水体等的不同对微气候环境及人体舒适度

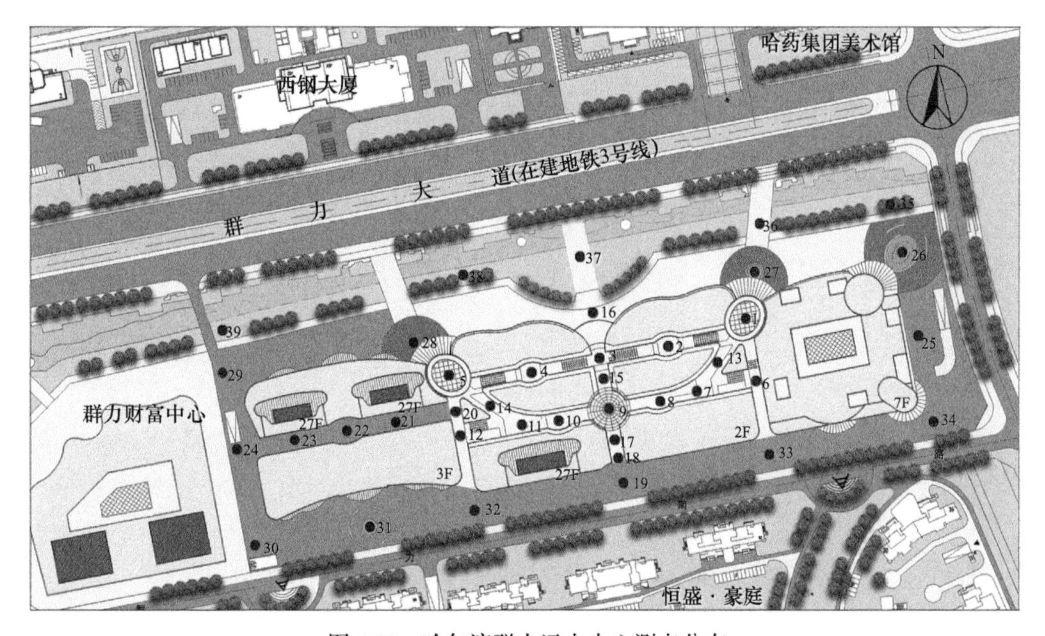

图 4-20　哈尔滨群力远大中心测点分布

的影响，寒冷季节和炎热季节两季增加 5 个典型性测点，以完整地探讨微气候环境的影响因素。

室外空间中，测点 24～34 主要对比周边建筑环境对微气候环境的影响，测点 35～39 对比周边景观环境对微气候环境的影响；半室外空间中，测点 1～20 主要对比半室外空间中形态体量对微气候环境的影响，并根据节点空间形态的差异性，进一步比较各类型节点的微气候环境，廊道空间的对比以测点 1～5、测点 6～12、测点 15～19 和测点 20～24 为主，着重比较不同朝向、不同空间形态的微气候环境。部分典型测点的实景照片如图 4-21 所示，其中（a）～（d）对应于半室外空间，（e）～（j）对应于室外空间。

(a) 半室外入口空间　(b) 节点空间　(c) 商业展示空间　(d) 店铺外摆空间

(e) 室外入口空间　(f) 广场空间　(g) 南侧居住区

(h) 桥上测点　(i) 遮阳亭　(j) 树池

图 4-21　哈尔滨群力远大中心典型空间实景照片

4.4.2　测试结果分析

4.4.2.1　大体量综合体建筑对微气候环境的影响

哈尔滨群力远大中心是综合体型商业区，以一座大体量的多高层混合商业综合体为布局主体，因此实测测点主要布置在综合体四周的开阔空间，以及综合体的穿行通道、通廊。在测试中，发现综合体型商业区和组团型商业区有许多的共同特征，例如建筑间距大、测点之间的微气候数据变化范围大、高层建筑多等，因此本小节对此不再赘述，只着重介绍大体量综合体对微气候环境的影响。

为了比较大体量综合体建筑对四周活动场地的影响，对南北两组朝向的测点进行对比分析，南侧测点编号为 30～34，北侧测点编号为 26～29。由于综合体型商业区周边多为高层住区或商务区，因此需考虑到周边地块沿街的高层建筑的影响。

考虑到南侧高层建筑的遮挡，首先受影响的微气候因素是太阳辐射，结合太阳辐射数据的判断，按有无建筑遮挡对测点分类。在定量分析高层建筑对微气候环境的影响时，分为组间差异及组内差异两类。组间差异包括南北两组测点的平均值，并对有无建筑遮挡时的数据进行差异性检验，具体分析两组测点间有无建筑遮挡时各微气候要素间的数量关系；组内差异以南侧全天无遮挡测点为标准进行数据对比，即其他测点以测点 34 作为参考点做对比（表 4-4）。

严寒季节主要对比的是温度环境，其中除测点 34 和测点 26 外，其余测点均表现为南侧高于北侧（图 4-22），这说明冬季高层建筑遮挡对温度的影响小于自身建筑布局对温度的影响。测点间的温差较大，测点 33 和测点 27 间的温差甚至达到 1.7℃。

由于有建筑遮挡时温度不服从正态分布（p=0.017，p<0.05），通过非参数秩和检验，显著性 p=0.014，Z=−2.461，说明有无建筑遮挡间的温度环境存在显著差异，其中无建筑遮挡时温度的中位数约为 −13.0℃，有遮挡时约为 −14.2℃。通过对应测点温度环境的比较，商业综合体自身建筑布局的影响大于高层建筑对其的影响，平均来看，南侧的温度高于北侧 10% 左右。

综上所述，相比于其他季节，严寒季节综合体类型商业区微气候环境更加依赖阳光，即高层建筑遮挡导致的太阳辐射和温度降低幅度均更大，无建筑遮挡时风环境得到部分改善，湿度环境明显改善。

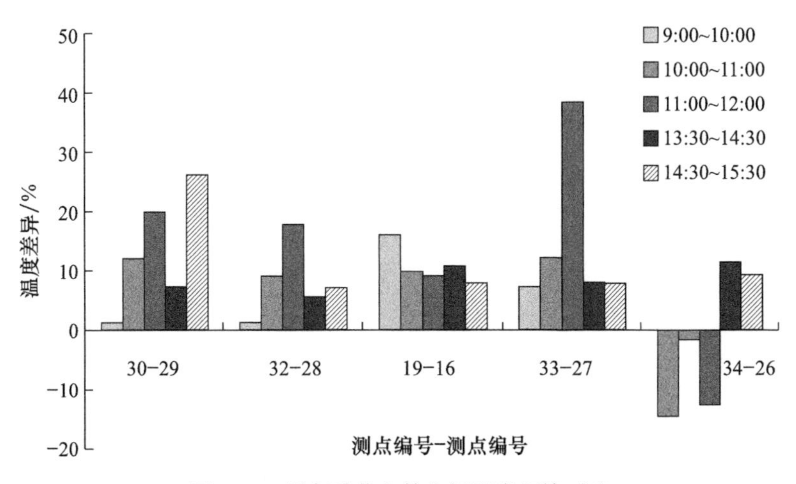

图 4-22　严寒季节室外空间温度环境对比

表 4-4　严寒季节高层建筑对微气候环境的影响

环境类型	组间对比	组内对比
太阳辐射环境	南侧平均太阳辐射强度：112W/m^2 北侧平均太阳辐射强度：92W/m^2	太阳辐射强度比参考点低 50% 左右
	无遮挡时南侧太阳辐射强度高于北侧 15% 左右 有遮挡时南侧太阳辐射强度低于北侧 30% 左右	
温度环境	南侧平均温度：−13.3℃ 北侧平均温度：−14.4℃	温度比参考点低 5%～10%
	无遮挡时北侧温度低于南侧 5% 左右 有遮挡时北侧温度低于南侧 7% 左右	
风环境	南侧平均风速：0.50m/s 北侧平均风速：0.81m/s	无
	有无建筑遮挡对风环境的影响无显著相关 定性分析：高层建筑仍起到挡风作用，但效果不显著	
湿度环境	南侧平均相对湿度：49.8% 北侧平均相对湿度：51.5%	湿度比参考点高 5%～10%
	无遮挡时北侧湿度高于南侧 3% 左右 有遮挡时北侧湿度高于南侧 2% 左右	

寒冷季节南北两侧微气候环境的对比中，风环境的影响与其他要素的影响略有不同，为了避免东西两侧建筑环境、景观环境等对风环境评价的影响，主要选取中间部分的三组测点，即 32–28、19–16、33–27，绘制如图 4-23 所示的风速柱状图。通过非参数秩和检验，显著性 p=0.047，p<0.05，即有无建筑遮挡与风环境间存在显著相关。高层一侧的平均风速为 0.52m/s，北侧测点的平均风速为 0.82m/s。

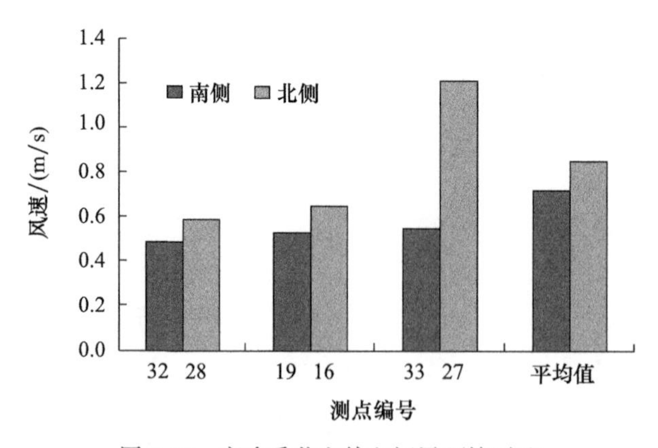

图 4-23　寒冷季节室外空间风环境对比

通过对比可以看出，北侧测点的风速均高于南侧，其中测点 33 和测点 27 的平均风速差约为 0.66m/s，这可能是由于高层建筑形成挡风屏障，降低了南侧的平均风速，同时改善了风环境。将各测点各时段的风速与该时段的平均风速对比发现，测点 27 的风速高于平均风速 60% 左右，对应测点 33 由于高层建筑遮挡，大部分时段风速低于平均风速 40% 左右。测点 28、测点 16 低于平均风速 30% 左右，对应南侧测点低于平均风速 40% 左右（表 4-5）。

表 4-5　寒冷季节高层建筑对微气候环境的影响

环境类型	组间对比	组内对比
太阳辐射环境	南侧平均太阳辐射强度：402W/m² 北侧平均太阳辐射强度：344W/m²	太阳辐射强度低 40% 左右
	无遮挡时北侧太阳辐射强度低于南侧 15% 左右 有遮挡时北侧太阳辐射强度低于南侧 10% 左右	
温度环境	南侧平均温度：5.7℃ 北侧平均温度：5.6℃	温度低 5% 左右
	无遮挡时北侧温度低于南侧 3% 左右 有遮挡时温度环境基本相同	
风环境	南侧平均风速：0.72m/s 北侧平均风速：0.85m/s	南侧测点的风速低于平均风速 40% 左右
	由于高层建筑遮挡，除个别时段风速差相反外，大部分北侧风速高于南侧 50% 左右	
湿度环境	南侧平均相对湿度：25.9% 北侧平均相对湿度：26.1%	湿度高 3% 左右
	北侧湿度略高于南侧，差异可忽略不计	

综上所述，寒冷季节南北两侧测点的各微气候要素对比中，可明显看出南侧测点的微气候环境优于北侧，且高层建筑对微气候环境的影响程度小于自身规划布局的影响。高层建筑间存在建筑间距，而商业综合体一侧为连续界面，因此对于各出入口附近的测点，自身规划布局的影响较大。

从过渡季节南北两侧风环境的对比中（图 4-24）可以看出，北侧测点的风速均高

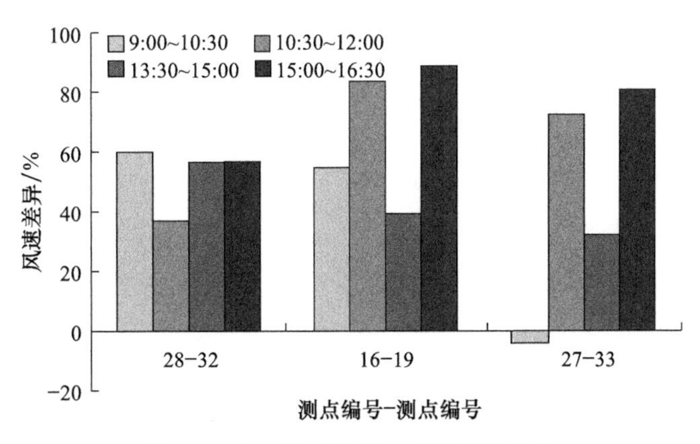

图 4-24　过渡季节室外空间风环境对比

于南侧，且由于过渡季节风速普遍偏高，各测点间的风速差较大，其中测点 19 和测点 16 间的风速差甚至达到 2.56m/s，平均风速差也达到 2.0m/s，这说明高层建筑对过渡季节风环境的影响较大。其中，有建筑遮挡时的风速不服从正态分布（p=0.001，p<0.05），无建筑遮挡时风速呈正态性分布（p=0.772，p>0.05），因此选择非参数秩和检验，显著性 p=0.003，Z=−2.981，即有建筑遮挡与无建筑遮挡间的风速存在显著差异，呈负相关，有建筑遮挡时的风速中位数为 1.04m/s，无建筑遮挡时的风速中位数为 3.07m/s（表 4-6）。

表 4-6　过渡季节高层建筑对微气候环境的影响

环境类型	组间对比	组内对比
太阳辐射环境	南侧平均太阳辐射强度：607W/m^2 北侧平均太阳辐射强度：382W/m^2	太阳辐射强度低 40%左右
	无遮挡时北侧太阳辐射强度高于南侧 10% 左右 有遮挡时北侧太阳辐射强度低于南侧 10% 左右	
温度环境	南侧平均温度：9.3℃ 北侧平均温度：8.6℃	温度低 6% 左右
	无遮挡时北侧温度高于南侧 3% 左右 有遮挡时北侧温度低于南侧 3% 左右	
风环境	南侧平均风速：1.18m/s 北侧平均风速：3.08m/s	南侧测点的风速低于平均风速 50% 左右
	由于高层建筑遮挡，大部分北侧风速高于南侧 60% 左右	
湿度环境	南侧平均相对湿度：22.2% 北侧平均相对湿度：23.6%	湿度高 5% 左右
	无遮挡时南侧湿度高于北侧 3% 左右 有遮挡时南侧湿度低于北侧 2% 左右	

进一步比较对应测点的各时段风速差，由于高层建筑遮挡，大部分北侧测点风速高于南侧 60% 左右。

综上所述，过渡季节南侧测点的微气候环境优于北侧，其中风环境得到明显改善，其余要素中，无遮挡时高层建筑影响较大，有遮挡时自身建筑布局的影响较大，影响程度与寒冷季节大体相同，略小于严寒季节。

炎热季节各微气候要素与其他三个季节明显不同。太阳辐射方面，除测点 33 和测点 27 外，其余测点均表现为北侧高于南侧。这主要是由于太阳高度角较大，且商业综合体自身的建筑高度较低，而住宅区的层数为 32 层，南侧受遮挡程度显著增加（图 4-25 和表 4-7）。

温度环境对比中，南侧测点高于北侧 2% 左右，其中测点 34 和测点 26 间的平均温差约为 1.7℃，测点 34 的平均温度甚至高达 33.5℃，其余测点间的平均温差约为

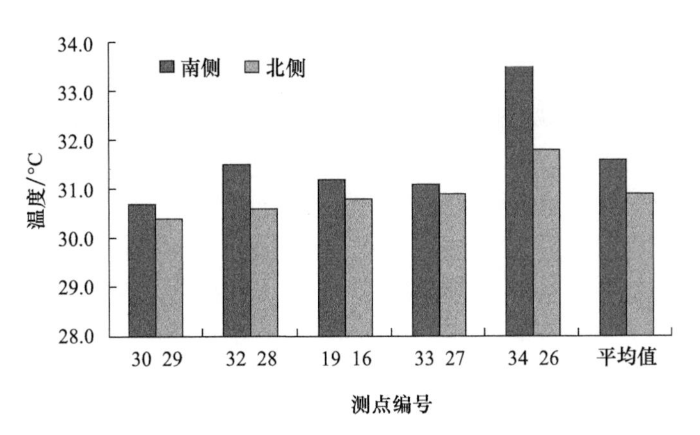

图 4-25　炎热季节室外空间温度环境对比

表 4-7　炎热季节高层建筑对微气候环境的影响

环境类型	组间对比	组内对比
太阳辐射环境	南侧平均太阳辐射强度：936W/m^2 北侧平均太阳辐射强度：1009W/m^2	太阳辐射强度低 15% 左右
	高层建筑的影响大于商业综合体自身建筑布局的影响； 北侧太阳辐射强度高于南侧 10% 左右	
温度环境	南侧平均温度：31.6℃ 北侧平均温度：30.9℃	温度低 7% 左右
	无遮挡时南侧温度高于北侧 3% 左右 有遮挡时南侧温度高于北侧 1% 左右	
风环境	南侧平均风速：0.66m/s 北侧平均风速：0.49m/s	无
	有无建筑遮挡对风环境的影响无显著相关 定性分析：高层建筑与商业综合体间形成风道，导致南侧风速增大，但风环境仍在舒适范围内	
湿度环境	南侧平均相对湿度：38.2% 北侧平均相对湿度：38.9%	湿度高 15% 左右
	无遮挡时北侧湿度环境高于南侧 4% 左右 有遮挡时北侧湿度环境高于南侧 2% 左右	

0.5℃。有无建筑遮挡的温度均服从正态分布，因此采用配对样本 t 检验的方法验证两者间的相关性，显著性 p=0.027，p＜0.05，即有无建筑遮挡温度均存在显著差异，其中无遮挡时平均温度为 31.5℃，有遮挡时平均温度为 30.7℃。商业综合体自身建筑布局的影响大于高层建筑的影响。

综上所述，炎热季节高层建筑对各微气候要素的影响中，太阳辐射环境和风环境与其他季节相反，太阳辐射环境表现为北侧略高于南侧，风环境表现为南侧略高于北侧。整体来看，高层建筑的影响程度略小于其他三个季节。

4.4.2.2　集中绿地及其内部景观节点

考虑到集中绿地及景观对微气候环境的影响，实测阶段特别针对集中绿地进行了补充测试。由于绿化在过渡季节和炎热季节的影响较为明显，选择在这两个季节进行实测，测试位置为商业区集中绿地的典型位置：行道树（测点 35）、丛中小径（测点 36）、架空平台（测点 37）、凉亭（测点 38）和树池（测点 39）。以各测点同一时段数据平均值为标准，进一步分析这 5 类绿地景观对微气候的影响程度。

总体来说，绿地及景观的微气候依然随季节变化而变化。由两个季节的微气候数据对比（图 4-26、图 4-27）发现，由于炎热季节植物枝叶繁茂，绿地对微气候的影响更为明显，此时，各个类型的绿地景观均显示出较大的微气候差异。在炎热季节，如表 4-8 所示，丛中小径和架空平台对其微气候均有较为突出的影响，其中丛中小径的温度较其他位置平均降低 1.25℃，相对湿度平均提升 1.29%，而架空平台的温度较其他位置平均升高 1.12℃，相对湿度平均降低 1.95%，从设计角度来说，架空平台的微气候变化并不具有正面意义，因为该场地几乎失去了植物对不利气候的防护作用。与这两个位置相比，行道树对温度和相对湿度的影响相对较小，仅升高 0.05℃和 0.07%。5 个测点的风速和太阳辐射在两个季节都有比较明显的差异，说明绿地及景观对风速和太阳辐射的影响不局限于炎热季节，但其中凉亭下方区域的平均风速和太阳辐射相对变化较小，与 5 个测点的平均值最接近，这说明与其他景观相比，凉亭四周开敞、仅靠顶部遮阳，其遮风和遮阳性能和范围都有局限。

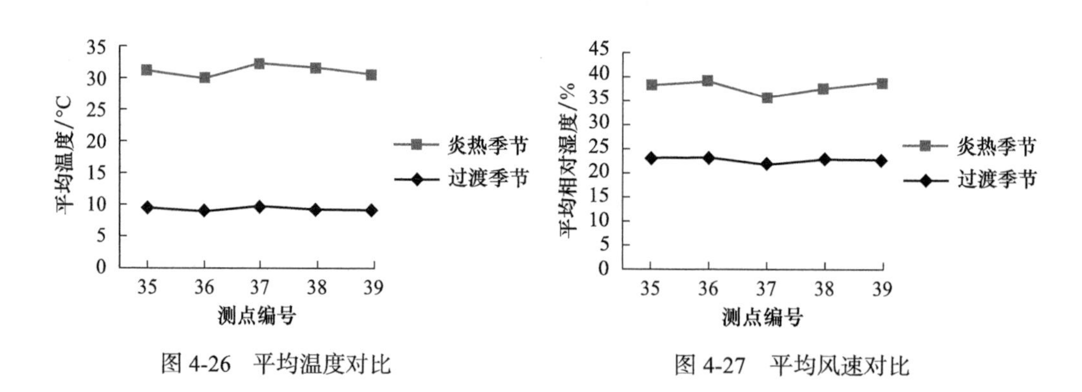

图 4-26　平均温度对比　　　　图 4-27　平均风速对比

表 4-8　绿化景观对微气候环境的影响

景观类型	温度 /℃	相对湿度 /%	风速 /（m/s）	太阳辐射强度 /（W/m²）
行道树	+0.05	+0.07	−0.19	−388
丛中小径	−1.25	+1.29	−0.21	+415
架空平台	+1.12	−1.95	+0.26	+603
凉亭	+0.42	−0.43	−0.02	−77
树池	−0.47	+0.97	+0.16	−450

4.4.2.3　商业街及半室外空间节点的微气候影响

严寒地区城市现代商业区设计中，室外商业街或院落常会采用透明顶棚，形成半室外空间。为了测试这种设计的实际性能，本研究选取位于室外和半室外通道的测点进行单独对比。半室外测点编号为 1～15，室外测点编号为 20～24、29 和 30。

实测数据情况如表 4-9 和 4-10 所示，总体来看，半室外空间的风速和太阳辐射明显低于室外空间。温度和湿度在各个季节的影响有一定差异。在严寒季节和寒冷季节，半室外空间的平均温度较室外高 0.9～1.3℃；在过渡季节，室内外空间的平均温差较小，几乎可以忽略不计；在炎热季节，半室外空间的平均温度比室外空间低约 1.2℃。半室外空间的平均相对湿度在过渡季节比室外空间低约 5.1%，而在其他季节均高于室外空间。

表 4-9　室外空间微气候数据汇总

季节	特征值	空气温度 /℃	相对湿度 /%	风速 /（m/s）	太阳辐射强度 /（W/m²）
寒冷季节	平均值	6.4	27.6	1.93	260
	最大值	9.1	35.7	5.01	883
	最小值	2.7	19.8	0.14	37
严寒季节	平均值	−14.5	50.3	1.29	72
	最大值	−16.8	60.0	3.73	402
	最小值	−9.8	39.7	0.11	14
过渡季节	平均值	9.1	22.7	1.99	446
	最大值	12.9	32.0	5.74	1180
	最小值	5.1	16.2	0.34	33
炎热季节	平均值	31.2	38.3	0.77	852
	最大值	34.5	48.4	2.13	1580
	最小值	27.3	31.1	0.10	61

表 4-10　半室外空间微气候数据汇总

季节	特征值	空气温度 /℃	相对湿度 /%	风速 /（m/s）	太阳辐射强度 /（W/m²）
寒冷季节	平均值	7.7	28.5	0.48	69
	最大值	10.5	36.9	1.35	688
	最小值	5.4	21.6	0.13	5
严寒季节	平均值	−15.4	50.5	0.36	12
	最大值	−18.5	59.0	1.09	46
	最小值	−13.2	42.4	0.07	0

续表

季节	特征值	空气温度 /℃	相对湿度 /%	风速 /（m/s）	太阳辐射强度 /（W/m^2）
过渡季节	平均值	9.1	17.6	0.37	74
	最大值	12.3	21.7	1.26	860
	最小值	6.5	15.0	0.06	6
炎热季节	平均值	30.0	42.1	0.31	293
	最大值	32.3	50.5	1.39	1104
	最小值	27.0	35.8	0.05	14

这些现象表明，诸如此类的透明顶棚确实能够起到抵御不利气候的作用，尤其是在哈尔滨这类严寒地区城市的冬季，既能提升热舒适，还能起到一定保温节能效果。但由于材料和冰雪覆盖等因素，透明屋顶并不能达到最理想效果：严寒季节遮风的同时不能保证太阳辐射的接收，炎热季节空气流通慢容易导致闷热。因此，现阶段的透明顶棚更适用于那些有美观需求的局部节点，不适于广泛覆盖于商业街。

4.5 公共绿地现场测试及分析

4.5.1 测试流程

国内外研究表明，公园内的游憩行为与空间模式具有密切的联系，空间模式在很大程度上可以决定行为活动的发生。由于研究时间有限，为了保证研究的完整性，本书选择内部同时包含了4类典型活动型空间的哈尔滨古梨园作为公共绿地行为活动调研以及热舒适调研的研究对象。通过前期的调查研究发现，与其他公园相比，古梨园在各个季节中均有很高的使用率，能够满足后续调研对样本数量的要求。

图 4-28　古梨园样本空间分布

古梨园是一座开放式公园，位于道外区宏伟路，占地面积约为10hm^2，公园空间分布情况如图4-28所示。其中1号点为典型的活动型道路空间，2号点为典型的活动型广场空间，5号点为典型的活动型密林空间，7号点为活动型水边空间，各空间图像与描述如表4-11所示。

表 4-11　古梨园典型空间基础资料

测点编号	空间图像	空间描述
1		空间类型：道路 功能类型：活动型 下垫面组成：建筑用地 周围要素：乔、灌、草
2		空间类型：广场 功能类型：活动型 下垫面组成：铺装地 周围要素：乔、灌、草
5		空间类型：密林 功能类型：活动型 下垫面组成：植被 周围要素：乔、草
7		空间类型：水边空间 功能类型：活动型 下垫面组成：铺装地 周围要素：乔、灌、草、水体

选择这 4 个空间作为实测对象的原因包括：这 4 个空间分别满足哈尔滨城市公园的 4 种典型活动型空间模式；在预调研过程中发现这些空间各时段的使用率较高，便于问卷调查；在对道路空间的选择中，1 号测点所在空间特殊的 S 型布局形式，使其成为一个独立活动场地而非交通空间，在实地调研过程中可以排除路过人群的干扰，便于研究。

其余调研空间图像与描述如表 4-12 所示。

表 4-12　古梨园样本空间基础资料

测点编号	空间图像	空间描述
3		空间类型：广场 功能类型：活动型 下垫面组成：铺装地 周围要素：乔、灌、草
4		空间类型：密林 功能类型：活动型 下垫面组成：自然裸地 周围要素：乔
6		空间类型：广场 功能类型：活动型 下垫面组成：铺装地 周围要素：乔、草
8		空间类型：广场 功能类型：活动型 下垫面组成：建筑用地 周围要素：乔、灌、草
9		空间类型：广场 功能类型：活动型 下垫面组成：建筑用地 周围要素：乔、草、水体

续表

测点编号	空间图像	空间描述
10		空间类型：广场 功能类型：活动型 下垫面组成：铺装地 周围要素：乔、灌、草
11		空间类型：密林 功能类型：活动型 下垫面组成：自然裸地 周围要素：乔、灌、草
12		空间类型：广场 功能类型：活动型 下垫面组成：铺装地 周围要素：乔、灌、草

8 次实地调查时间选择在各季节的典型日及前后进行，寒冷季节为 2014 年 12 月 22 日（冬至日）、26 日，冷季节为 2015 年 3 月 21 日（春分日）、22 日，舒适季节为 2015 年 5 月 10 日、17 日，热季节为 2015 年 7 月 5 日、13 日（初伏日）。具体调研时间，寒冷季节与冷季节为 9:00～16:00，舒适季节与热季节为 9:00～17:00。通过仪器分别测量公园内各个空间的微气候参数，包括空气温度、相对湿度、太阳辐射和风速，测试情况如图 4-29～图 4-32 所示。

4.5.2　测试结果分析

各季节的微气候参数的平均值、最大值和最小值如表 4-13 所示。寒冷季节中，全天温度均处于零下，最低温度达 −16.50℃，由于地面积雪面积较大，相对湿度平均值达 54.82%，远高于冷季节和舒适季节；冷季节中，平均温度为 7.83℃，最高温度为 15.30℃，最低温度却达到了 −1.80℃，说明这一过渡季节温度波动较大，由于进入春季，同时园内植被叶片仍未完全生长出来，冷季节的平均风速要高于其他季节，最大

图 4-29　寒冷季节微气候测量（从左到右分别为 1、2 号点）

图 4-30　冷季节微气候测量（从左到右分别为 1、2 号点）

图 4-31　舒适季节微气候测量（从左到右分别为 1、2、5、7 号点）

图 4-32　热季节微气候测量（从左到右分别为 1、2、5、7 号点）

风速也出现在这一季节；舒适季节的平均温度在 20℃左右，温度变化波动较小；热季节平均温度 29.62℃，最高温度超过了 34℃，气温相当炎热，而由于进入夏季，公园内植物叶片繁茂，降低了风速，因此出现夏季测量风速较低的现象。

表 4-13　各季节微气候数据汇总表

季节	特征值	空气温度 /℃	相对湿度 /%	风速 /（m/s）	太阳辐射强度 /（W/m^2）
寒冷季节	平均值	−10.68	54.82	0.48	109.28
	最大值	−3.70	78.50	2.86	327.00
	最小值	−16.50	35.50	0.00	0.00
冷季节	平均值	7.83	27.87	0.92	428.13
	最大值	15.30	39.80	3.26	931.00
	最小值	−1.80	19.40	0.00	10.00
舒适季节	平均值	19.70	26.63	0.61	304.25
	最大值	26.80	45.60	2.93	789.00
	最小值	15.40	14.20	0.00	33.00
热季节	平均值	29.62	50.38	0.32	457.15
	最大值	34.70	63.10	1.20	997.00
	最小值	26.00	29.90	0.02	22.00

第 5 章 典型区域微气候舒适性主观调查及分析

本章通过主观调研的方式对使用者进行微气候舒适性调查，了解哈尔滨市典型公共服务区的使用者对环境微气候舒适性的评价情况。

根据不同公共服务区类型设置相关问卷，其中微气候感知投票主要涉及以下内容：实际热感觉投票（actual thermal sensation vote，ATSV），温度感知投票（temperature sensation vote，TSV），风速感知投票（wind sensation vote，WSV），湿度感知投票（humidity sensation vote，HSV），太阳辐射感知投票（radiation sensation vote，RSV），总体舒适度投票（overall comfort vote，OCV）。

5.1 传统保护街区主观调查

5.1.1 调查流程

采用问卷法和行为注记法，对不同季节的道外街区使用特征进行分析与总结。问卷采用面对面提问的方式，随机对进行不同活动的人进行提问，被测试者需要回答真实的感受。被测试者可重复回答问题，但间隔须在 30 分钟以上，被测试者也可自行填写答案。

行为注记是针对不同行为的发生地点以及发生频率进行，行为注记调研是本书研究传统保护街区的主要内容和方法。

5.1.2 调查结果与分析

对人群不同行为进行行为注记，总结出活动频率较高的典型空间如图 5-1 所示。可以直观地发现，随着季节变暖，道外街区三类活动行为的人数都有明显增加，同时不同行为活动发生的空间也有所变化。在过渡季节，半动态活动的典型空间没有明显特征，人们进行散步等活动呈现散点分布，院落空间的人数较多；静态活动明显集中于院落和广场内，南三道街也有一部分的静态活动；动态活动只聚集在两个广场空间中，院落空间略有涉及。而在夏季，最明显变化的是静态活动；街道空间成为了静态活动的高发空间，半动态活动也更加明显的集中在南三道街；动态活动的聚集则没有明显变化，仍主要集中在广场空间。

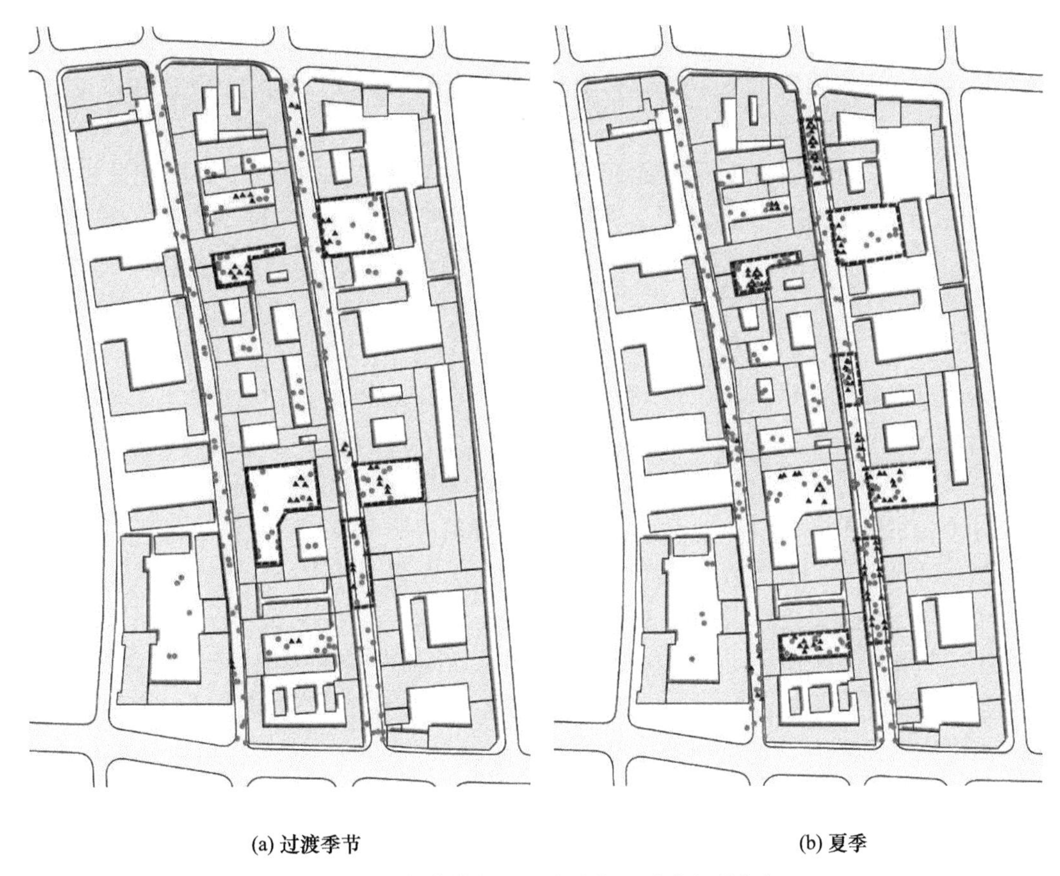

(a) 过渡季节　　(b) 夏季

图 5-1　道外传统街区过渡季节、夏季人群分布

对人群空间行为的变化原因进行分析。广场空间环境开阔，配置有舞台、景观等设施，因此成为动态活动的集中地。过渡季节的静态活动空间均是设施较为完善的休憩空间，说明活动设施是影响人们选择活动空间进行不同类型活动的重要因素。

5.2　中心商业街区主观调查

5.2.1　调查流程

5.2.1.1　季节划分

现有研究已确认了人们在不同季节对微气候的感知具有较大差异。在对于微气候感知的季节差异的相关研究中，一般是以春、夏、秋、冬四季作为季节划分。但实际上，像中国这样纬度跨度较大的国家，南北部地区的城市在各个季节的气温差异非常大，在严寒地区，低温持续的时间十分漫长，例如哈尔滨逐月平均气温达到 0℃以下的时间接近 5 个月，以至于每年都有持续近 6 个月的供暖期，在这种气候条件下对微气候感知进行研究，应针对目标城市的气温变化规律划分调查时间段。

在观测和评估开始之初，本研究根据哈尔滨逐月平均气温变化，以及前期对活动者着装情况和室外感受相关调查，将调研时间分为严寒季节（平均温度在 −10℃以下，约为 1 月、2 月、12 月）、寒冷季节（平均温度在 −10～10℃之间，约为 3 月、4 月、10 月、11 月）、过渡季节（平均温度在 10～20℃之间，约在 5 月、9 月）和炎热季节（平均温度在 20℃以上，约在 6 月、7 月、8 月）。观测时间选择在各季节的典型日及前后进行，结合天气预报，一般选取两个连续晴天之后的晴天于日间进行观测。

5.2.1.2　研究地点

为了取得商业街区活动者的实际感知数据，在具备第 3 章所得出的严寒地区城市商业区形态特征的典型商业街区中选择 7 个不同类型（表 5-1）的商业活动空间作为观测点。第 3 章中对严寒地区城市商业区的调研结果显示，商业街区新建和改建项目的特征如下：主要形式是以步行街为核心，多层建筑组团中插建少量高层建筑；主要建筑类型包括购物中心、酒店、室内商业街、商务写字楼、住宅或公寓；以核心街区为单元进行统计，街区占地面积在 2～6hm^2 之间，步行街宽度在 20～40m 之间，辅街宽度在 15～20m 之间；设置了一处以上可供人群活动的集中绿地或广场。根据这些特征，针对多高层建筑底部、开敞广场、院落和街峡等空间的微气候环境差异，以及人群分布特点，确定观测地点。

测点均为活动人数较多的开放式活动空间，同时空间的类型和活动各不相同且都有稳定的人流量，人们可以自由访问这些公共空间。在选择测点时，考虑了不同空间形态对室外微气候的作用，空间形态差异较大，能够测得丰富的微气候数据。

表 5-1　各类节点空间特征

节点类型	示意图	空间特征
多层建筑底部		空间类型：步行街 功能类型：活动型 下垫面组成：砖石、植被、土壤 自然元素：乔、草、水体
高层建筑底部		空间类型：组团内部 功能类型：活动型 下垫面组成：砖石、植被 自然元素：乔、灌、草

续表

节点类型	示意图	空间特征
宽街峡		空间类型：楼间通道 功能类型：活动型 下垫面组成：砖石、植被 自然元素：乔、灌、草
窄街峡		空间类型：楼间通道 功能类型：活动型 下垫面组成：砖石、植被 自然元素：乔、灌、草
街峡入口		空间类型：组团内部 功能类型：活动型 下垫面组成：砖石、植被 自然元素：乔、灌、草
交叉口		空间类型：组团内部 功能类型：活动型 下垫面组成：砖石、植被 自然元素：乔、灌、草
大体量建筑转角		空间类型：组团内部 功能类型：活动型 下垫面组成：砖石、植被 自然元素：乔、灌、草

5.2.1.3　主观调查

在场所中随机选取受访者，共发放 890 份调查问卷，调研信息表如表 5-2 所示。收到有效问卷 886 份，形成微气候感知投票结果。最后，结合实测和调研人员对客观环境的观察记录，每个样本包括一组实时微气候观测数据和一份感知投票，将其应用于热感觉与微气候之间关系的分析。

表 5-2　调研信息表

观测类别	测试频率	观测日期
温度 风速 湿度 太阳辐射强度	平均每 5 分钟仪器自动记录气象数据 1 次；每位受访者停留时间需达到 5 分钟	严寒季节：12 月 22、23 日，1 月 2、3 日 寒冷季节：3 月 22、23 日，10 月 15、16 日 过渡季节：5 月 2、15 日，9 月 17、22 日 炎热季节：6 月 22、23 日，7 月 23、24 日

受访者需要回答填写如下内容：

① 个人资料。包括年龄，性别，衣着，来到观测点活动的持续时间和平均周期等。

② 当前的活动类型。调研前期，通过观察法和访谈法对使用者活动规律和分布情况进行了解，同时记录使用者全部活动类型，主要包括站立聊天、坐着聊天、散步、静坐休息、站立休息、照看儿童、跳舞、棋牌娱乐和做操练武等，以此作为“活动类型”这一问题的选项。

③ 对室外微气候的感知投票，重点是对室外温度，湿度，风速和太阳辐射的各种反应，投票内容及量化标度如表 5-3 所示。研究选取的微气候感知要素分项评价的类别为实际热感觉投票（ATSV）、温度感知投票（TSV）、风速感知投票（WSV）、湿度感知投票（HSV）、太阳辐射感知投票（RSV）、总体舒适度投票（OCV）。在本研究中，为了重点分析热感觉反应，使用 7 点标度评价人的热感觉，感知和综合评价采用 5 点标度（表 5-3）。

④ 对当前场所的微气候预期等内容。

最后结合实测和调研人员对客观环境的观察记录，形成微气候感知投票结果。

表 5-3　投票内容及量化标度

投票内容		量化标度
实际热感觉投票（ATSV）		−3（寒冷）−2（冷）−1（稍凉）0（适中）1（略暖）2（热）3（炎热）
感知要素分项评价	温度感知投票（TSV）	−2（非常低）−1（比较低）0（适中）1（比较高）2（非常高）
	太阳辐射感知投票（RSV）	−2（非常弱）−1（比较弱）0（适中）1（比较强）2（非常强）
	风速感知投票（WSV）	−2（非常低）−1（比较低）0（适中）1（比较高）2（非常高）
	湿度感知投票（HSV）	−2（非常潮湿）−1（比较潮湿）0（适中）1（比较干燥）2（非常干燥）
总体舒适度投票（OCV）		1（舒适）2（有点不舒适）3（不舒适）4（很不舒适）5（非常不舒适）

5.2.1.4　数据处理

采用统计分析法分析室外微气候参数对人类室外热舒适度的影响：

① 对微气候测试及问卷调研情况进行初步描述。

② 采用独立样本置信均值检验的方法，对投票分布区间进行检验，得出分项要素区间，再通过单样本 t 检验，对相邻区间的重合样本进行均值检验，分别得出不同季节 TSV、WSV、HSV、RSV 所对应的区间阈值。

③ 采用多元线性回归分析建立预测数学模型，量化多个室外微气候参数与实际热感觉之间的关系。为了评估回归方程，用确定系数 R^2 表示拟合优度，并将显著性水平设置为 SIG（$p<0.05$）。

④ 根据预测模型和指标系数，计算哈尔滨地区室外商业活动人群的中性空气温度。

⑤ 对不同活动类型对热感觉的敏感性进行分别讨论，采用多元线型回归分析找出显著性和拟合优度较高的活动类型。

5.2.2　调查结果分析

四个季节共获得了 886 份有效问卷（严寒季节占 18%，寒冷季节占 27%，过渡季节占 34%，炎热季节占 21%）。在全部样本中，男性比例为 41%，中青年（<45 岁）占 86%。

首先对各个季节的投票结果进行比较，发现虽然不同季节的微气候具有较大差异，但“适中”投票依然占有较大比重，这一现象符合微气候感知理论中提到的活动者应激反应，许多活动者表示对稍凉的气候已经习惯，如图 5-2 和图 5-3 所示。在严寒季节和寒冷季节，小于 0 的投票所占比重较高，并主要集中在“稍凉”范围。在过渡季节和炎热季节中，投票主要集中在“适中”（21.5%）和“略暖”（20.7%）范围。然而在热季节，超过 1 的投票比例占 37.9%。上述结果表明，严寒季节和寒冷季节的人们感觉较冷，而在过渡季节和炎热季节，活动者的实际热感觉最接近“适中”，但在炎热季节的部分时段，人们会感到比较热。

另一方面，虽然许多活动者的热感觉能够达到“适中”，但他们并不一定感到“舒适”，ATSV 和 OCV 之间有很大的差别。在过渡季节，“适中”的比例最高，为 33.6%，只有少数“热”（7.5%）和“冷”（0%）的投票，如图 5-4 所示。OCV 结果（图 5-5）显示，“舒适”投票率在过渡季节也是最高的。以上结果说明，在过渡季节人们感到最舒适。相比之下，在炎热和寒冷的季节，“适中”投票数与过渡季节非常接近，但“舒适”的投票数则较少。在炎热季节，“非常不舒适”投票量（13%）比其他季节更多，主要集中在温度高于 30℃的样本，因此可以说人们在炎热季节最不舒适。

在四个季节的“舒适”样本中，许多人认为虽然感觉“舒适”，但热感觉并不能达到“中性”，而是“略暖”或“稍凉”。在寒冷季节和严寒季节，“很不舒适”和“非常不舒适”的投票一般被认为是“冷”和“寒冷”投票的结果。然而，很少有受访者感

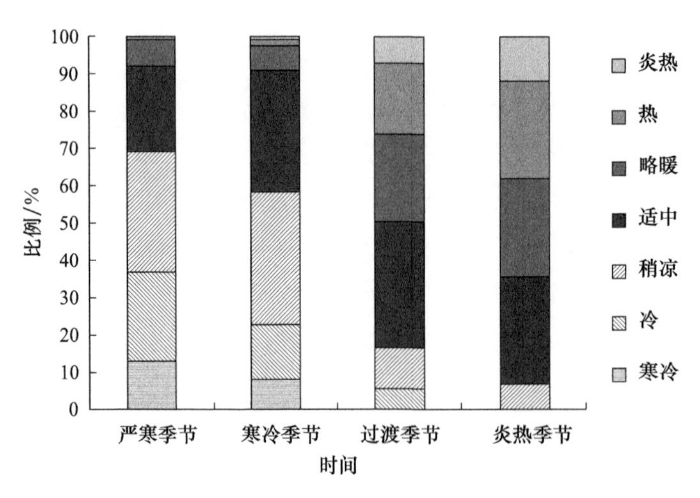

图 5-2　不同季节的 ATSV 投票比例

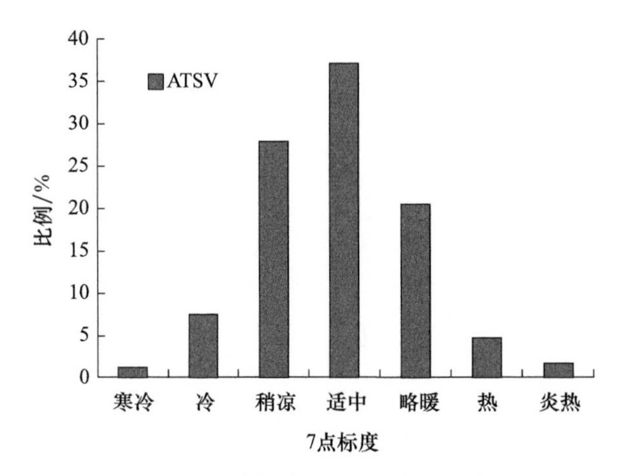

图 5-3　7 点标度的 ATSV 投票比例

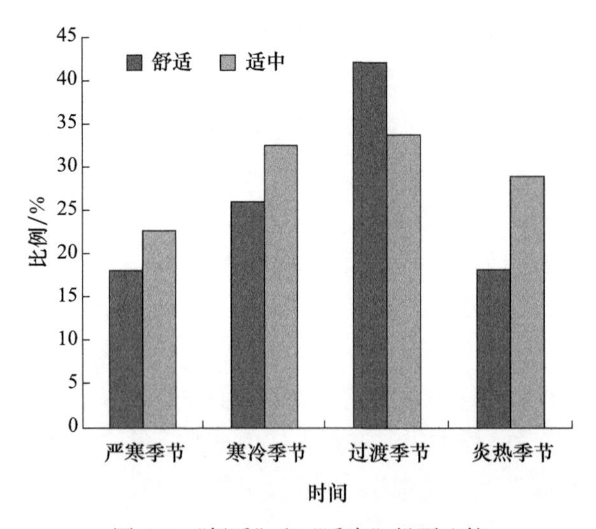

图 5-4　“舒适”和“适中”投票比较

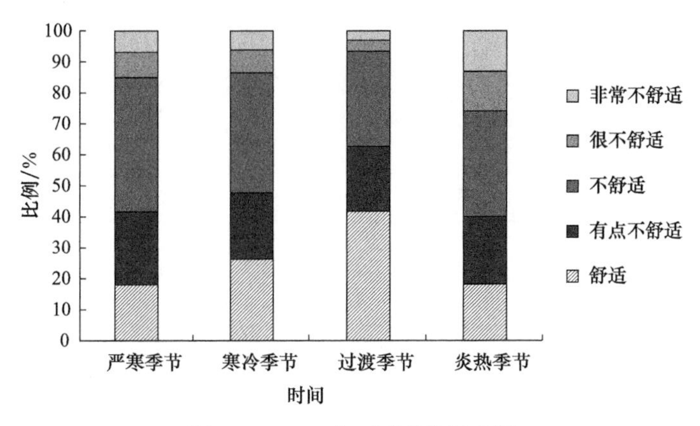

图 5-5　OCV 在不同季节的比例

到“很不舒适”和“非常不舒适”。这是因为与其他地区的人相比，生活在严寒地区的人更能适应寒冷的气候。

5.3　城市综合体主观调查

5.3.1　调查流程

问卷内容由三方面组成：第一部分是由访员填写的基本信息；第二部分为受访者的个人资料，性别、年龄、归属地、家庭状况、受教育情况等；第三部分为该问卷的核心部分，即微气候环境感知情况投票，以及使用者对整体环境舒适度的评价等。问卷中涉及的问题通俗易懂，由简单到复杂递进。

第一部分主要是与各测点的实际数据相对应，记录访问时间及受访地点，并了解受访者的活动状态及衣着状况，这与受访者不同的直观感受有着直接联系，如跳舞健身等运动量大的人群与坐着休息的人感受不同，穿着多的人群与穿着单薄的人对微气候环境感知也不尽相同。

第二部分是问卷调研的基础和前提条件。为了解哈尔滨群力远大中心主要活动人群情况等，筛选出以下几类基本信息，具体内容如表 5-4 所示。

表 5-4　受访者基本信息

基本情况	受访者信息
性别	男　女
年龄	60 岁以上　46～60 岁　31～45 岁　18～30 岁　18 岁以下
居住地	附近居民　本市居民　外地游客
从事行业	公务员　公司职员　个体商贩　工人　学生　退休　其他
学历	初中及以下　高中　专科　大学　硕士及以上
月收入	无　1000 元以下　1000～3000 元　3000～5000 元　5000 元以上

第三部分包括受访者行为特征的相关问题及微气候环境舒适度评价指标。行为特征包括停留时间、活动频率及活动目的等，详细内容见表 5-5，通过对受访者行为特征的调查，可对微气候环境进行针对性研究。

表 5-5　受访者行为特征

行为特征	受访者信息
停留时间	10min 以内　10～30min　30min～1h　1～2h　2h 以上
活动频率	每天　每周一次　每月一次　半年一次　很少
活动目的	工作　离家近　休闲方式较多　购物　空间便于活动　其他
停留区域	半室外空间　室外空间　店铺　绿地　广场　其他

为了解受访者对城市商业综合体微气候环境各要素的分类评价，问卷针对温度环境、湿度环境、风环境、太阳辐射环境等设计了相同的打分标准，即根据不同程度分为五个级别，对应分值为 −2、−1、0、1、2，进一步询问受访者对各测点微气候环境的总体舒适度投票，即不舒适、一般、舒适三类，对应分值为 1、2、3。针对问卷结果的统计，可反映出受访者在不同测点附近微气候环境的主观感受及评价，并验证实测数据的准确性。在调研的最后，询问受访者在评价舒适度时对其影响最大的微气候要素，并提出哈尔滨群力远大中心整体环境的不足之处。

5.3.2　调查结果分析

问卷调研分两组同时进行，四季共分发 624 份调研问卷，其中有效问卷 619 份。受访者基础信息的具体分析结果如图 5-6 所示：

通过统计分析发现，该商业综合体的使用者性别上的差异不大，受访者中女性占 47%，男性占 53%。

在年龄构成中，发现 60 岁以上的老年人及 18 岁以下的青少年较少，仅占 9%，18～30 岁的人群约占 38%，其次为 31～45 岁的人群，约占 34%，这主要是由于群力远大建有写字楼和商务公寓，同时购物中心也是年轻人更倾向的休闲娱乐场所。

通过对频率分布图的分析发现，每天来该商业综合体的人数占受访者的 34%，这说明在这里工作的人数居多，此类人群具有固定性；频率较大（每天、每周、每月）的人群约占 73%。进一步总结各季节间的特征，发现冬季受访者主要以工作人群为主，而春秋等过渡季节和夏季购物、休闲娱乐的人数明显增多。

对样本停留时间的调查显示，各时段间差异不明显，其中人们的停留时间 10～30min 和 30min～1h 较多，共计 44% 左右，10min 以内的约为 13%，这主要是由于季节间的互补现象，即冬季普遍停留时间较短，但在舒适季节中，人们更倾向于长时间停留。

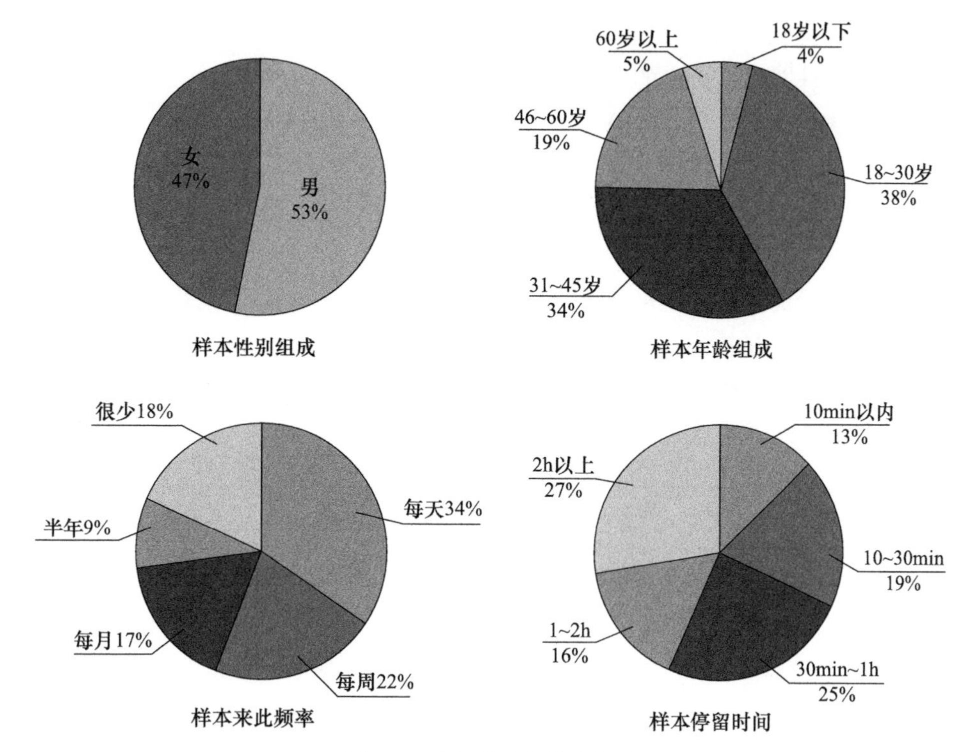

图 5-6　受访者基本信息统计

5.4　公共绿地主观调查

5.4.1　调查流程

城市公园舒适性调查与城市公园实测同时进行。主观问卷调研与微气候数据同步采集，在对公园使用者进行热舒适性问卷调查的同时，记录下受访者周围的微气候数据。问卷使用面谈提问的方式，调查者向受访者提问，接受调查的人按照真实情况作答。接受调查的人员可重复回答问题，但每次的间隔必须在 30 分钟以上。如果受访者对问卷调查的形式较了解，可自行填写答案。8 次实地调查时间选择在各季节的典型日及前后进行，寒冷季节为 2014 年 12 月 22 日（冬至日）和 26 日，冷季节为 2015 年 3 月 21 日（春分日）和 22 日，舒适季节为 2015 年 5 月 10 日和 17 日，热季节为 2015 年 7 月 5 日和 13 日（初伏日）。具体调研时间，寒冷季节与冷季节为 9:00～16:00，舒适季节与热季节为 9:00～17:00。

问卷的内容由两部分构成：一是被调查人员的基本情况，涉及着装、年龄、性别、活动类型、活动时长等；二是人体热舒适评价指标，包括实际热感觉、总体舒适度投票以及温度感知、湿度感知、风速感知及太阳辐射感知这 4 分项感觉具体投票。

（1）实际热感觉投票（ATSV）

热感觉指个体对环境做出的冷或热的描述，这种描述具有主观性，没有使用测量方法。要想知道被调查的人员对环境做出的热感觉判断，可使用问卷调查法，引导被调查者按照某种标准对他们的热感觉做出描述。在调查热感觉时，可使用投票选择方式帮助被调查人员描述热感觉，人们将该方法称为是实际热感觉投票，它的内容和 ASHRAE 划分的 7 级指标存在相似性，但它的分级范围是从 −3 到 +3。个体没有冒汗，也未打寒颤时，利用血管口径的变化，就可达到热平衡状态，并使人的体温得到维持，此时人体在调节体温时损耗的能量较小，人体既不会感到寒冷，也不会感到闷热，这时的热感觉能达到中性状态。实际热感觉投票（ATSV）中各级对应的热感觉如表 5-6 所示。

表 5-6　实际热感觉投票（ATSV）标度

冷	凉	微凉	适中	微暖	暖	热
−3	−2	−1	0	1	2	3

（2）温度感知投票（TSV）

空气温度能够体现出环境的冷热情况，个体的热平衡受到温度的影响。当温度改变后，人们会立即产生反应，人体的皮肤上有感受冷热的器官，它们对温度的变化很敏感。如果个体所处的温度较高，皮肤温度和周围环境的温度差小，无法及时散出热量，人就会觉得闷热。如果个体所处的温度较低，此时环境温度和皮肤温度的差异较大，会散发大量热量，导致寒冷不适。温度感知投票（TSV）中各级对应的温度感知如表 5-7 所示。

表 5-7　温度感知投票（TSV）标度

很低	有点低	适中	有点高	很高
1	2	3	4	5

（3）风速感知投票（WSV）

在不满意问题中，吹风感是一个主要问题，吹风感受到许多因素的影响，例如个体所处热状态、气流温度、气流速度等。举例来说，如果个体在冷中性状态中，此时吹风会让人觉得较冷，人会打寒颤，并会产生不适应感觉；如果人处在中性热状态，此时吹风能使热舒适得到改善；如果个体处在热中性状态，吹风会让人感到烦扰，会使黏膜产生不适感。风速感知投票（WSV）中各级对应的风速感知如表 5-8 所示。

表 5-8　风速感知投票（WSV）标度

很弱	有点弱	适中	有点强	很强
1	2	3	4	5

（4）湿度感知投票（HSV）

如果湿度较适宜，人们的热舒适就可通过热感觉反映出来；如果环境湿度较大或湿度较低，此时只利用热感觉无法了解人体的热舒适性。湿度能够给呼吸道、衣服感觉、皮肤湿润度等带来影响，以此来间接影响个体的热感觉和温度，并让人产生湿度感。个体产生的湿度感和空气湿度有密切的联系，此外，空气温度也会影响湿度感。就平衡调节机能来讲，个体在排出汗液或散热时，会受到饱和水蒸气压和水蒸气压差的影响。湿度感知投票（HSV）中各级对应的湿度感知如表 5-9 所示。

表 5-9　湿度感知投票（HSV）标度

很潮湿	有点潮湿	适中	有点干	很干燥
1	2	3	4	5

（5）太阳辐射感知投票（RSV）

地表热量的一个重要来源是太阳辐射，在室外，个体的热舒适也受到太阳辐射的影响。太阳能够直接照射人体皮肤，此时会抑制向其他环境的辐射散热。按照热平衡方程，如果环境的温度较高，个体的蓄热量较高，此时受到太阳辐射的影响，人们感觉到十分闷热，为达到热平衡状态，人们就会排汗，以此来散发热量；如果温度较低，人们的蓄热量低，此时受到太阳辐射的影响，人们会增加热量，以此来维持热平衡，让人获得良好的热感受。太阳辐射感知投票（RSV）中各级对应的太阳辐射感知如表 5-10 所示。

表 5-10　太阳辐射感知投票（RSV）标度

很弱	有点弱	适中	有点强	很强
1	2	3	4	5

（6）总体舒适度投票（OCV）

个体对热环境产生的舒适感受外部环境和热平衡的影响。舒适感体现在两个方面，一个是生理方面的感觉，另一个是心理方面的感觉。因为热感觉和热舒适是彼此分离的，热感觉是皮肤感受器受到热刺激后产生的某种反应，热舒适是在对所有感受器进行综合后产生的刺激，它是将所有热激励集合在一起产生的，热舒适带来的可能性有两种，一种是不舒适，另一种是舒适。所以，在对个体的热反应进行研究时，通常会设置有关综合评价热舒适的投票，总体舒适度投票（OCV）中各级对应的总体舒适度如表 5-11 所示。

表 5-11　总体舒适度投票（OCV）标度

不舒适	一般	很舒适
1	2	3

5.4.2　调查结果分析

5.4.2.1　样本活动类型组成

通过对 824 份问卷的统计，样本的活动类型组成如图 5-7 所示。从组成上看，由于测试地点选择具有针对性，调研活动包括站立聊天、坐着聊天、散步、静坐休息、站立休息、照看儿童、跳舞、棋牌娱乐、做操练武共 9 种活动类型，其中，散步占了样本活动类型的最大比重，达到 41.19%，其次为站立活动（包括站立休息与站立聊天）与坐着活动（包括静坐休息与坐着聊天），分别为 23.02% 与 22.74%，棋牌娱乐所占比例最小，仅为 0.28%，这主要是由于居民在进行此项活动时不愿意接受调研。

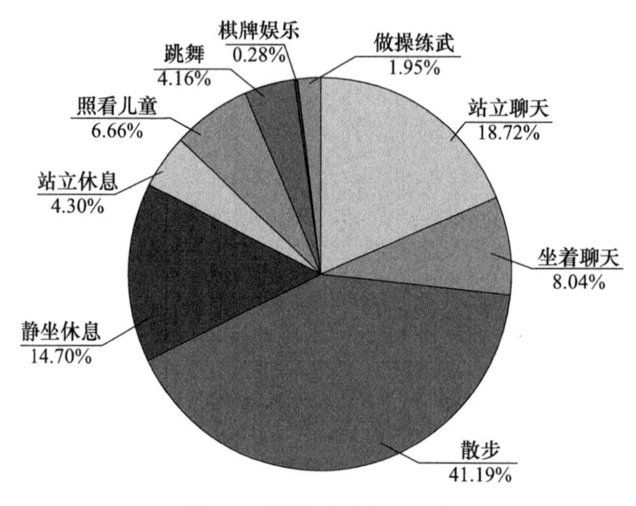

图 5-7　样本活动类型组成

5.4.2.2　样本年龄和性别组成

对调查问卷进行统计后，对调查对象的性别和年龄构成进行了划分，调查对象的年龄构成如图 5-8 所示，调查对象的性别构成如图 5-9 所示。就年龄构成来讲，其中，接受调查的年龄最小的个体只有 4 岁，年龄最大的个体为 89 岁。超过 60 岁的老人在调查样本中所占比例很大，超过了总样本的 1/3。21～30 岁的调查对象占比虽然超过了 1/3，但这是因为调查者都处在该年龄段，他们在调查时，也记录了自己的热舒适情况，并将其作为研究样本，调查者数据占比达到 20%，就严格意义来讲，实际调查对象中 21～30 岁的人员占比不到 15%。31～60 岁的调查对象占比不到 32%，20 岁及以下的群体占比仅为 0.98%。通过调查发现，在室外活动的群体中，超过 50 岁的人群是主要群体，这是因为儿童和成人平常需要上学或上班，没有充裕的时间进行室外活动。

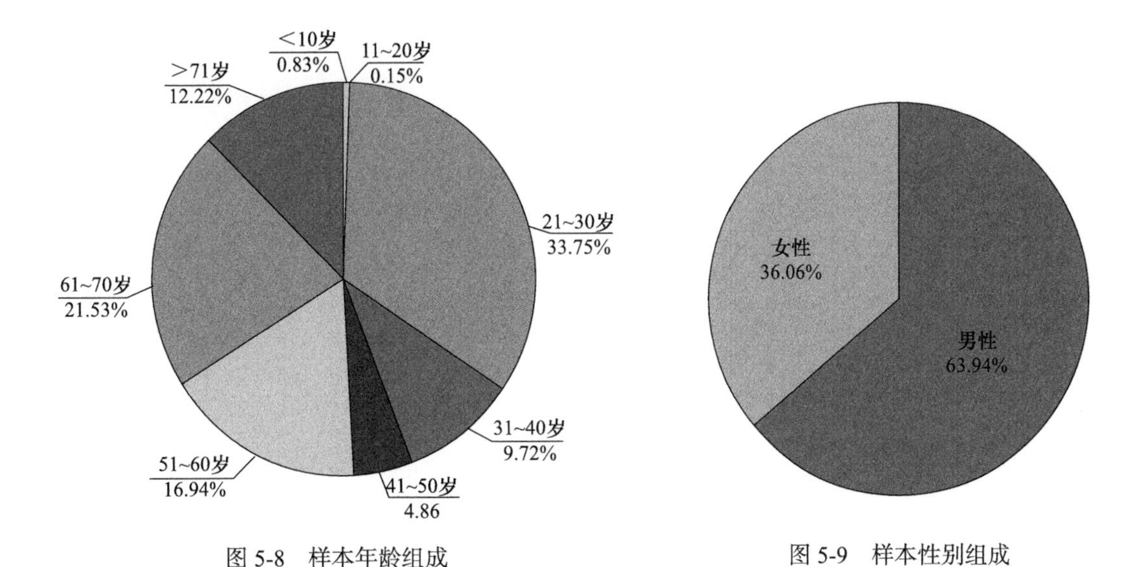

图 5-8　样本年龄组成

图 5-9　样本性别组成

5.4.2.3　舒适性投票分布

在 4 个季节里，“适中”投票所占比重较大，从寒冷季节到热季节所占比例分别为 46.1%、34.7%、50.2%、50.3%，这一现象主要是由于调研对象集中在 50 岁以上的人群，这一人群对气候的心理适应性较强，尤其是在寒冷季节和热季节的调研过程中，人们大多表示当时调研的气候本该如此，因此大多表达出适中的感觉。在寒冷季节中，小于 0 的投票占 50.3%，在冷季节里，小于 0 的投票所占比重超过 55%，其中“微凉”投票所占比重超过 37%，在舒适季节中，小于 0 的投票占 24.8%，其中大部分是“微凉”的投票（21.5%），大于 0 的投票占 25.1%，其中大部分是“微暖”的投票（20.7%），这说明寒冷季节和冷季节的人们热感觉偏凉，而在舒适季节并没有明显的倾向。热季节中大于 0 的投票占 47.3%，“微暖”和“热”的比重较为接近，分别为 18.2% 和 19.4%。

观察统计结果可知，在舒适季节中，人们的舒适度较高，在热季节中，人们感觉最不舒适，其中，投票“不舒适”占比超过 13%。总体不舒适率约为 6%，就室外复杂多变的微气候环境来讲，6% 并不是一个高数字，“不舒适”投票主要集中在温度高于 30℃时的夏季。

第三部分
微气候调节机制与优化策略

第三部分主要对严寒地区城市的4类公共服务区的微气候调节机制和优化策略进行阐述，这也是本研究所取得的各项成果的总结。前文针对这4种公共服务区类型进行了多重调查和测试，从中找到了不同类型的关键影响因素，本部分从街区活力、感知、空间和行为等多个角度，对微气候的调节机制进行讨论，并分别提出优化策略。

第 6 章　传统保护街区活力影响机制及提升策略

本章介绍严寒地区城市传统保护街区的活力影响机制和提升策略。首先对传统保护街区的活动特征进行分析，主要包括活动时间及空间、活动类型及方式；其次，探讨影响街区活力的相关行为活动要素，论述微气候环境要素与行为活力进行影响机制；最后，提出针对性的提升策略。

6.1　微气候影响下的街区行为活动特征

6.1.1　活动时间与主导活动的变化

整体来说，随着天气温度升高，街区使用者数量大幅升高。但对不同时段的使用者数量进行统计后，发现街区在过渡季和夏季有不同的使用高峰（图 6-1）。在过渡季，道外街区分别在 10:00～11:00 和 14:00～16:00 出现使用高峰，在 16:00 以后使用者数量骤减；而在夏季，人群使用高峰出现在 14:00 以后，且一直持续到 17:00 才开始大幅下降。分析其原因，道外街区在过渡季的早晚温差较大，日照时间较短，全天最高温出现在 13:00，从 16:00 开始气温骤降；夏季日照充足，使用者一般避开 11:00～14:00 的高温时段，17:00 后随着温度降低人数减少。

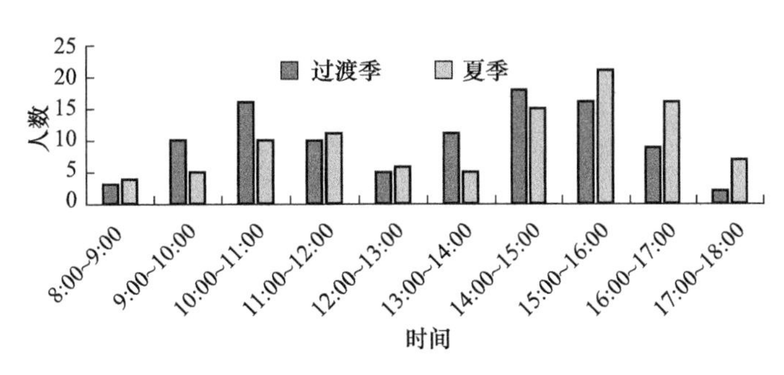

图 6-1　街区过渡季和夏季使用时段分布

传统街区不同微气候环境有不同的使用时间规律，同时其主导活动内容也不同。对传统街区的活动内容进行分时段分析，将一天分为五个时段进行主导活动内容的统计。统计结果如表 6-1 所示。

表 6-1 典型空间在过渡季、夏季的活动类型

地点	季节	8:00～10:00	10:00～12:00	12:00～14:00	14:00～16:00	16:00～18:00
院落	过渡季	锻炼	休憩、游览	休憩	游览	—
	夏季	通行	游览	散步	游览	休憩
广场	过渡季	—	表演、孩童玩耍	通行	孩童玩耍、散步	孩童玩耍
	夏季	锻炼	表演	—	散步	孩童玩耍
街道	过渡季	通行	散步	散步	游览	玩耍、散步
	夏季	散步	游览	散步	休憩、游览	休憩、散步

在统计过程中，由于部分时段的人流量较小，没有明确的主导行为分析结果，因此以“—”表示。对结果进行分析，可以发现，道外街区在过渡季和夏季的主导行为内容较为类似，均为散步、游览、休憩、孩童嬉戏等活动内容；相对于过渡季来说，夏季休憩、孩童嬉戏等成为主导行为的频率更高。

不同空间的主导行为随空间类型的不同而有所区别。院落空间较为封闭，并有座椅设施，因此休憩等静态行为较多；广场有开阔空间和舞台设施，因此是表演、孩童嬉戏的主要活动场所。在主导行为分析中，也可以发现不同时段主导行为发生了变化。过渡季节游览、游憩等行为主要发生在 10:00～16:00，在这个时段内，空气温度较高，太阳辐射较高，因此人群活动较为丰富，在 16:00 以后，人群行为的主导性就较弱了；而在夏季，空气温度较高，太阳辐射较大，人们的活动则选在较为凉爽的下午进行，行为活动类型也较为丰富。

6.1.2 活动空间的变化

在上文的统计分析中，道外传统街区的主导行为在过渡季和夏季都以游览、休息、孩童玩耍、散步为主，现分别对不同行为的发生空间进行统计分析。进行分析时，分别选取过渡季和夏季的周末进行连续两天的统计，统计时间为 14:00～16:00，对主要行为进行分类，并对不同空间的行为发生进行统计，活动分类如表 6-2 所示。

表 6-2 活动类别分类

活动类别	活动分类
休憩	静态活动
（坐着、站着）聊天	静态活动
贩卖小商品	静态活动
打牌	静态活动
照相	半动态半静态活动
游览	半动态半静态活动
散步	半动态半静态活动

续表

活动类别	活动分类
演出	动态活动
孩童嬉戏	

除此之外，对主要活动空间进行微气候环境分析，发现活动空间的变化与空间微气候的环境变化存在一定的关联性。

分析过渡季节街区典型空间的微气候环境可以发现，如表 6-3 所示，院落空间在过渡季偏冷时，有较大优势。院落空间中两个典型院子的空气温度全天有超过 50% 的时间高于整个街区的平均空气温度，并且浮动范围也较小，均在 20% 以下，说明院落空间的空气温度稳定地保持在较高水平。在风速方面，两个院落空间风速明显比较低，全天有至少四分之三的时间低于街区整体风速，且保持在相对稳定的水平；街道空间则整体呈现温度较低，风速较高的状态。两个街道空间空气温度相差较大，南三街尾全天有 62% 时间高于街区平均水平，相对温暖；但两个街道空间的风速较高，只有 37.5% 的时间是低于街区平均水平的，且保持稳定。

表 6-3　典型测试空间微气候环境浮动变化

测试空间	相对平均气候指数高低的时间		浮动范围	
	空气温度高于平均水平 /%	风速低于平均水平 /%	空气温度 /%	风速 /%
小院子	62	75	15	19
大院子	50	87	18	15.5
大广场	75	37.5	26	11.5
小广场	0	12.5	14	24
南三街尾	62	37.5	32	20
南二街尾	25	37.5	14	10

院落空间和街道空间的微气候环境差异可以解释其使用者行为活动的不同。院落空间较为温暖、风速较小且相对稳定，而街道空间的风速较高，因此在过渡季节整体气候较为寒冷的时候，人们更愿意选择在院落空间进行活动；静态活动对温暖舒适的环境要求更高，因而相较于其他空间，院落空间更多发生静态活动。在夏季，气候炎热，街道空间较高的风速水平正好可以缓解热不舒适感，因此人们更多选择在街道空间活动，同时也有更多人选择在街道进行静态活动。

6.1.3　不同活动发生方式的变化

微气候环境除了对街区宏观使用行为产生影响，也会影响人们微观行为方式。比如，舒适的微气候环境下，人们散步的速度明显降低，人们逗留的位置会发生改变；

对于休憩行为来说，不同的微气候环境会影响人们对于座位的选择。下面以休憩行为为代表，详细阐述微气候对其方式的改变。

对于休憩行为来说，选择座椅的主要影响因素即是微气候。在调研中发现，人们根据微气候舒适程度选择座椅进行休憩，当座椅的微气候环境超出人们舒适忍受度范围内时，人们会自主改变座椅位置进行调节。

例如在院落中，当气温较低、风速较高、整体偏冷时，人们会更多选择阳光下的位置休憩，当太阳直射区改变时，人们也会相应调整位置；当空气温度较高、风速较低、太阳辐射较高时，微气候舒适度降低，人们选择不坐下休憩；当空气温度和风速都较为舒适，而太阳辐射过高、超过人们忍受度时，人们会选择改变就座位置进行休憩。

微气候环境中的太阳辐射同样会对人的行为活动带来影响。在调研中发现，人们在选择座椅的时候，与太阳照射区域的变化有关。将小院子过渡季不同时刻下的太阳辐射变化与选择每个座椅就座的人数变化对比，以 15min 为统计时段，统计每个座椅上的人数变化，结果如表 6-4 所示。过渡季较为寒冷，人们对座椅的选择与太阳照射面有关。9:00，1 号座椅位于太阳照射区中心，选择 1 号就座的人数最多。11:00，4 个座椅全部落入太阳照射区，4 个座椅的就座人数差不多。13:00，太阳照射区面积最大，太阳辐射最高，微气候环境也最为舒适，选择来院落坐着活动的人数明显增多，且 4 个座椅的人数差别不大。而到了 15:00，太阳照射区面积大大减小，太阳辐射变小，人们多选择落入太阳照射区的 2 号和 4 号座椅。可以得出结论，太阳照射确实影响了人们的行为活动及方式。

表 6-4　小院子过渡季不同时刻太阳照射区就座人数的变化

时间	院落阴影变化	每个座位的人数
9:00	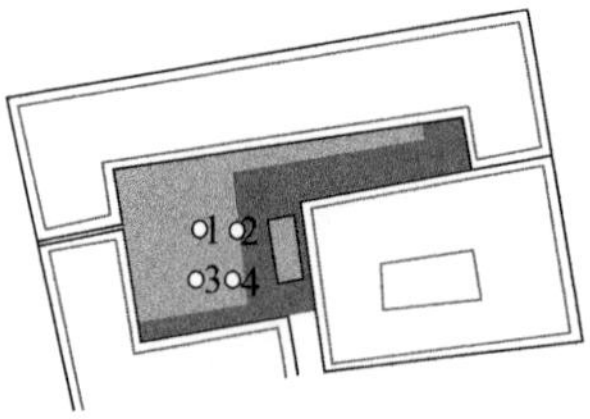 1 2 3 4	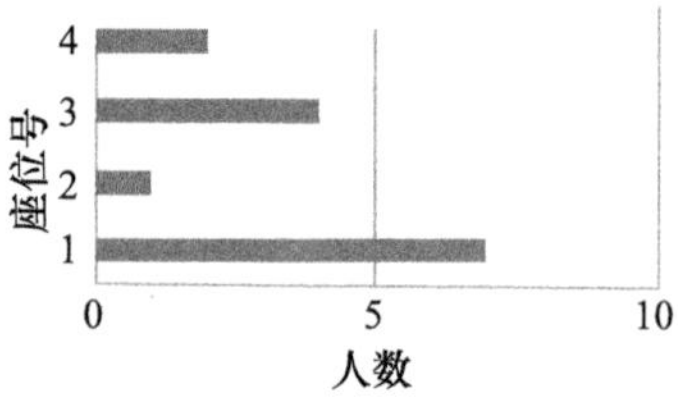 座位号 4 3 2 1；人数 0 5 10
11:00	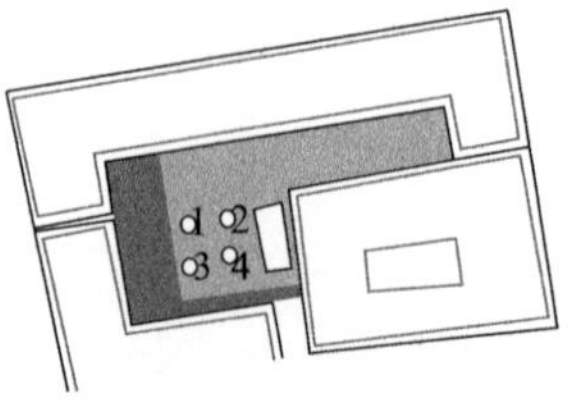 1 2 3 4	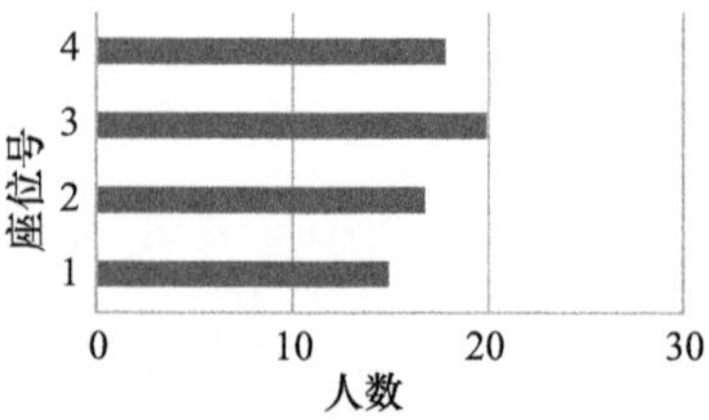 座位号 4 3 2 1；人数 0 10 20 30

续表

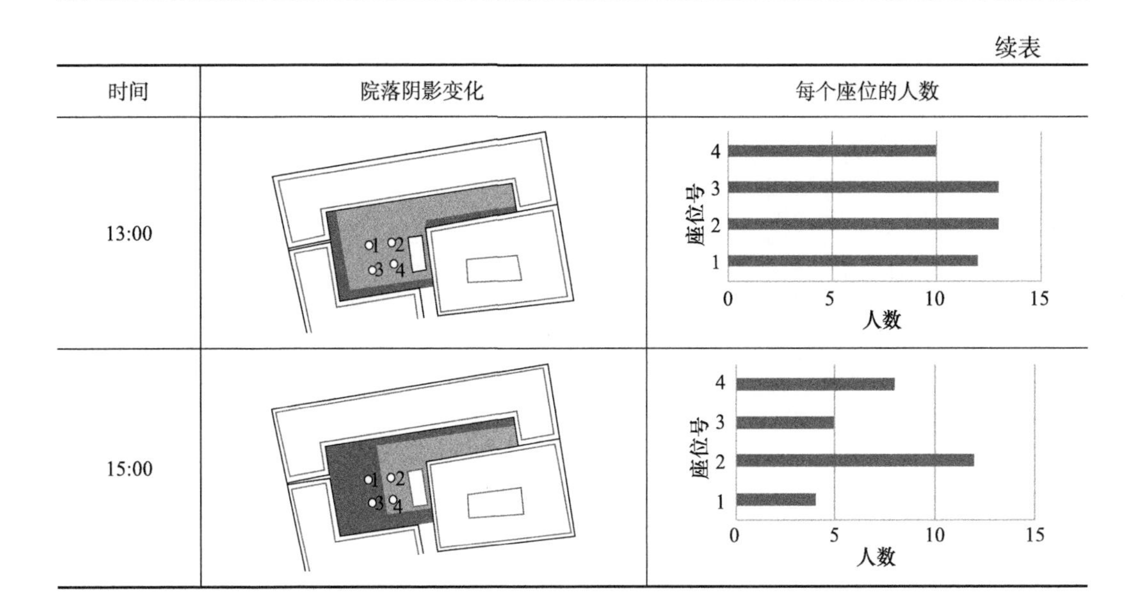

时间	院落阴影变化	每个座位的人数
13:00		
15:00		

6.2　街区活力要素

6.2.1　影响行为活动发生的因素

根据前文的调研与分析，道外传统街区的行为活动主要包括游览、照相、散步、孩童玩耍为主的休闲游览行为和以小坐、驻足停留等为主的停憩行为。休闲游览行为的发生需要游览点具有景色、文化等游览吸引力；停憩行为的发生则需停憩设施的提供和适宜停憩的环境。影响道外传统街区行为活动的因素包括以下几点。

6.2.1.1　景区吸引力

景区吸引是游览行为发生的必然条件，其中包括景色吸引、文化吸引、特色品牌吸引等。道外传统街区中休闲游览行为是主要行为，因此其景区吸引力是游览行为发生的原动力。景区内不同吸引力的景点设置，会影响行人游览行为的游览路径的起点、终点和路径。道外传统街区的游览路径属于线性类型，即街道将不同的院落、广场串联，引导人们连续地、具有指向性地完成游览，但线性的游览容易给人造成“冗余”的审美疲劳，有可能导致游览路径的中断和改变，因此，在这个游览路径的“线”上需要设置具有足够吸引力的“点”，以不断活跃人的游览行为，完成整个游览过程。

6.2.1.2　停憩设施

道外传统街区以游憩行为为主，包括以“游”为主的游览、观赏、休闲活动和以“憩”为主的休憩、小坐等的停留活动。其中，人们停留行为的发生有很大程度依赖于可供停留的环境构成。一般来说，以下特点的环境及设施会更吸引行人停留：

图 6-2 道外传统街区植物布置

（1）植物方面

丰茂的植物遮挡可以为行人提供充足的围合感和安全感，游人（群体）在交往的安全距离内进行休憩。道外传统街区的植物略显匮乏，基本以休憩设施为主（图 6-2），植物以草生植物和灌木为主，不能为停憩的行人提供很好的遮蔽功能，且阴影重叠区域较少，不能给人较强烈的安全感和围合感。同时，以行列式或单独布局为主，缺少团式布局。乔木方面，则以柳树为主，以行列式种植于街道。

（2）设施方面

道外传统街区的停憩设施以坐凳为主，可以分为单独坐凳和景观池坐凳（图 6-3、图 6-4）。单独坐凳主要分布在道路边和院落内，景观池坐凳主要分布在空间交界处。调研发现，配合景观池的坐凳的使用率为 31%，高于单一的坐凳设施的使用。配合植物的坐凳可以为人们提供充分的安全感、围合感、舒适的停憩环境，更多以休息为目的的停憩行为会选择发生在此。街区内部分院落内有木质座椅，当空间微环境较为舒适或空间内举办活动时，坐凳的使用率较高。

图 6-3 单独坐凳

图 6-4 景观池坐凳

6.2.1.3 社会互动

除了被观赏的环境以外，影响游憩行为的另一重要因素是人。人既是观景的主体，也是吸引其他人的客体，谚语“人往人处走”精准地解释了这种社会互动。户外空间的意义不仅在于提供活动的场所，更重要的是提供人们互动的机会。道外传统街区作为哈尔滨市传统街区中的集大成者，传统民俗活动是道外传统街区特色，包括曲艺表演、相声表演等，这些丰富的活动本身会引发人的停憩行为，人群的聚集又会诱发更多的停憩行为，即“人看人”的行为。在适宜的空间内，一个雕塑、玩耍的孩童或者一个摊位都可能成为人们的兴趣中心，吸引人们驻足观看，引发社会互动。

在调研中可以发现，道外传统街区的社会互动形成的人群聚集分为两类，一类是直接形式的活动造成的人群聚集，如在院落、广场的舞台上进行表演活动，或是在街道旁进行民俗商品的表演和售卖，由此吸引大量人群长时间停驻，同时人群聚集吸引更多的社会互动行为发生（图 6-5）；另一类是隐形的人群聚焦，主要由声音、宣传广告、指引牌等引起，如在某些院落内的商家播放热门歌曲以吸引人群聚集，某些广场内嬉戏热闹的声音会吸引行人进入一探究竟。

图 6-5　街区互动、“人看人”行为

6.2.1.4　环境支持

环境支持是指行人发生游憩行为的空间内的微环境，根据扬·盖尔的理论，更好的环境条件会延长必要性活动、自发性活动，并触发社会性活动。道外传统街区的游憩行为主体以城市居民为主，相较于游览目的较明显的旅游群体，休闲游憩者没有特别明显的目的，他们边游览边观赏，在人流量不那么大的地方坐下，观赏游客或者别的社会性活动。对于道外传统街区来说，适宜的微气候环境可以在一定程度上延长休闲游憩者的活动时间，此外，行人的游憩行为（路径总长度、游憩总时间、停留点及停留时间）还受景点可及性和指引服务的影响，以及个人身体因素的影响。

6.2.2　影响因素的作用程度

根据前文的分析，行人的游憩行为受景区吸引力、停憩设施、社会互动和环境支持等因素的影响，对于游览行为来说，景区吸引力、社会互动等因素会很大程度地影响人们的游览意愿和游览路线，并诱导停憩行为的发生；对于停憩行为来说，停憩设施和环境支持决定了人们的停留时间和休憩质量。在探求环境支持对行人游憩行为的影响时，需要对其他的影响因素进行控制。

（1）景区吸引力

对于道外传统街区来说，中华巴洛克式的建筑风格和传统的庭院空间组合是最具吸引力的地方。道外传统街区的设计风格一致，无论是院落、街道还是广场的建筑风格、建筑形式及空间组合等都是类似的，因此可以认为研究区域六个测试空间的景区吸引力是同等水平的。

（2）停憩设施

停憩设施是停憩行为发生的必要条件，好的停憩设施设置可以更多的诱发行人的停憩行为，增加在空间内的活动时间，进而诱发社会互动，提高整个空间的活力。停憩设施可以从座椅设置和植物配置两方面考虑，座椅的形式、数量、围合感，植物的形式、位置，都会影响行人发生停憩行为的感受，从而改变行为本身。

如表 6-5 所示，六个测试空间的停憩设施情况相差较大，两个院落空间在座椅设置上比较完备，但座椅缺少围合感导致行人使用率低，同时缺少相应的植物景观；而广场的植物景观设置较好，但缺乏与景观池结合的座椅，导致停憩行为难以发生。

表 6-5　空间的停憩行为设施分析

代号	座椅设置			植物景观		
	形式	数量	围合感	位置	形式	位置
小院子	单独的木桌椅	4×4	差	院落中央	—	—
大院子	单独的木桌椅	4×4	差	院落中央	—	—
南三街尾	长椅	6	强	街道两边	乔木	街道两边、座椅旁
南二街尾	—	—	—	—	—	—
小广场	长椅	3	强	广场边	景观池	广场边、座椅旁
大广场	与景观池结合	3	差	广场边	景观池	广场边、座椅旁

（3）社会互动

对于道外传统街区来说，社会互动因素对行人游憩行为的影响主要包括举办传统民俗活动引起人群聚集、特色商铺和传统摊位吸引特定购物人群和由声音引起人群聚集。如表 6-6 所示，对于两个院落空间来说，除特色商铺数量不同外，其他的影响因素均一致，可认为两个院落的社会互动因素一致；对于街道空间来说，南二街尾的社会互动因素明显高于南三街尾；对于广场空间来说，小广场的声音吸引稍大，可认为两个广场空间的社会互动因素一致。

表 6-6　调研空间社会互动要素对比

代号	民俗活动	特色商铺	传统摊位	声音互动
小院子	有	1 家（音像品）	无	无
大院子	有	3 家（茶艺）	无	无
南三街尾	无	无	无	无
南二街尾	无	1 家（张包铺）	有	有
大广场	有	无	无	无
小广场	无	无	无	有（孩童喧闹）

可以发现，六个测试空间的影响行为活动因素各有优劣，为判断除环境支持外的因素对行为活动的影响程度，对其进行打分并评价。因民俗活动不是在固定时间举办，为避免其对行人行为活动的影响，测试选择在没有民俗活动的时间进行。评价分为景区吸引力、座椅设置、景观设置、商铺摊位、声音吸引等五个指标进行打分，打分分

为三个等级，根据不同空间的具体情况将分数规定为：1，几乎没有；2，基本存在；3，情况良好。除微气候环境条件外的其他行为活动影响因素情况为表 6-7 所示。

表 6-7　六个测试空间影响行为活动的各项指标得分

编号	景区吸引	座椅设置	景观设置	商铺摊位	声音吸引	整体得分
小院子	3	2	1	3	1	10
大院子	3	2	1	3	1	10
南三街尾	3	3	3	1	1	11
南二街尾	3	1	1	3	2	10
小广场	3	3	2	1	1	10
大广场	3	1	2	1	2	9

从上表可知，六个测试空间整体得分基本一致，说明景区吸引、停憩需求、社会互动这三个因素对行为活动状况的作用程度相同。六个测试空间的环境支持即微气候环境不同，可以视作影响行为活动状况的主要作用力。

6.3　微气候环境与街区活力机制

6.3.1　微气候环境评价指标的选择与验证

6.3.1.1　气候条件的选择

在道外传统街区中，处于相同气候条件的空间由于空间类型、形态、面积等的不同产生不同的微气候环境，结合上文分析可知，在排除其他影响行为活动的因素后，较为舒适的微气候环境会诱发更多的行为活动的发生。

哈尔滨属于典型的寒地城市，在季节更迭中，大气候的变化带来微气候环境的剧烈改变，同时影响街区的整体行为活动，因此应该考虑哈尔滨整体的气候条件，以观察微气候环境对行为活动的影响。

如表 6-8 所示为 2005～2015 年哈尔滨市气象资料。由于哈尔滨舒适季节的温差变化较大，因此在论证微气候环境与行为的相关性时，需要对过渡季进行细分，以分别论证不同气候环境下微气候环境对人们行为的影响。

表 6-8　2005～2015 年哈尔滨市气象资料

（单位：℃）

月份	平均气温	月平均最高气温	月平均最低气温	月份	平均气温	月平均最高气温	月平均最低气温
1 月	−20.5	−14.1	−26.2	4 月	6.5	12.8	1.2
2 月	−16.7	−14.7	−23.4	5 月	15.2	21.1	9.7
3 月	−4.8	1.25	−11	6 月	21.4	26.7	16.3

续表

月份	平均气温	月平均最高气温	月平均最低气温	月份	平均气温	月平均最高气温	月平均最低气温
7月	22.7	27.4	18.5	10月	4.7	12.5	−1
8月	21.4	26.6	17.1	11月	−3.2	2.3	−7.9
9月	14.4	21.4	8.5	12月	15.1	−11.65	−21.5

根据表6-8的数据特征，将哈尔滨分为寒冷季节（1月、2月、12月），即全月平均气温在零下10℃以下；冷季节（3月、11月、10月），即全月平均气温在零下10℃以上、5℃以下；舒适季节（4月、5月、9月），即全月平均气温在5℃以上、20℃以下；热季节（6月、7月、8月），即全月平均气温在20℃以上。

在调研中发现，道外街区寒冷季节积雪厚重，行人较少，且部分院落积雪覆盖导致难以使用，因此本次研究只关注在冷季节、舒适季节和热季节中微气候环境与行为活动的相关性。

6.3.1.2 评价指标的选择与验证

在研究空间整体微气候环境与发生行为的关系时，选用微气候舒适度作为微气候环境指标的代表。在计算微气候舒适度时，选用1963年由吉沃尼提出的热应力指标（index of temperature stress，ITS）。该指标是建立在假定皮肤温度为35℃的热交换理论模型之上的一个导出指标，可用来估算热环境变量改变时所产生的作用。其通过大量、多次测量户外不同位置的微气候指标，并结合实验者的投票统计，建立户外微气候舒适度回归方程：

$$\mathrm{TS}=1.7+0.1118T_a+0.0019\mathrm{SR}-0.322\mathrm{WS}-0.0073\mathrm{RH}+0.0054\mathrm{ST} \quad (6\text{-}1)$$

其中，T_a 表示空气温度，SR表示太阳辐射照度，WS表示风速，RH表示相对湿度，ST表示地表温度。总相关系数 R^2 为0.8792。公式考虑了人在户外环境中的着衣习惯和对气候的适应性，根据人在户外舒适度（分为7个等级）和同期户外气候指标测量值，建立户外微气候（人体）舒适度回归方程。这种方法将人的主观舒适度和客观物理参数（空气温度、太阳辐射、风速、相对湿度、地表温度）结合考虑，在相对避免人为主观限制的基础上体现人本主义。

由于微气候舒适度的公式随着地理位置的改变有很大不同，因此需要对该公式进行验证，以证明该公式适用于哈尔滨道外传统街区。

验证的方法即使用式（6-1）计算道外传统街区的微气候舒适度，将其与街区使用者的人感舒适度进行拟合对比。根据吉沃尼舒适度评价指标与哈尔滨当地使用者对微气候的感知特点，建立道外传统街区的微气候舒适度评价指标（表6-9）。

选取冷季节（10月）、舒适季节（4月、5月）与热季节（6月、7月）进行数据收集，对每月连续两天共计十天进行调研，在测量微气候数据的同时收集使用者舒适度感知数据，与吉沃尼舒适度公式计算结果拟合，结果如图6-6所示。

表 6-9　道外传统街区微气候舒适度评价指标

指标范围	人体热舒适	人感舒适度评级	指标范围	人体热舒适	人感舒适度评级
TS＜1	非常冷	1	5≤TS＜6	很舒适	5
1≤TS＜2	较冷	2	6≤TS＜8	有点热	3
2≤TS＜4	有点冷	3	8≤TS＜9	较热	2
4≤TS＜5	舒适	4	9≤TS	非常热	1

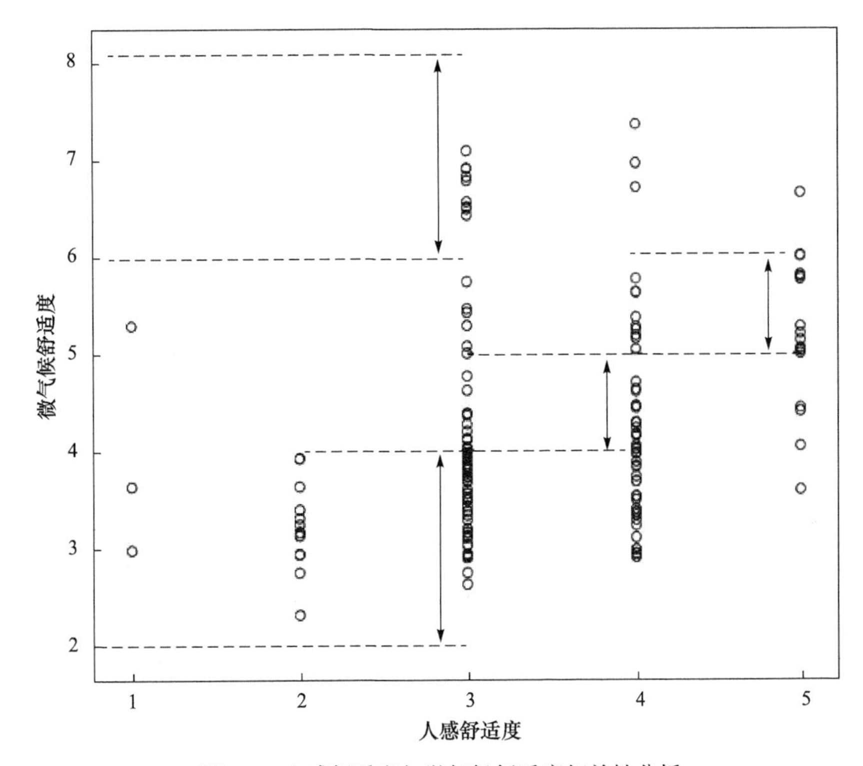

图 6-6　人感舒适度与微气候舒适度相关性分析

分析拟合结果，人感舒适度与微气候舒适度相关性达到 54%。据研究，人对微气候舒适度的感知受热经验、冷热容忍力、心理状态等因素的影响，这些因素对人体感知微气候造成 50% 的影响。也就是说，理论上，微气候舒适度与人感舒适度存在 50% 的相关性，本次拟合结果为 54%，说明存在很强相关性，该舒适度计算公式（6-1）适用于道外传统街区的微气候舒适度研究。

对拟合相关性不高的结果进行分析，其中有 52% 的结果是在热应力舒适度指标中本属于“有点冷”、“有点热”的数据落入到“舒适”范围内，这说明对于环境轻度的冷热不舒适，人们仍然觉得是舒适的。除此之外，还有 22% 的数据差异是人感知舒适度达到“舒适”层级，而在热应力指标中属于“很舒适”的层级，这说明在调研中存在个体差异，同时人对于“舒适”与“很舒适”的差异的感知度不高。

6.3.2　微气候舒适度与行为活力的相关性

6.3.2.1　微气候舒适度与人流量

对街区的微气候环境和人流量进行数据采集，分别对六个典型空间环境进行相关性分析。数据采集涵盖了冷季节、舒适季节和热季节，分别在4月、5月、6月、7月、10月各选取两天对六个典型空间进行观测、统计。进行人流量统计时，以10min为单位进行测试，每个小时测试两个单位，并计算每小时平均人流量（表6-10）。采用式（6-1）计算每小时平均微气候舒适度，分别对六个典型空间的每小时平均微气候舒适度和人流量进行回归分析。

表6-10　测试空间每小时人平均流量数据统计

月份	小院子	大院子	大广场	小广场	南二街尾	南三街尾
4月	36	25	24	32	153	68
5月	59	50	38	42	165	108
6月	71	61	58	45	211	164
7月	87	79	42	52	182	182
10月	47	39	36	11	138	94

1. 整体趋势分析

分别对六个测试空间的微气候舒适度与人流量进行回归分析，分析结果如图6-7所示。可以很清晰地看到，六个测试空间中微气候舒适度与人流量均呈现二次曲线的相关关系，相关系数如表6-11所示。从统计学角度来说，当相关系数在0.5以上时，证明存在相关关系，当相关系数在0.7以上时，证明存在比较强的相关性。六个测试空间的相关系数均在0.5以上，说明六个测试空间中微气候舒适度与人流量均存在相关性，其中院落空间、街道空间的相关系数在0.7以上，说明这四个测试空间的微气候舒适度与人流量存在较强的相关性。

六个测试中微气候环境与人流量的曲线没有覆盖全部值，其曲线对应的微气候舒适度的范围集中在3～8。当微气候舒适度在1～3，即“较冷”和“有点冷”的范围内时，对应的人流量变化并不符合该空间对应的相关关系。对这部分的数据进行分析，发现其采集于冷季节10月，这说明在冷季节时，微气候舒适度与人流量并不存在很强的相关关系。

2. 空间的特质分析

将六个测试空间的微气候舒适度与人流量的拟合曲线进行对比，可以发现不同的空间类型呈现不同的曲线形态（图6-8）。

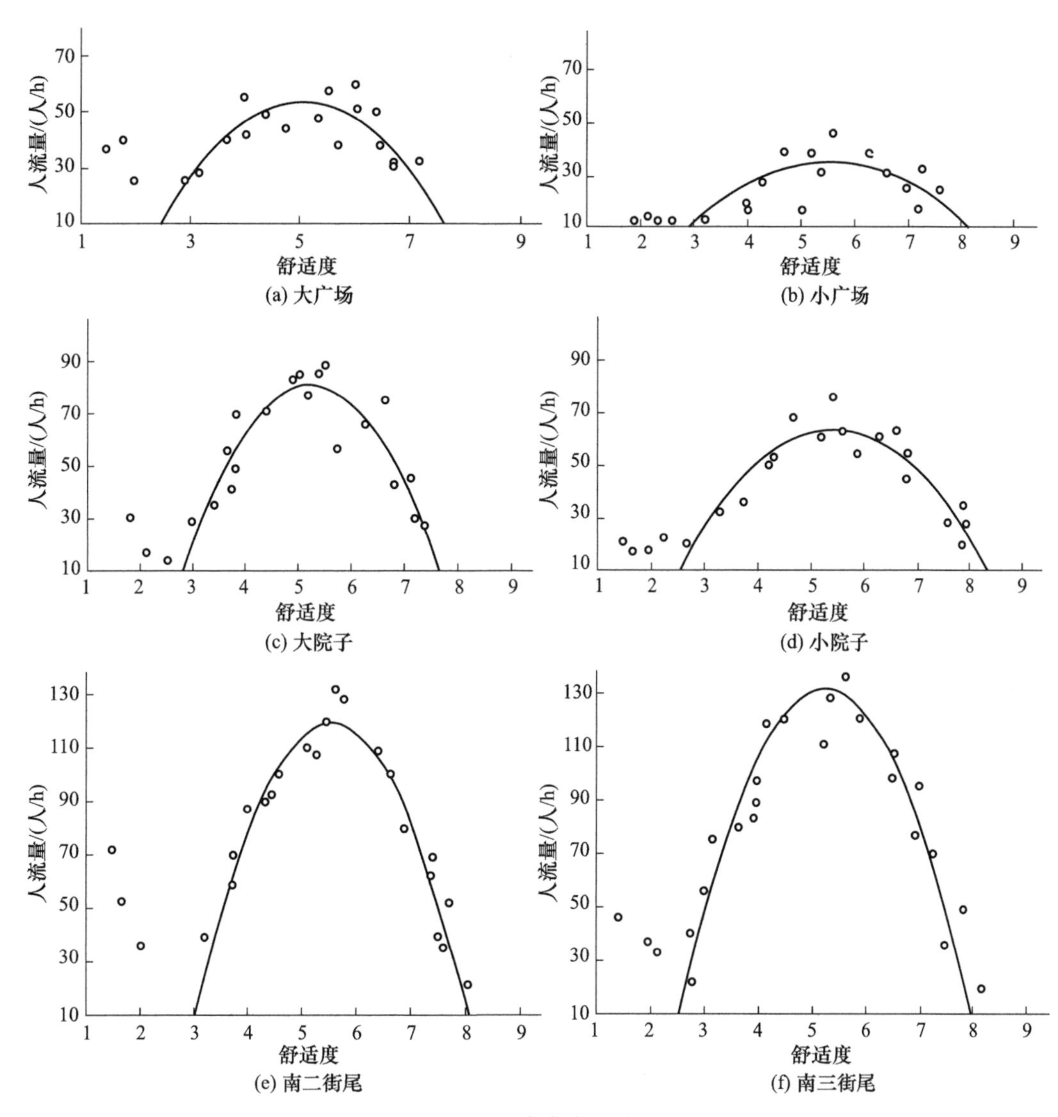

图 6-7　六个测试空间的微气候舒适度与人流量回归分析

表 6-11　人流量与微气候舒适度相关系数

测试空间	小院子	大院子	大广场	小广场	南三街尾	南二街尾
R^2	0.8	0.78	0.6	0.69	0.9	0.8
SIG	0.00	0.00	0.02	0.01	0.00	0.00

六个测试空间中，街道空间的拟合曲线斜率最大，说明其人流量受微气候舒适度影响最大；两个街道空间相差不大、部分线型有重叠，说明不同的街道空间的影响程度比较接近。广场空间的拟合曲线斜率最小，说明其人流量受微气候舒适度影响最小；两个广场空间相差较大，小广场的人流量变化较小。院落空间的人流量受

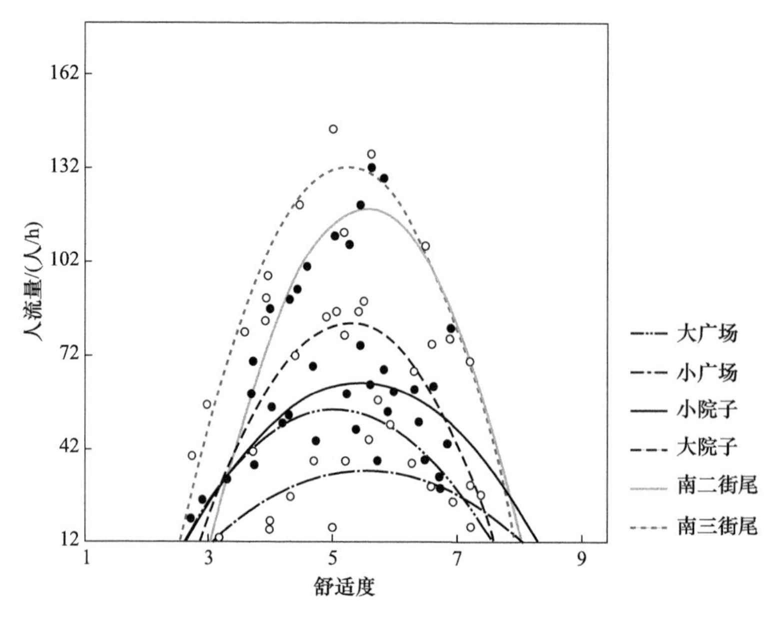

图 6-8　人流量随微气候舒适度变化图

微气候舒适度影响程度适中，两个院落在微气候舒适度在 6～8 时曲线走势不同。对比相同微气候舒适度时不同空间的人流量可以发现，在微气候舒适度处于 3～4 的范围内，即人感“有点冷”时，几个空间的使用频率是相近的；随着微气候舒适的提高，街道的使用频率大幅度升高，到达“比较舒适”时，街道的人流量达到广场的 3 倍；舒适度处于“有点热”的状态时，相比于广场，仍有很多人选择街道进行活动。

总体来说，道外传统街区的人流量与微气候舒适度确实存在较强的相关关系，并且该相关关系在冷季节时表现较弱，在舒适季节、热季节时表现较强，说明微气候舒适度确实影响了街区空间的使用。除此之外，不同空间人流量受微气候舒适度影响的程度不同，呈现明显的空间特点，分析其原因，可能与空间属性有关。

6.3.2.2　微气候舒适度与平均停留时间

街区的使用度除了与人流量有关，还与人群停留时间有关。提高街区使用度需探求微气候舒适度与人群停留时间的相关性。为排除人群的偶发行为，采用“平均停留时间”进行分析。

在统计测试空间人群停留时间时，以 30min 为统计周期，每次统计 10min，并计算每个时段的平均停留人数。将停留时间分为 0～3min、5～10min、10min 以上三个类别进行统计。各月份测试日一天内 9:00～18:00 平均停留人数如表 6-12 所示。

表 6-12　测试空间不同停留时间的人数

测试空间	月份	0～3min	5～10min	10min 以上	合计
小院子	4 月	17	10	6	33
	5 月	26	22	14	62
	6 月	42	26	11	79
	7 月	28	35	52	115
	10 月	14	10	8	32
大院子	4 月	16	15	2	33
	5 月	29	18	5	52
	6 月	41	31	13	85
	7 月	55	27	31	113
	10 月	21	13	5	39
大广场	4 月	32	6	12	50
	5 月	20	18	8	46
	6 月	12	16	34	62
	7 月	36	21	15	72
	10 月	15	6	13	34
小广场	4 月	3	5	7	15
	5 月	5	15	16	36
	6 月	18	24	18	60
	7 月	28	39	38	105
	10 月	9	13	11	33
南三街尾	4 月	54	4	8	66
	5 月	76	10	16	102
	6 月	102	19	21	142
	7 月	186	28	32	246
	10 月	105	21	8	134
南二街尾	4 月	66	4	2	74
	5 月	76	5	3	84
	6 月	98	13	24	135
	7 月	162	29	26	217
	10 月	93	27	8	128

根据在不同空间采集的停留“0～3min”、“5～10min”、“10min 以上”的行为人数数据计算平均停留时间，以此为依据分析六个典型空间平均停留时间与微气候舒适度的相关性（图 6-9）。

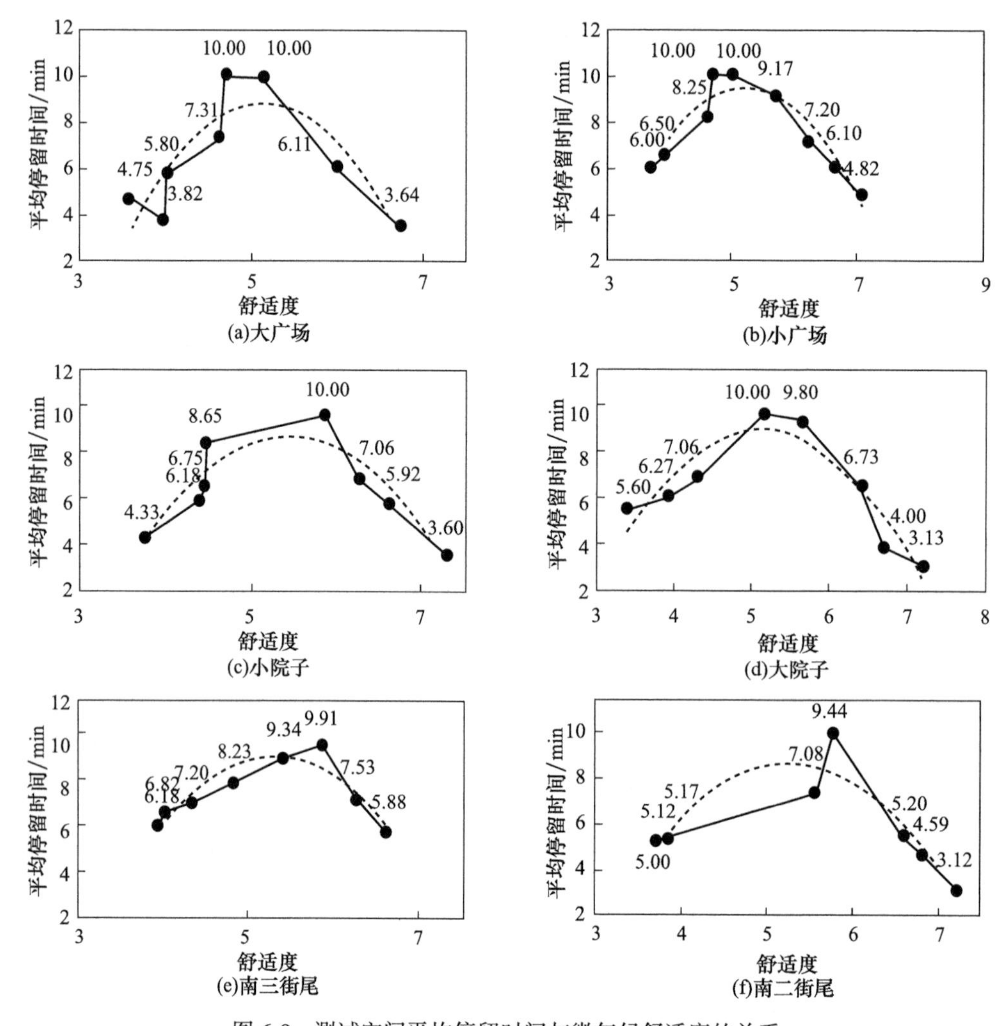

图 6-9　测试空间平均停留时间与微气候舒适度的关系

1. 整体趋势分析

由图 6-9 可以发现，六个测试空间呈现较为类似的曲线，且类型相同的空间呈现较为一致的相关线型。这说明道外传统街区中微气候舒适度与平均停留时间存在较为明显的二次相关性。

分析六个测试空间曲线的整体走势，可以发现曲线的作用范围与微气候舒适度与人流量关系的作用范围类似。这说明当处于冷季节即人感“较冷”、“有点冷”时，微气候舒适度对人群平均停留时间的影响很弱，而在舒适季节或热季节，微气候舒适度明显影响了人群活动的平均停留时间。

2. 空间特质分析

在六个典型空间中，均呈现人群的停留时间随着微气候舒适度的提高而增加，达到顶峰后又随着微气候舒适度的降低而减少的趋势。除此之外，不同空间类型呈现不同的变化特征：

① 人群停留时间最长时所对应的微气候舒适度不同。整体来说，在微气候舒适度在 5～6 的范围内时，整个街区的停留时间都达到最大值。分别看不同空间类型，广场的人群最长停留时间对应的微气候舒适度在 4.7～5.2 之间；院落空间和街道空间的最适舒适度在 5.5～6 之间。这说明在广场活动的人群对微气候舒适度的要求比较低，这可能因为广场配备有固定的休憩和娱乐设施，有固定的活动人群，人们对于设施的依赖降低了对微气候舒适度的要求。

② 舒适度提高时，不同空间的停留时间变化率不同。当微气候舒适度由 3 增加至最适舒适度时，即人的感受从“有点冷”到“舒适”时，不同空间的停留时间变化率不同，广场空间的停留时间增加迅速，其次是院落空间。这说明当微气候舒适度增加时，人们会更多选择在广场和院落增加活动时间。街道空间中，随着微气候舒适度的增加，人群停留时间先是缓慢增加，随后急剧增加。这说明在微气候舒适度较低时，人们在街道上的停留时间较短，人们更倾向于在院落或广场空间中活动；当微气候舒适度逐渐达到较为舒适时，人们较多选择在街道停留。

③ 人们对于冷暖变化的耐受反应不同。当微气候舒适度由“有点冷”增加至“很舒适”时，不同空间类型的人群停留时间增加情况不同；微气候舒适度由“很舒适”变化到“有点热”时，大广场、小广场和大院子三种空间类型表现出人群停留时间急剧减少的态势。各空间类型中“有点热”对应的人群停留时间大多低于“有点冷”时的人群停留时间。这说明，对于街区的使用来说，人们对于“有点冷”的微气候环境有较强忍受力，而对于“有点热”的微气候环境忍受力较差。

总体来说，微气候舒适度除了影响人流量以外，还影响人群的平均停留时间，该作用程度在冷季节较为微弱，在舒适季节、热季节较为明显，整体呈现随着微气候舒适度增加人群平均停留时间增加，到达峰值后，人群平均停留时间呈现随之降低的趋势。除此之外，微气候舒适度对人群平均停留时间的影响呈现空间属性的差异，不同的空间类型存在不同的相关关系。

6.3.3　微气候环境要素与行为活力的相关性

前文对微气候舒适度和人群行为特征进行了相关性分析，现分别从微气候环境的四个要素即空气温度、风速、湿度、太阳辐射，分别探究对人群行为的影响，探究何种微气候要素对道外传统街区的使用的作用最大。

以空气温度、风速、湿度、太阳辐射强度分别作为自变量，以每 10min 的人流量为因变量，将所有测试空间过渡季和夏季的数据一一对应，进行相关性计算，以探究微气候要素对街区使用的作用。

1. 空气温度对行为的影响

如图 6-10 所示，空气温度与街区出行人数的相关度很高，R^2 达到了 0.74，拟合优度很高（表 6-13）。街区的使用即出行人数随着空气温度的升高而增加且在过渡季增加迅速，在空气温度为 28℃左右时达到峰值，随后随着空气温度的增加而减少，街区的使用率降低。

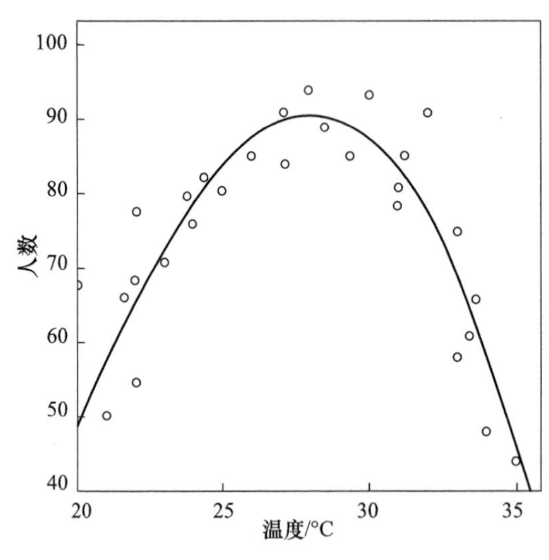

图 6-10　人流量与温度相关性

表 6-13　人流量与温度相关系数

拟合方程	线性方程	二次方程
R^2	0.37	0.74

2. 风速对行为的影响

将风速变化与人流量做相关性分析，结果如图 6-11 所示。R^2 为 0.65，说明二者存在较强的相关关系（表 6-14）。从图中可以看出，随着风速的增加，人流量呈减少的趋势，街区的使用率降低。空气风速在 0～0.5m/s 范围内，人流量随着风速的增加而迅速减少；风速在 0.5～1m/s 范围时，风速对人流量的作用不是很强；当空气风速增加到 1m/s 以上时，人流量又迅速减少。这从另一方面反映了人们对于风速的感知。当风速从无风到 0.5m/s 的范围时，人们感受明显从而调整其行为；风速在 0.5～1m/s 范围时，人们普遍感受到舒适，因而对风速变化的感知并不明显，行为稳定；当风速超过 1m/s 的时候，人们对风速变化有明显感受，因而会根据风速调整行为。

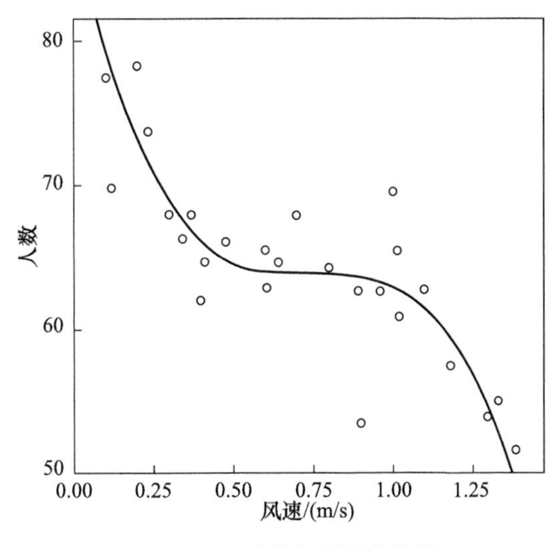

图 6-11　人流量与风速相关性

表 6-14　人流量与风速相关系数

拟合方程	线性方程	二次方程
R^2	0.07	0.65

3. 湿度对行为的影响

湿度与人流量的相关性分析如图 6-12 所示，数据的分布较为离散，各种线型的 R^2 均为 0.24，小于 0.5，拟合优度较低，相关性很弱（表 6-15）。这说明湿度对人流量没有明显的作用。分析数据关系，在相同湿度情况下，人流量变化较大，这说明人们对湿度的感知较弱，并不会因为空气湿度的变化而调整行为。

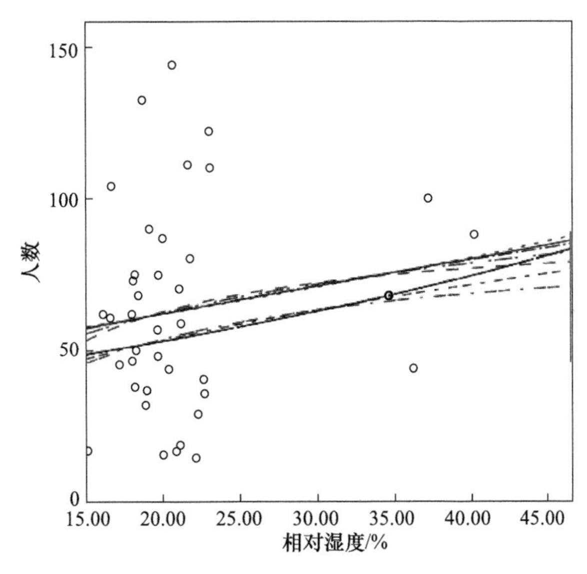

图 6-12　人流量与相对湿度相关性

表 6-15 空气湿度与人流量的相关系数

拟合方程	线性方程	二次方程	三次方程	指数方程	复合方程
R^2	0.24	0.24	0.24	0.24	0.24

4. 太阳辐射对行为的影响

太阳辐射与人流量的相关性分析如图 6-13 所示，点的分布同样较为离散，且各种线型的拟合优度都比较低（表 6-16），说明太阳辐射对人流量没有太大的作用。分析数据关系，在太阳辐射强度较低时，人流量较小；当太阳辐射强度高于 1000W/m^2 时，人流量显著增加。这说明当阳光强烈的时候，更多人选择进入街区和在街区中停留，街区使用率提高。

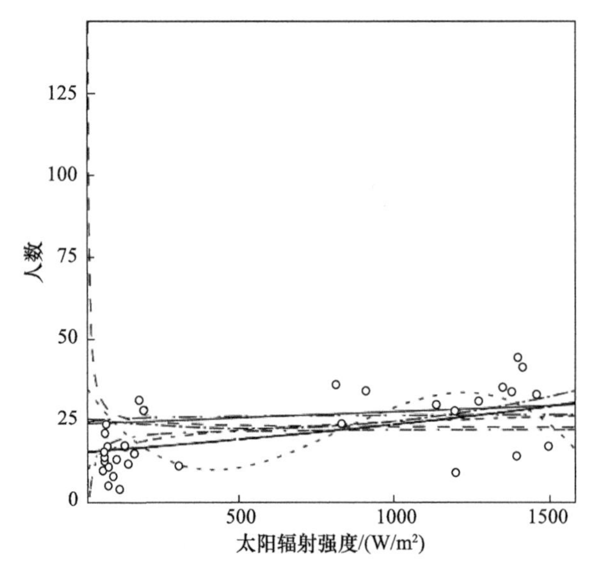

图 6-13 人流量与太阳辐射相关性

表 6-16 人流量与太阳辐射相关系数

拟合方程	线性方程	二次方程	三次方程	指数方程	复合方程
R^2	0.07	0.01	0.14	0.11	0.11

总体来说，微气候要素对道外街区的使用有不同的作用关系。空气温度、风速与街区的人流量有明显的相关关系，空气湿度和太阳辐射对人流量没有影响。空气温度对人流量的作用呈现正相关关系，在空气温度达到 28℃左右时，街区的人流量最大，街区的使用率最高；风速与人流量是负相关关系，但风速在 0.5～1m/s 阶段，对人流量影响较小；人对空气湿度和太阳辐射的感知度较低，这二者并不会影响街区的使用。

6.4　传统保护街区活力提升策略

6.4.1　微气候环境提升目标

前文分析认为，道外传统街区中微气候环境与行为活动具有相关性，随着微气候环境热舒适的增加，街区人流量增加，且平均停留时间随之增加；当微气候环境热舒适继续增加时，街区人流量减少，且平均停留时间随之减少。不同的空间类型中微气候环境对行为活动的作用程度不同，因而可以此作为出发点，对微气候环境进行优化，达到调节街区行为活动的目的。

（1）街道空间

结合微气候环境影响人流量和平均停留时间的关系图可以发现，随着微气候环境的变化，街道空间的人流量变化很快，尤其在微气候舒适度处于 4～5、7～8 的范围内时，街区的人流量迅速增加、降低，且在对应区间中，人群的平均停留时间处于较低水平，这说明当微气候舒适程度处于“有点冷”、“舒适”和“有点热”时，街区的活动人群以散步、游览等流动行为为主，较少有停憩行为发生。因此，对于街区来说，应为人们提供更为舒适、宜停留的环境与空间，促使更多的停憩行为发生。

（2）院落空间

院落空间的微气候环境对空间的人流量、平均停留时间的作用程度整体较为适宜，但作用范围较小，即在冷季节和舒适季节偏冷的气候时，院落空间人流量增加程度较小，人群平均停留时间增长幅度较小，这说明其整体的微气候环境不足吸引人群进行活动、停留。因此，改善冷季节、舒适季节偏冷气候的微气候环境为主要优化目标。

（3）广场空间

相对于其他空间来说，微气候环境影响广场空间人流量的程度较小，人流量最大值仅为街道空间的三分之一、院落空间的二分之一，说明广场空间的活动人群数量很少。从平均停留时间来看，广场空间平均停留时间最大值对应于微气候热舒适度为 5 时，小于其他空间对应的微气候热舒适值；当微气候热舒适继续增加，人感到“有点热”时，平均停留时间迅速减少。因此，广场空间需要更大程度地吸引人群，同时通过改善微气候环境以在较热的天气吸引人群继续停留。

6.4.2　院落空间提升策略

道外传统街区院落众多，其中有两个院落采用了玻璃屋顶。调研发现，加盖玻璃屋顶使院落整体形成较为封闭的空间，很大程度上降低了风速、提高了空气温度。根据调研结果，在冬季，加盖玻璃屋顶院落平均空气温度高于普通院落 10～15℃，成为整个街区中的“温室”，是人们活动的主要空间。在过渡季，两种院落类型相差不大，加盖玻璃屋顶院落内风速较小，仍有一部分人在此停留。在夏季，加盖玻璃屋顶呈现较高的空气温度水平，高于普通院 3～5℃左右，极大影响了人群活动的舒适性，在此活动的人较少。

玻璃屋顶的院落空间是道外传统街区在寒冷季节提高人群使用率的重要方式，但在舒适季较热时期和炎热季，封闭的院落导致院内空气温度较高成为“蒸笼”，若采用可开窗式的玻璃屋顶，则可实现有效通风，解决这一问题（图 6-14）。

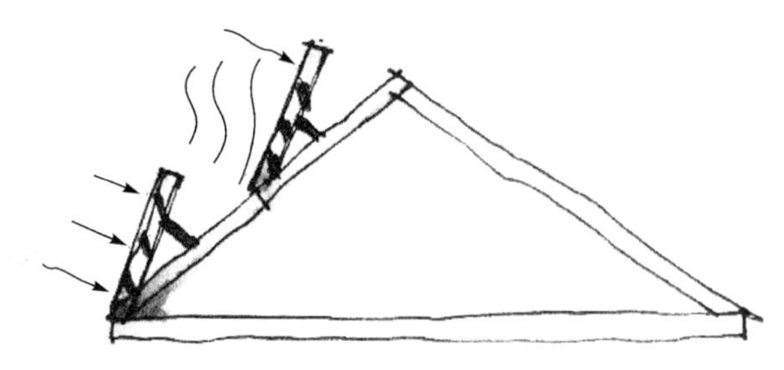

图 6-14　采用可开窗式玻璃屋顶

此外，可采用内置百叶中空玻璃解决玻璃透光率强导致院内直射光过强的问题。内置百叶直接装置在阳光房顶部的中空玻璃内，通过电动遥控百叶装置达到遮阳效果，同时可以根据室内环境，调节通风百叶开启的角度（图 6-15），来限制直射辐射、散射辐射和环境表面反射辐射对室内温度及光线的影响。

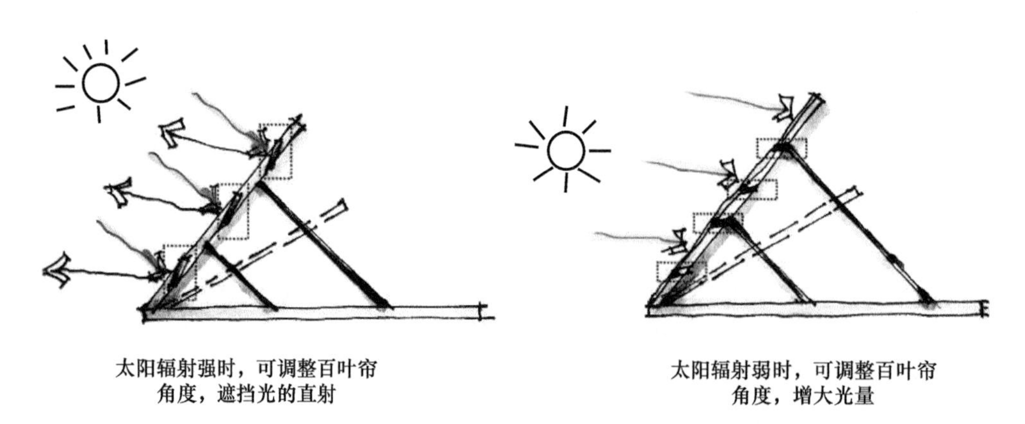

图 6-15　调整中空玻璃内置百叶实现对室内光线的调整

6.4.3　街道空间提升策略

街道空间的优化目标是提供更为舒适、宜停留的微气候环境，引导人们发生停憩行为，丰富街道空间的行为活动。

根据前文的调研，在较为寒冷的天气中，道外传统街区中街道空间空气风速高于其他空间、温度低于其他空间，人们很难进行停憩活动。因此，结合街道空间的特点，可考虑在街道加建半室外空间，提供更为适宜停留的微气候环境，同时将半室外空间作为人群和活动集中发生点，以“以点带面”的方式带动整个街道空间的活力增长。

半室外空间需具有场所感，营造具有场所感的城市公共空间是每个城市都要追求的目标；同时，半室外空间的营造要和街道空间有效结合，利于人们步行、休憩、散步等行为的发生，利于形成人群聚集；还可结合设置景观雕塑，形成活动聚集点。除此之外，考虑人们的停憩行为的发生中的重要影响因素——社会互动，可在半室外空间内设置丰富的街道生活活动，以吸引人们驻足观看使更多的人发生停憩行为。

日本小布施町传统街区的规划中，设计者对小布施町酒廊中的陈香、栗羊羹加工的炒拌声和阵阵栗香等种种生活场景和与街道景观相辅相成的元素进行细致入微地捕捉，浓重的生活气息吸引了众多观光者。在云南丽江的四方街，有传统小吃边做边卖的手工作坊，可以让游客在观看传统小吃制作的同时享受美食，吸引了很多外地游客驻足，形成了人群聚焦，增加了城市的生活气息。除了传统美食以外，传统工艺品、传统手工、传统民俗等都可以通过固定的表演形式，以边演边卖的形式设置在街道两侧，不仅生动形象地展现了传统的生活气息，吸引人们观看，更是提高商业价值的良好手段（图 6-16）。

图 6-16　边演边卖的销售方式

道外传统街区是哈尔滨城市文化的缩影，更是年轻人领略老哈尔滨特色的绝佳之地。传统生活也是展现传统文化的重要途径，通过增设传统手艺演示、捕捉城市特有的声音气味等方式，营造具有生活气息的街道，能更容易让人们体验到城市百年的积淀。

6.4.4　广场空间提升策略

广场空间的人流量较小，微气候环境影响作用低，说明广场空间的微气候环境舒适性有待提高，同时需要提升空间吸引力，吸引人流。可以采用增加空间趣味性与游览性、增加特色文化活动和展演等方式来吸引人群进入空间，形成社会互动效应，进而吸引更多的行人进入活动。

除此之外，关于较热的天气时人群平均停留时间较短，结合实地观测分析，其原因可能是，广场空间缺少遮阳设施，强烈的太阳辐射导致人们难以在广场空间停留。

因此，对广场空间微气候环境的优化措施以减少太阳直射为主。

常见的遮阳方法有植物遮阳、构筑物遮阳和建筑物遮阳三种方式，应根据空间微气候环境和空间特点、人群行为活动特点选用不同的方式。

道外传统街区小广场的空间性格为小型、宜人的趣味性空间，虽配备了一些适合孩童玩耍的趣味设施，但缺少绿化景观，因此可采用植物遮阳的方式。研究证明，植物比构筑物的遮阳效率更高。树木的树冠能有效遮挡阳光，改善场地微气候。同时，根据前文的数据统计，小广场的风速远大于其他的测试空间，种植乔灌木也能有效降低风速，塑造适宜的风环境。

遮阳构筑物包括遮阳伞、遮阳棚等。遮阳构筑物可结合座椅设置，为人们提供停憩设施，也可结合植物景观设置，进一步优化微气候环境。如德国斯图加特的街道空间采用与座椅结合的遮阳伞，游客在阳光强烈的天气也能使用座椅休息（图 6-17）。

图 6-17　斯图加特国王大街遮阳伞

道外传统街区大广场的空间设施比较单一，仅在广场出入口有部分景观池座椅、在广场偏东处有一大型舞台。对行人来说，空间趣味性差、停憩设施少、微气候环境差，导致行人不愿使用和停留。因此，大广场可采用构筑物遮阳的方式，一方面可配合设置其他空间设施，增加空间趣味性，引导行人进入空间；另一方面，可在举办特色演艺活动时为行人提供适宜停憩的微气候环境。

第7章　中心商业街区感知影响机制及优化策略

本章介绍严寒地区城市中心商业街区室外活动者对温度、湿度、风速和太阳辐射四项微气候要素的感知影响机制，并针对研究中所发现的问题提出优化策略。首先根据感知投票和微气候数据，探讨微气候要素和感知之间的关系，确定微气候感知区间阈值；其次，以活动者的实际热感觉作为衡量指标，说明感知与微气候之间的影响机制；最后，根据调查结果提出优化策略。

7.1　微气候要素的感知

微气候要素感知投票所对应的测量数据近似服从正态分布规律，通过计算置信区间进行区间估值，得出感知投票数据所对应的区间。部分项目不符合正态分布，但可以分别通过相邻投票对应的区间近似推测得到。本研究将置信水平设定为95%，通过单样本 t 检验，分别得出不同季节TSV、RSV、WSV、HSV所对应的均值区间。在观测过程中，如严寒季节TSV“比较高”和“非常高”投票数不足10份的情况，表明在相应季节中出现这些温度感知的情况为个别现象，不纳入研究范围。通过单样本 t 检验，对相邻区间的重合样本进行均值检验，分别得出不同季节TSV、RSV、WSV、HSV所对应的区间阈值。

7.1.1　感知均值区间

感知均值区间代表了TSV、RSV、WSV、HSV每个标度对应实测数据的平均值的置信区间。当环境微气候参数越接近某一标度（例如“适中”）的均值区间，则可以预测在该场所内的活动者做出这一标度（例如“适中”）评价的人数越多。

1. 温度

如表7-1所示，严寒季节的温度感知总体倾向于“比较低”，均值置信区间为−10.26～−9.37℃。“适中”的均值置信区间下限为−4.58℃，说明当温度达到−4.58℃，活动者会感到温度适中。而实际上，在这个季节的空气温度很少能达到−4.58℃，因此可以认为，严寒季节的空气温度越高，对活动者来说越接近温度“适中”。

表 7-1　TSV 对应置信区间

季节	非常低		比较低		适中		比较高		非常高	
	下限	上限	下限	上限	下限	上限	下限	上限	下限	上限
严寒季节	−14.03	−12.65	−10.26	−9.37	−4.58	−3.59	—	—	—	—
寒冷季节	—	—	6.22	7.32	9.46	10.87	13.59	14.61	—	—
过渡季节	—	—	16.20	18.54	18.90	20.01	22.23	23.88	—	—
炎热季节	—	—	—	—	26.88	27.24	28.97	29.46	30.30	31.12

注：置信水平 95%；温度单位为℃；“—”表示投票数未达到 5%。

由于寒冷季节逐日气温变化大，且昼夜温差较大，从数据结果可以看出，“比较低”（6.22～7.32℃）、“适中”（9.46～10.87℃）和“比较高”（13.59～14.61℃）三个标度都有一定的投票量。环境温度越接近 9.46～10.87℃，活动者对该场所的评价越接近“适中”，当温度超过“适中”均值置信区间，开始有一部分活动者感到温度“比较高”，当部分时间（例如午间）气温达到 13.59～14.61℃时，活动者感到温度“比较高”。寒冷季节的平均温度约为 7.83℃，多数时间段的气温都接近“比较低”区间。

过渡季节的平均气温较前两个季节大幅提高，且逐日气温变化较小，“适中”均值置信区间为 18.90～20.01℃。该区间与“比较低”和“比较高”区间的温度数据较为接近。可以看出，在这个季节，活动者对空气温度的变化更为敏感，但“非常低”和“非常高”的投票数均未达 5%，说明虽然人们的敏感性提高，但这个季节的气温变化依然在活动者所能接受的范围。

炎热季节是全年温度最高的时段，从投票结果可以看出，均值置信区间为 28.97～29.46℃，与气温平均值 29.62℃十分接近，投票也主要集中在“比较高”标度。“适中”的均值区间上限（27.24℃）和“非常高”的均值置信区间下限（30.30℃）与“比较高”均值区间非常接近，说明在炎热季节活动者对温度变化十分敏感，当温度超过 30.30℃，绝大多数的活动者都能感知到温度“非常高”。

2. 太阳辐射

如表 7-2 所示，严寒季节太阳辐射感知总体偏向“比较弱”，舒适区间下限约为 215W/m^2。由于观测日期为晴天，因此除了被阴影直接覆盖的区域，其余位置的活动者对太阳辐射的变化感知并不明显。

表 7-2　RSV 对应置信区间

季节	非常弱		比较弱		适中		比较强		非常强	
	下限	上限	下限	上限	下限	上限	下限	上限	下限	上限
严寒季节	—	—	24.01	143.12	215.00	—	—	—	—	—
寒冷季节	—	54.15	56.35	76.92	224.12	390.04	432.90	514.76	—	—
过渡季节	—	—	103.85	157.21	218.55	367.54	427.52	648.27	526.3	—
炎热季节	—	—	—	—	—	275.20	304.56	443.30	506.4	—

注：置信水平 95%；太阳辐射强度单位为 W/m^2；“—”表示投票数未达到 5%。

寒冷季节太阳辐射感知总体偏向较弱，舒适区间为 224.12～390.04W/m^2。在超过 432.9W/m^2 的时段，活动者们会感到太阳辐射有些强。

过渡季节太阳辐射感知总体偏向适中，舒适区间为 218.55～367.54W/m^2。由于气候波动较大，“比较弱”和“比较强”的比例也很大。

炎热季节太阳辐射感知总体偏向较高，舒适区间在 275.2W/m^2 以下。在达到 506.4W/m^2 及以上时，活动者普遍认为太阳辐射非常强烈，在超过 650W/m^2 的观测时段，几乎无法获取有效问卷，停留活动则转移至其他场地或有阴影的区域。

在针对太阳辐射强度的调查中，发现有约占总投票数 6% 左右的活动者认为当前场所虽然太阳辐射非常强，但自己并不觉得热，这是一个值得注意的现象，说明人们对太阳辐射的感知并不仅仅是从热感觉出发，还有可能是从日照角度进行感知，即强光对眼睛的刺激可能引起正在发生观望行为的人群的不适。本研究未深入到这一领域，因此暂时未将太阳辐射和日照区别调研。

3. 风速

如表 7-3 所示，严寒季节风速感知舒适区间上限约为 0.66m/s。虽然严寒季节平均风速较低，在少数风速较高的时间段，风频往往也较低，却并不影响身体感知，人们对风速的敏感性很高。

表 7-3　WSV 对应置信区间

季节	非常低		比较低		适中		比较高		非常高	
	下限	上限	下限	上限	下限	上限	下限	上限	下限	上限
严寒季节	—	—	—	—	—	0.66	0.94	1.21	1.96	—
寒冷季节	—	—	—	0.18	0.92	1.14	1.74	2.65	2.88	—
过渡季节	—	—	0.24	0.31	0.77	1.02	1.83	2.25	3.02	—
炎热季节	—	0.22	0.44	0.62	0.79	—	—	—	—	—

注：置信水平 95%；风速单位为 m/s；“—”表示投票数未达到 5%。

寒冷季节风速感知舒适区间为 0.92～1.14m/s。观测中发现，无论是由冷转暖还是由暖变冷，尽管寒冷季节的温差在近 20℃的范围发生着巨大转变，人们对风速感知的“适中”均值置信区间变化却很小，这说明在寒冷季节，活动者对风速的敏感性非常强。而当风速在 0.18m/s 以下时，约有 5% 的活动者认为风速比较低。

过渡季节风速感知舒适区间为 0.77～1.02m/s。该区间上下限差异较大，且与“比较低”和“比较高”区间有较大差距，这是由于该时段日均风速变化范围较大，活动者采取了应激措施，但个体间具有差异。哈尔滨在过渡季节的平均风速和大风天数均高于其他季节，较高的风速对活动者的风感舒适性产生不利的影响。

炎热季节风速感知舒适区间在 0.79m/s 以上。这说明从热舒适性的角度来看，炎热天气下活动者倾向于风速增强；当平均风速低于 0.22m/s 时，活动者普遍感到闷热。

4. 湿度

由实测数据可知，哈尔滨的平均相对湿度在严寒季节和炎热季节较高，在寒冷季节最低（29.15%）。虽然4个季节相对湿度差异明显，但是HSV均倾向于"适中"，其对应置信区间范围也比较大，由此推测，活动者对湿度的感知并不十分敏感。

7.1.2　感知阈值确定

通过对相邻区间的重合样本进行均值检验，分别得出不同季节TSV、RSV、WSV、HSV的投票标度之间的阈值。某两个相邻标度之间的感知阈值代表受访群体的投票结果由其中一个标度向另一个标度变化的临界值，当微气候参数超过该临界值，几乎所有人的投票结果都增加或减少了一个标度。同时，"适中"标度附近的感知阈值可以用于判断"适中"的微气候参数的大致范围。

1. 温度

如图7-1所示，严寒和寒冷季节总体感知偏向低温，由于寒冷季节逐日气温变化大，且昼夜温差较大，当部分观测日午间气温达到12.9℃以上时，由于衣物更换不便，部分活动者感到温度"比较高"。

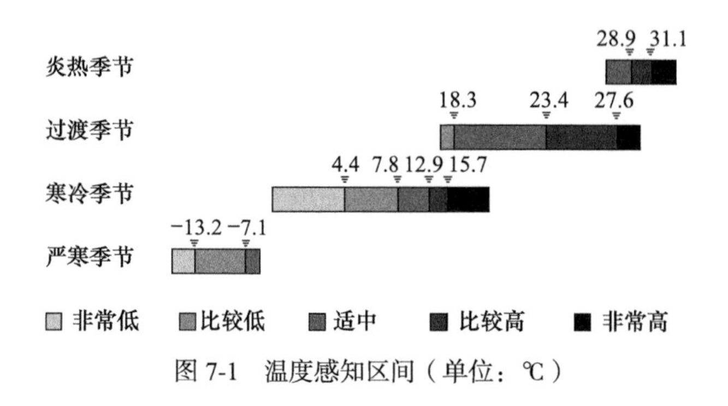

图7-1　温度感知区间（单位：℃）

过渡季节总体感知偏向"适中"，舒适气温为18.3～23.4℃，此区间上下限差异较大，且与"比较低"和"比较高"的区间有较大范围重合。这是由于在过渡季节逐日温度波动和昼夜温差都较大，根据行为知觉理论，活动者为应对温差采取了应激措施，例如，穿着可随时脱去的轻便外套。

炎热季节总体感知偏向高温，舒适气温在28.9℃以下。在温度达到31.1℃以上时，活动者普遍认为温度"非常高"；超过34℃以后，获得的问卷数量不足5份，观察发现，此时活动者的数量大幅减少，停留活动几乎消失。

2. 太阳辐射

太阳辐射感知区间如图7-2所示。严寒季节总体感知偏向"比较弱"，舒适区间下限约为215W/m^2。由于观测日为晴天，除了被阴影直接覆盖的区域，其余位置的活动者对太阳辐射的变化感知并不明显。

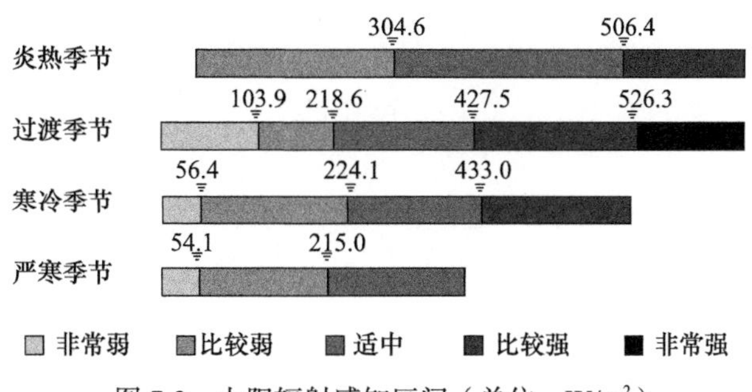

图 7-2　太阳辐射感知区间（单位：W/m^2）

寒冷季节总体感知偏向“比较弱”，舒适区间为 224.1～433W/m^2，少数超过 470W/m^2 的时段。6% 左右的活动者认为日照过强，但这并不是由于人体热感觉引起的，而是强光对眼睛的刺激引起正在发生观望行为的人群的不适。

过渡季节总体感知偏向“适中”，舒适区间为 218.6～427.5W/m^2。由于气候波动较大，“比较弱”和“比较强”的比例也很大。

炎热季节总体感知偏向“比较强”,舒适区间在 304.6W/m^2 以下。在达到 506.4W/m^2 以上时，活动者普遍认为太阳辐射“非常强”；在超过 650W/m^2 的观测时段，几乎无法获取有效问卷，停留活动则转移至其他场地或有阴影的区域。

3. 风速

风速感知区间图如图 7-3 所示。严寒季节总体感知偏向“适中”，“适中”区间约为 0.01～1.25m/s。严寒季节平均风速较低，在少数风速较高的时间段，风频往往也比较低，并不影响身体感受，再加上人们在室外活动时穿衣较多，因此对风速的敏感性降低。

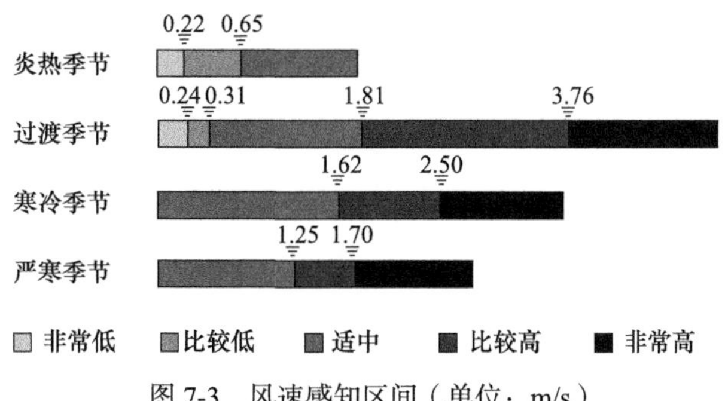

图 7-3　风速感知区间（单位：m/s）

寒冷季节总体感知偏向“比较低”，“适中”区间为 0.01～1.62m/s。观测中发现，尽管寒冷季节的温差在近 20℃的范围发生着巨大转变，人们对风速感知的“适中”区间变化却很小，上限与严寒季节相比仅提高了 0.37m/s。这说明在寒冷季节，活动者对风速的敏感性非常强。当风速在 0.1m/s 以下时，约有 2% 左右的活动者认为风速比较低，由于这部分数据量低于总量 5%，不计入估值区间。

过渡季节总体感知偏向“比较高”，“适中”区间为 0.31～1.81m/s。该区间上下限差异较大，且与“比较低”和“比较高”的区间有较大范围重合，这是由于该时段日均风速变化范围较大，活动者采取了应激措施，但个体间具有差异。哈尔滨在过渡季节的平均风速和大风天数均高于其他季节，较大的风速对活动者的风感舒适性产生不利的影响。

炎热季节总体感知偏向“比较低”，“适中”区间在 0.65m/s 以上。这说明从热舒适性的角度来看，炎热天气下活动者倾向于风速增强。

7.2　感知与微气候之间的影响机制

7.2.1　微气候对热感觉的影响

以投票样本为分析对象，微气候参数作为自变量，热感觉投票值作为因变量，通过多元线性回归拟合得到各季节影响关系预测公式，如式（7-1）～式（7-4）所示。

严寒季节：

$$\mathrm{ATSV}=0.274T_{\mathrm{air}}-0.46S_{\mathrm{wind}}-0.014R_{\mathrm{hum}}+0.003R_{\mathrm{solar}}+2.701 \quad R^2=0.788,\ p<0.05 \tag{7-1}$$

寒冷季节：

$$\mathrm{ATSV}=0.151T_{\mathrm{air}}-0.185S_{\mathrm{wind}}-0.023R_{\mathrm{hum}}+0.001R_{\mathrm{solar}}-1.499 \quad R^2=0.718,\ p<0.05 \tag{7-2}$$

过渡季节：

$$\mathrm{ATSV}=0.12T_{\mathrm{air}}-0.286S_{\mathrm{wind}}-0.013R_{\mathrm{hum}}+0.004R_{\mathrm{solar}}-2.117 \quad R^2=0.772,\ p<0.01 \tag{7-3}$$

炎热季节：

$$\mathrm{ATSV}=0.157T_{\mathrm{air}}-0.577S_{\mathrm{wind}}+0.014R_{\mathrm{hum}}+0.003R_{\mathrm{solar}}-4.456 \quad R^2=0.688,\ p<0.01 \tag{7-4}$$

式中，ATSV 为实际热感觉投票；T_{air} 为空气温度（℃）；S_{wind} 为风速（m/s）；R_{hum} 为湿度（%）；R_{solar} 为太阳辐射（$\mathrm{W/m^2}$）。

从统计学角度分析，上述拟合公式 p 值均小于 0.05，说明利用上述公式预测活动者热感觉能够得到可靠的结果。

公式中一次项系数代表热感觉与微气候分项要素之间的相互关系。空气温度对热感觉的影响在严寒季节最大，当温度增加 1℃，热感觉会升高 0.274；过渡季节热感觉升高幅度最小，仅为 0.12；炎热季节和寒冷季节的热感觉增幅大致相同，分别为 0.157 和 0.151。同理，太阳辐射对过渡季节热感觉的影响最大，太阳辐射每升高 $1\mathrm{W/m^2}$，热感觉增加 0.004；对寒冷季节热感觉的影响最小，热感觉仅增加了 0.001。风速对炎热季节的影响最为明显，风速每提高 1m/s 可引起热感觉下降 0.577；对寒冷季节影响最小，热感觉仅降低 0.185。相对湿度是各季节预测公式中差异最大的变量，相对湿度与热感觉在炎热季节的呈正相关关系，而在严寒季节、寒冷季节和过渡季节呈负相关关系。

为了比较各自变量对 ATSV 的相对影响，将式（7-1）~式（7-4）的系数标准化，如表 7-4 所示。其中，在寒冷季节和严寒季节，温度对 ATSV 的影响最大（0.810 和 0.697）。在过渡季节和炎热季节，太阳辐射对 ATSV 的影响最大（0.618 和 0.528）。在严寒季节和炎热季节，风速对 ATSV 也有显著影响（−0.17 和 −0.167），但在寒冷季节和过渡季节，影响较小（−0.077 和 −0.099）。

表 7-4　不同季节微气候参数的标准化系数

季节	温度	风速	湿度	太阳辐射
严寒季节	0.697	−0.170	−0.110	0.271
寒冷季节	0.810	−0.077	−0.085	0.184
过渡季节	0.360	−0.099	−0.080	0.618
炎热季节	0.272	−0.167	0.125	0.528

7.2.2　热感觉对总体舒适度的影响

由于微气候因素在各季节的影响程度存在差异，有必要针对不同季节建立相应公式。将总体样本按季节划分，分别进行二项式拟合，实际热感觉和总体舒适度关系为

严寒季节：

$$y=-x^2-6.048x-5.138,\ R^2=0.626 \tag{7-5}$$

寒冷季节：

$$y=-x^2-5.3x-2.56,\ R^2=0.750 \tag{7-6}$$

过渡季节：

$$y=x^2+0.126x+0.36,\ R^2=0.814 \tag{7-7}$$

炎热季节：

$$y=x^2-0.7x+0.1,\ R^2=0.872 \tag{7-8}$$

式中，y 为总体舒适度；x 为实际热感觉。由此可知，实际热感觉和总体舒适度之间存在很强的相关性，并随着季节而变化。由于季节的动态性，不同季节中相同热感觉所对应的总体舒适度差别很大。

7.2.3　活动行为对热感觉的影响

由于人在进行不同类型的活动时，对微气候因素的感知情况有所差异，有必要针对不同活动类型来进行定量分析。驻足活动与驻足观望这两种活动类型的新陈代谢率并无太大差别，因此统称为驻足活动。同理，跳舞和打球等统称为健身活动，散步和

通行统称为漫步通行，静坐休息与坐着聊天统称为休息坐靠。在此基础上，将总体样本按活动类型划分，将微气候参数作为自变量分别拟合得到各活动类型的回归系数。

从拟合整体结果来看，p 值都比 0.01 小，可见，在对人体热感觉进行预测时，使用式（7-5）～式（7-8）的系数能够得到准确结果。另外从拟合优度 R^2 来看，驻足活动与休息坐靠的拟合优度 R^2 水平较高，均在 0.6 以上；健身活动与漫步通行拟合优度水平较低，分别为 0.328 与 0.265，这是由于在进行这两项活动时，人体新陈代谢率水平较高，其热感觉主要受到个人活动强度的影响。如表 7-5 所示，在其他微气候因素不变的情况下，当空气温度升高时，各活动类型所对应的热感觉均呈上升趋势，其中空气温度变化对驻足活动与休息坐靠影响较大，每升高 1℃对应的热感觉增幅分别为 0.084 与 0.471，对健身活动影响较小，其增幅仅为 0.023。同理，太阳辐射与各活动类型的热感觉均呈正相关的关系，其中当人们驻足时，人们的热感觉受太阳辐射的影响最大，太阳辐射每增加 1W/m^2，热感觉升高 0.502，太阳辐射对其他 3 种活动类型影响较小，热感觉增幅在 0.002 左右。随着风速的增加，各活动类型对应的热感觉均呈下降趋势，风速每增加 1m/s，进行健身活动的个体的热感觉降低 0.706，其降幅最大，风速对休息坐靠影响最小，热感觉降幅 0.332，对漫步通行与驻足活动有较为明显的影响，热感觉降幅分别为 0.549 和 0.408。相对湿度与健身活动和漫步通行的热感觉呈正相关关系，与驻足活动和休息坐靠的热感觉呈负相关，即相对湿度的提高可以使跳舞和散步等活动人群感到相对热一些，而对于驻足和坐着的人群来说，潮湿的环境会使他们的身体感到凉一些，但这种影响的程度很微弱，正如前文所述，在严寒地区的气候条件下，人体在室外环境中通常可以获得舒适的空气湿度，对湿度变化的敏感程度较低。

表 7-5　各微气候因素对不同活动类型的热感觉的影响

活动类型	空气温度	风速	湿度	太阳辐射
驻足活动	0.084	−0.408	−0.016	0.502
健身活动	0.023	−0.706	0.006	0.003
漫步通行	0.043	−0.549	0.008	0.001
休息坐靠	0.471	−0.322	−0.001	0.001

上述现象可以说明，活动人群所进行的具体活动类型，对其热感觉及感知判断具有重要影响。在本研究中，进行感知评价的人群均为室外商业空间的活动者，活动类型以驻足和通行为主，健身和休息为辅，因此本研究所得到的感知范围、模型和相关系数，在一定程度上也适用于活动结构相类似的综合型公共活动场地，但该成果并不适用于功能特征迥异的活动场地，例如以康复、体育和游乐活动为主的功能型街区。

7.2.4　哈尔滨地区的适中温度范围

上述研究结果揭示了严寒地区城市室外微气候分项要素对活动者实际热感觉的影

响。从全年来看，室外空气温度和太阳辐射的增加导致室外热感觉的上升，而风速的影响则相反，同时，微气候对室外实际热感觉的影响存在季节性、地域性的差异，主要体现为中性空气温度（neutral air temperature，NAT）。

NAT 是指目标人群热感觉投票平均值等于 0（“适中”）时的室外空气温度。根据式（7-1）～式（7-4）可以计算出严寒地区城市室外中性空气温度，其中室外湿度、风速和太阳辐射需要按照标准热条件进行设定[89]：室外空气相对湿度设定为 50%；室外风速设定为 0.1m/s；太阳辐射设定为 0（接近无热辐射）。

结果表明：NAT 在夏季达到最高值（24.3℃），在冬季达到最低值（−7.1℃）；春季和秋季（包含前文中的寒冷和过渡季节）NAT 为 17.7～23.3℃。

考虑到室外热感觉和 NAT 的地域性、季节性差异，将哈尔滨的 NAT 与中国南部城市（长沙和台中）相比较，如表 7-6 所示。结果表明，哈尔滨的 NAT 在冬季和夏季均低于其他两个城市，且冬季和夏季的 NAT 温差更大。这些差异与城市的气候条件有关，哈尔滨的夏季与冬季的平均气温相差约 40℃，这是严寒地区城市的居民更能适应季节性气候变化的原因。

表 7-6　中国南北部城市室外气温变化范围和中性温度对比

城市	室外平均气温 /℃		室外中性温度 /℃	
	严寒季节（冬）	炎热季节（夏）	严寒季节（冬）	炎热季节（夏）
哈尔滨	−15	24	−6.56	22.62
台中	19	25	23.7	25.6
长沙	8.3	30.2	16.7	24.5

现有研究表明，与生活在其他地区的人相比，生活在严寒地区的人更能适应寒冷的气候。本研究也证实了这一结论。在严寒地区城市，除了身体耐寒性外，心理和行为调整也是人们能在气温 −7.1～24.3℃范围内达到热中性状态的重要原因。如表 7-7 所示，哈尔滨市 NAT 和 NPET（中性生理等效温度）[90] 的比较表明，NAT 和 NPET 在严寒季节的差异较大。这一差异不仅受服装、运动水平增减的影响，还受人们对户外各微气候参数的感知而产生的个体行为的影响。

表 7-7　哈尔滨的 NPET 和 NAT 的比较

指标	严寒季节	炎热季节
NAT/℃	−7.1	24.3
NPET/℃	18.0	20.0

在户外，人们可以根据自己对每个微气候参数的感知来自由选择自己的空间和位置，比如夏天在阴凉处散步等。微气候感知投票结果显示，超过 50% 的受访者认为每

个季节的气温和太阳辐射是“适中”的，表明他们可以通过个体行为有效地提高他们的舒适度。80% 的受访者认为湿度是“适中”的，表明湿度的变化在可接受的范围内。由于城市建筑的遮挡，风环境变得更加复杂。此外，同一天内不同地区的风速也会有很大的变化，这往往会使风速对热感觉的负面影响更为严重。在寒冷季节，55% 的受访者认为风速“强”或“很强”，这说明风速是造成户外活动不适的根本原因。然而，在炎热的季节，情况正好相反，对风速的感知很低时，人们感到闷热。这些问题很难通过个人行为来调整。因此，从城市规划的角度看，风速不稳定的负面影响比冬季持续低温更为严重，特别是在严寒地区城市。

在城市规划中应该仔细考虑微气候因素的影响。与现有研究不同，本研究量化了不同气候参数对室外热感觉的相对贡献，揭示了其对每个季节室外中性空气温度的影响，并建立了热感觉预测公式。在实践中，通过实测、模拟、计算等途径可以取得设计方案的微气候环境数据，应用这些预测公式，便可在建设之初评价各个场所中活动者的实际热感觉，发现潜在限制因素，并定量化地进行方案调整或优化改造。

7.3 中心商业街区优化策略

7.3.1 步行街型商业区优化策略

步行街型商业区的核心为步行街及沿街节点空间。在这个核心范围内，不仅人流量巨大，更集中了绝大多数商业功能。因此，针对步行街及其沿街节点进行空间优化，提升微气候环境，对商业区整体环境的提升有着决定性的作用。尽管从商业经济的角度来讲，商业区的规划设计往往倾向于营造能够促进商业活动的空间，并且最大限度地利用具有较高经济价值的土地进行商业开发，但商业步行街作为城市公共空间的重要组成，却不应仅发展其商业功能。良好的步行微气候环境能够提升整个商业区的空间品质，长远来看，可以实现经济效益和社会效益的双赢。通过前文所详述的一系列调研与分析，从空间因素的角度对城市商业步行街的微气候环境营造提出以下五个建议。

（1）优先考虑以南北向作为步行街主要走向

影响步行街微气候的空间因素主要是街道的走向。从数据来看，在以哈尔滨的盛行风向西南风为风向的天气下，接近东西走向的街道（包括北偏东 67.5°到正东向）风速更高。但城市风向并不是一成不变的，此外，街道空间还受到建筑遮挡的影响，其风速变化非常复杂，从实测数据也可以看到，在临近测点之间的风速也有着较为显著的差异。因此，不能单从不同测点之间的风速差进行判断，还应从同一测点的风速变化情况来进行分析。在一天之中，南北街道测点的风速变化幅度较大，而东西街道测点的风速较为平稳，说明在此期间东西走向街道出现高速阵风的情况较少，东西向街道两侧的建筑对吹向场地的阵风的遮挡作用更显著。此类高速阵风往往出现在南北走向街道的端部和路口。从太阳辐射获得量来看，东北走向的街道可以获得较多的太阳辐射，东南走向街道获得的太阳辐射量较少。但在最需要获得太阳辐射的冬季，街道走向对太阳辐射获得量的总体影响，并没有其他季节表现得那么显著。因此，步行街的走向应优先考虑风速要求，以南北向为较优走向。

（2）根据该地区风环境特征进行街道界面尺度设计与控制

街道宽度是影响微气候环境最为重要的因素之一。在现实中，场地微气候往往是复杂而多变的。尽管本研究发现当街道尺度较大时对使用者的风感具有非常消极的影响，并且有研究也指出小尺度的街道更有利于商业活动，但大尺度的街道空间能够承载更大的活动和交通流量，这是无法回避的现实需求。从微气候的角度来说，建议严寒地区城市商业步行街的宽度不宜过宽，当局部街段需要设置较大尺度的空间时，往往其立面高度也会相应提高，此时应根据主导风向，调整街道连续度和控制对向建筑的高度差，这可以一定程度上降低强风对微气候环境的负面影响。

（3）将商服底层的半室外空间或玻璃幕墙沿步行街主路布置

底层透明界面有利于室内外空间有所互动，刺激商业行为的发生，也能在一定程度上遮蔽风雨。但在调研中发现，由于我国严寒地区对建筑节能的要求，同时商业建筑对采光需求较低，一些传统商业建筑以及部分高密度零售区，底层界面依然以实体墙面和普通门窗为主。基于这些情况，建议底层沿步行街主路一侧布置主要的玻璃棚和幕墙，既有利于营造微气候环境，并且促进商业活动，也不违背建筑节能的要求。

（4）合理控制底层退让空间的位置与尺度

在商业区中，常常通过底层退让的方式营造个性空间，例如在一层布置连续柱廊，或是在二层以上布置挑台空间，使一层形成隐性退让的过渡空间。此类空间需在保证步行街的导向的前提下，控制合理的退让距离，并尽量避免遮挡，以保证充足的光照时间，否则反而使该街段的整体舒适度下降，对微气候环境营造产生负面影响。

（5）适当降低沿街建筑入口间距

除了对微气候参数进行直接调节，还可以对活动进行引导，使活动者们可以感知到微气候舒适程度的提高。在这个方面，建筑入口空间的布置，显然是对微气候感知影响最大的。由室内刚刚过渡到室外的人，往往对室外微气候环境最为敏感，这在温度和风速方面体现尤为明显。反之亦然，在室外活动的人群从入口空间较为集中的街段经过，易于与室内空间发生互动，在室外微气候较为不利的情况下，可以通过偶尔进入室内来一定程度地提升舒适感。因此，在微气候环境不利的条件下，适当降低沿街建筑入口间距，是提升微气候舒适度的有效手段。

7.3.2　组团型商业区优化策略

在对组团型商业区代表案例建设街商业街区的实测中，发现主要活动空间的微气候变化较为稳定，这是由于哈尔滨的城市规划布局已经考虑到了严寒气候和主导风向的影响。这样的规划布局给城市整体微气候环境带来了好处，但却难以避免在局部空间产生风速不利的节点。因此在规划设计中，应对这些不利节点进行重点考虑。

多层建筑底部空间的风环境较为有利，在建设或改造项目中，可适当布置低层建筑来提供风舒适的空间，同时，在低风速的区域设置建筑的出入口，以有利于缓解冷风渗透或是空调制冷损耗。由于容积率和经济技术指标的总体限制，建筑层数较低的地块往往建筑间距较小，如果朝向不利于通风，在炎热季节，活动者将感到十分闷热，因此可适当增大乔木间距，尽量避免将夏季活动空间布置于窄街峡。

商业街区的街道端部位置常常位于高层建筑下部，人们对风速的感知十分敏感，而此类空间常被用作展销和休闲区，是活动者停留较多的区域，因此应采取适当的防风和遮阳措施，如屏幕、植被、较大尺寸的景观、遮阳棚或其他风向偏转装置。这些元素有助于减轻风的影响，同时也可提供阴影。在较窄的街道，可利用建筑的局部退让，形成小型活动场地。如果街道较宽，也可以将其分隔为更小的半围合节点。

主街和通道的风环境主要受朝向的影响，应注意回避迎风布置，同时，商业建筑体量较大意味着街道单元垂直界面的“粗糙度”较小，不利于引导垂直方向的气流，因此多层建筑底部的街道空间也应避免夏季少风的东北朝向。

半围合院落广场受到建筑遮挡，风速较为稳定而舒适，半围合院落的开口向南能够争取充足的日照，在较冷季节里，此类空间非常适宜公共活动。因此，可充分利用此类半封闭的空间，也可通过屏幕、墙壁、假山、植被等提供与半围合院落相似的防风节点，但在夏季应注意该处的遮阳和通风。

交叉口空间开阔，在设计中往往处理成内部活动的小广场，同时该处人流量较大，对交通疏导的要求较高，难以采取尺度较大的防风措施，因此应避免将大尺度的停留区域设置于该场地附近。

第 8 章　城市综合体空间影响机制及优化策略

本章介绍城市综合体的空间影响机制及优化策略。通过对前文调研的数据统计，分析活动者对城市综合体的微气候总体舒适度。探讨综合体空间周边建筑及景观环境对微气候的影响机制，以及综合体内部的形态体量、节点空间、廊道空间对微气候的影响机制。结合主客观数据，针对微气候和热舒适进行了定量化的讨论，根据研究中所发现的问题提出优化策略。

8.1　哈尔滨城市综合体总体舒适度

（1）室外空间

从四个季节"不舒适"占比看（图 8-1），春季约为 15.5%，秋季约为 13.9%，这主要是因为过渡季节人们对环境舒适度要求较高。相较而言，冬季的不舒适情况较春秋季少，这与人们的期望值显著相关——人们长期生活在此，认为冬季环境与预期基本相同，同时人的主动调节能力和心理作用有助于对环境的适应，这些都有助于提高人体舒适度感知。夏季虽较为闷热，但早晚气候较为舒适，即"一般"和"舒适"的占比显著升高。

（2）半室外空间

半室外空间的四季的总体舒适度投票中，总体表现为"不舒适"和"一般"的投票

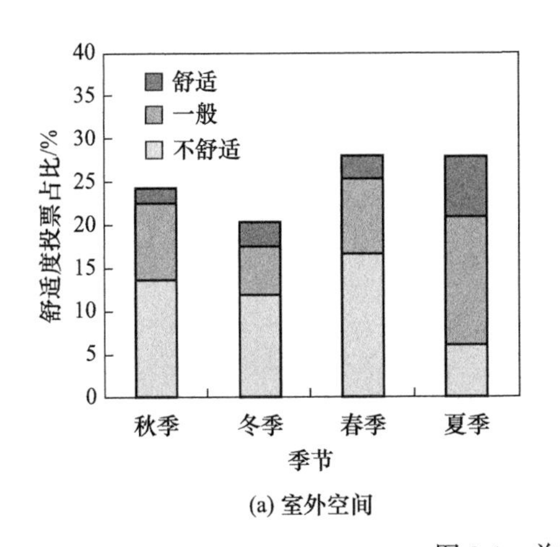

(a) 室外空间

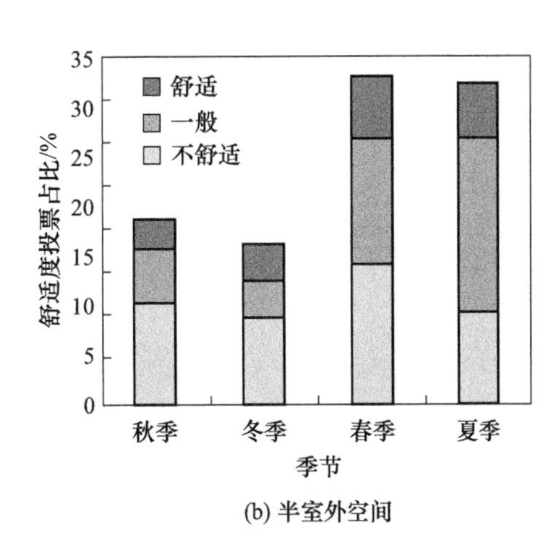

(b) 半室外空间

图 8-1　总体舒适度分布

较多，春季和夏季的“一般”和“舒适”的占比明显升高，其中春季约占 18.6%，夏季约占 23.5%。相比于室外空间，半室外空间舒适程度有小部分提升，整体来看，人们对半室外空间的接受程度较高，其中春季较为显著。

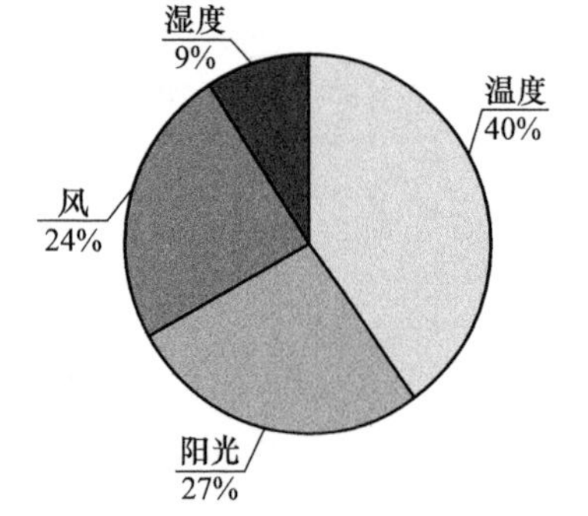

图 8-2 微气候环境影响因素分布

进一步询问受访者对微气候环境感知过程中的最大影响因素，结果如图 8-2 所示。有 40% 的受访者认为温度环境较为重要，27% 的受访者认为阳光对于评价环境舒适度不可或缺，考虑到春季风速过大、夏季希望凉风吹过等因素，24% 的受访者认为风环境同样重要，而湿度环境对于感知环境舒适度影响较小，仅有 9% 的受访者认为其较为重要。

8.2 内部空间形态对微气候的影响机制

8.2.1 形态体量

形态体量对微气候环境的影响主要体现在半室外商业街（参见图 3-17）区域内的一栋 27 层商务公寓上。该区域内除西南侧空间建有上述商务公寓外，其余空间大体上呈对称分布，这为研究形态体量对微气候环境的影响提供了基础。该区域西侧建筑环境为一条东西向通风廊道，通风廊道北侧建有两栋 27 层的商务公寓；该区域东侧建筑环境为群力远大 7 层的购物中心，如图 8-3 所示。

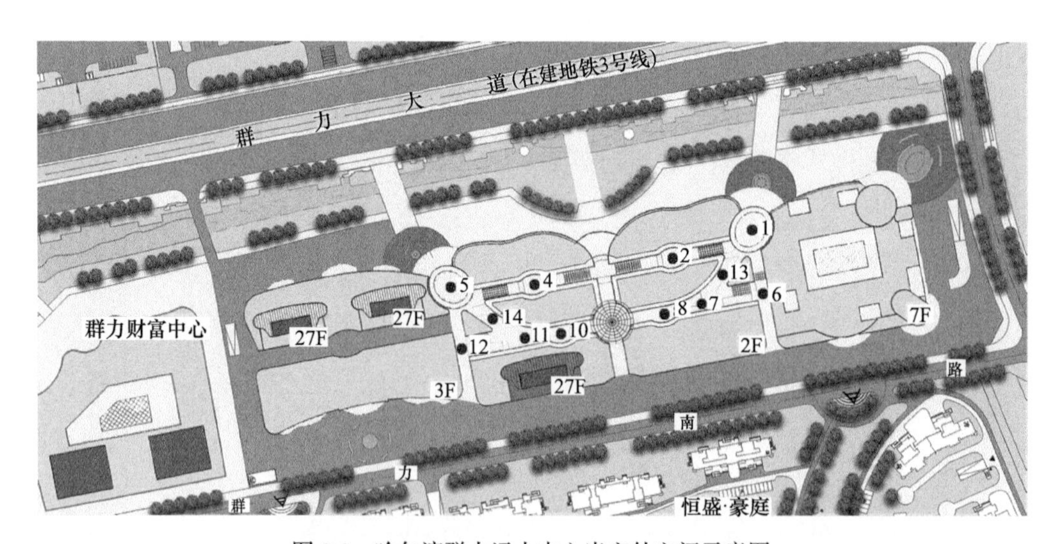

图 8-3 哈尔滨群力远大中心半室外空间示意图

从太阳辐射环境方面考量高层建筑对半室外空间的影响，选取测点 4-2、测点 14-13、测点 11-7、测点 10-8 四对测点的数据两两对比；从温度环境、风环境和湿度环境考量，选取测点 4-2、测点 5-1、测点 12-6、测点 14-13、测点 11-7、测点 10-8 六对测点的数据进行对比。首先对东西两组数据进行正态性检验，判断是否服从正态分布，若均服从正态分布，则选择配对样本 t 检验的方法验证显著性水平，若有一组不服从，则选择非参数秩和检验的方法；若显著相关，进一步对两组数据定量分析，同时针对有建筑遮挡空间进行组内对比，得出定性结论。

8.2.1.1　秋季

秋季形态体量对各微气候要素的影响如表 8-1 所示，太阳辐射方面除测点 7、测点 11 外，其余大部分测点表现为有建筑遮挡时太阳辐射强度降低 40% 左右，相比于其他季节更小。温度环境和湿度环境所受影响较大，温度越高时影响程度越大，湿度环境亦随之改变。风环境与不同时段的风速有关，下午时段风速差甚至可相差 70% 左右。

表 8-1　秋季形态体量对微气候环境的影响

环境类型	组间对比	组内对比
太阳辐射环境	有建筑遮挡平均 25W/m^2 无建筑遮挡平均 42W/m^2 有建筑遮挡的大部分测点太阳辐射强度降低约 40%	测点 4＜10＜11＜14＜5，主要表现为离高层建筑越近太阳辐射强度越小
温度环境	有建筑遮挡平均 7.2℃ 无建筑遮挡平均 8.3℃ 上午无建筑遮挡测点温度高于有建筑遮挡测点约 10%，下午高约 15%	测点 5＜4＜11＜14＜10，主要表现为离高层建筑越近温度越高
风环境	有建筑遮挡平均 0.47m/s 无建筑遮挡平均 0.25m/s 上午有建筑遮挡测点风速高于无遮挡测点约 30%，下午高约 70%	测点 4＜11＜5＜10＜14＜12，主要表现为离高层建筑越近风速越大
湿度环境	有建筑遮挡平均 29.7% 无建筑遮挡平均 27.1% 有建筑遮挡高于无遮挡 5%～10%	测点 12＜10＜14＜5＜11＜4，主要表现为离高层建筑越近湿度越低

8.2.1.2　冬季

冬季形态体量对微气候环境的影响如表 8-2 所示，由于自身太阳辐射强度较低，对温度环境和湿度环境方面的影响较小，且温度越低的测点影响程度越小，其中外围测点约相差 4%，内部测点约相差 6%，见图 8-4。风环境方面，由于冬季风速普遍较小，有无建筑遮挡间的风环境无显著影响，但仍表现为有建筑遮挡的风速略高于无遮挡部分。

表 8-2　冬季形态体量对微气候环境的影响

环境类型	组间对比	组内对比
太阳辐射环境	有建筑遮挡平均 5W/m² 无建筑遮挡平均 10W/m² 有无建筑遮挡间太阳辐射强度相差约 50%	测点 4<10<5<14<11，冬季采光顶积雪未及时清理时规律性不强
温度环境	有建筑遮挡平均 −15.9℃ 无建筑遮挡平均 −15.1℃ 外围测点温差约为 4% 内部测点温差约为 6%	测点 4<14<11<10，主要表现为离高层建筑越近温度越高
风环境	有无建筑遮挡对风环境的影响无显著相关	无
湿度环境	有建筑遮挡平均 51.2% 无建筑遮挡平均 50.3% 有建筑遮挡的湿度约高于无遮挡 2%	测点 10<11<4<14<12<5，主要表现为离高层建筑越近湿度越低

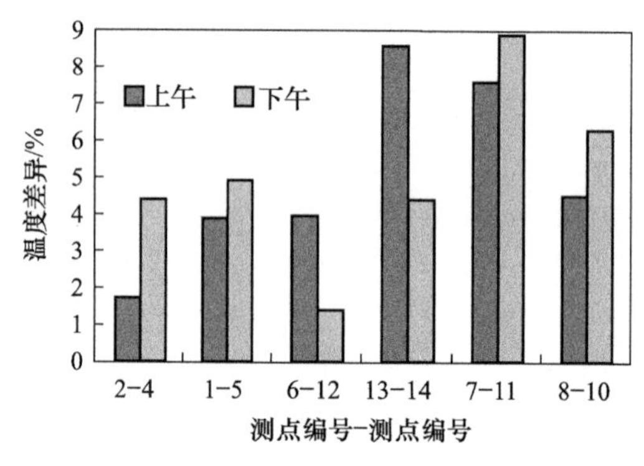

图 8-4　冬季半室外空间温度差对比

8.2.1.3　春季

春季形态体量对微气候环境的影响如表 8-3 所示。形态体量对太阳辐射方面的影响进一步扩大至 60% 左右，过渡季节温度变化快，有无建筑遮挡间的温度环境差异较大，平均温度可相差 1.1℃左右。风环境的对比如图 8-5 所示。春季风速大，瞬时变化较快，导致测点 4 与测点 2、测点 14 与测点 13 的风速差不明显，其余大部分西侧空间风速高于东侧 60% 左右。

表 8-3　春季形态体量对微气候环境的影响

环境类型	组间对比	组内对比
太阳辐射环境	有建筑遮挡平均 19W/m² 无建筑遮挡平均 46W/m² 有建筑遮挡的太阳辐射强度降低约 60%	测点 14<5<10<4<11，太阳辐射强度规律不明显

环境类型	组间对比	组内对比
温度环境	有建筑遮挡平均 8.8℃ 无建筑遮挡平均 9.9℃ 无建筑遮挡的温度约高于有遮挡 12% 左右	测点 5<14<11<10，主要表现为离高层建筑越近温度越高
风环境	有建筑遮挡平均 0.29m/s 无建筑遮挡平均 0.24m/s 大部分测点表现为有建筑遮挡测点风速略高于无建筑遮挡	测点 4<14<10<11<12<5，主要表现为离高层建筑越近风速越大
湿度环境	有建筑遮挡平均 18.1% 无建筑遮挡平均 17.2% 有建筑遮挡的湿度约高于无建筑遮挡 5%	测点 4<10<11<14<12<5，主要表现为离高层建筑越近湿度越低

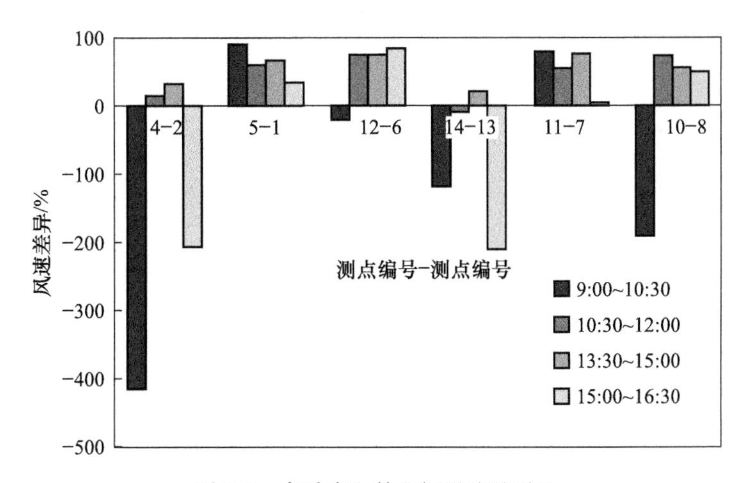

图 8-5　春季半室外空间风速差对比

8.2.1.4　夏季

夏季形态体量对微气候环境的影响如表 8-4 所示。形态体量对太阳辐射强度的影响显著增大，有建筑遮挡的太阳辐射强度降低 80% 左右。温度环境仍表现为外围温度差异低于内部温度差异，见图 8-6。湿度环境与温度环境的影响程度相对应。风环境的比较中，不存在显著相关，大体表现为有建筑遮挡的风速高于无建筑遮挡。

表 8-4　夏季形态体量对微气候环境的影响

环境类型	组间对比	组内对比
太阳辐射环境	有建筑遮挡平均 76W/m^2 无建筑遮挡平均 362W/m^2 有建筑遮挡的太阳辐射强度约降低约 80%	测点 14<12<11<5<10<4，大体表现为离高层建筑越近太阳辐射强度越低

续表

环境类型	组间对比	组内对比
温度环境	有建筑遮挡平均 29.6℃ 无建筑遮挡平均 30.2℃ 外围测点温差约为 1% 内部测点温差约为 4%	测点 5<14<12<11<4<10，数量关系大体表现为离高层建筑越近温度越高
风环境	有无建筑遮挡对风环境的影响无显著相关	无
湿度环境	有建筑遮挡平均 41.0% 无建筑遮挡平均 39.1% 外围测点湿度差约为 2% 内部测点湿度差约为 5%	测点 10<4<11<14<12<5，数量关系大体表现为离高层建筑越近湿度越低

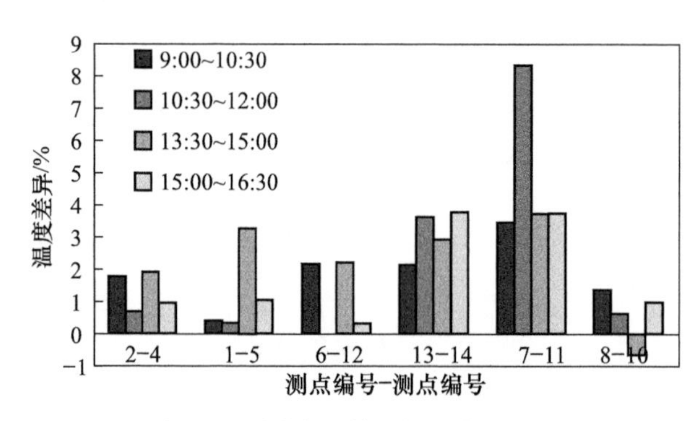

图 8-6　夏季半室外空间温度差对比

综上所述，形态体量对微气候环境的影响主要体现在半室外空间区域内的一栋 27 层商务公寓上。由于存在建筑遮挡，西侧空间的微气候环境相对较差，其中，过渡季节的温度环境、风环境和湿度环境受影响较大，冬季和夏季受影响较小，而太阳辐射环境在春夏两季受影响程度增大。详见表 8-5。

表 8-5　形态体量对微气候环境的影响

环境类型	秋季	冬季	春季	夏季
太阳辐射环境	40%	50%	60%	60%
温度环境	10%～15%	5%	12%	1%～4%
风环境	30%～70%	无显著相关	60%	无显著相关
湿度环境	5%～10%	2%	5%	2%～5%

8.2.2　节点空间

如图 8-7 所示，采光顶内部空间可分为三类，其中圆形节点为测点 1、5、9，半圆形节点为测点 2、3、4、8、10，其余测点均为条状空间。为了进一步对比三者间的差异，除去过渡测点 6、12、20 及廊道测点 18，条状空间测点确定为 7、11、13、14、15、17，实景照片如图 8-8 所示。

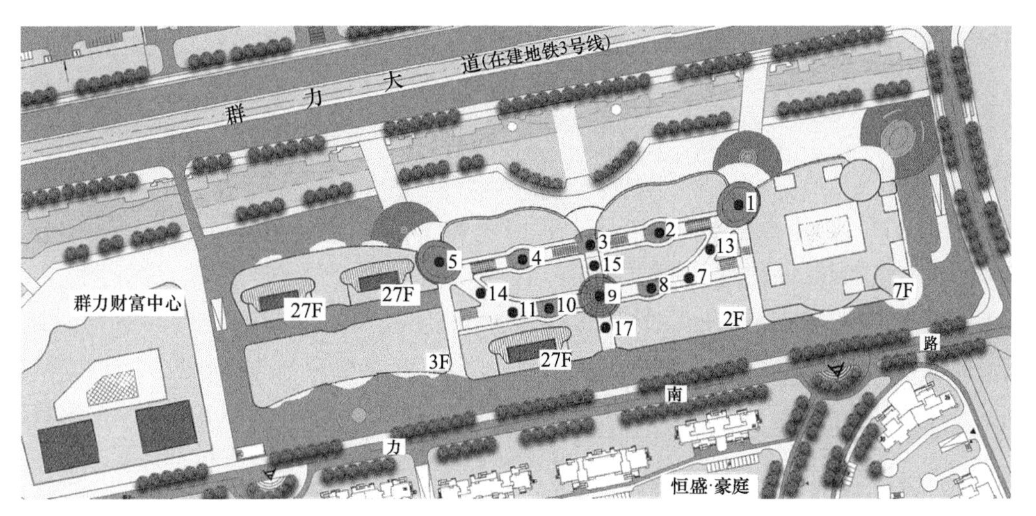

图 8-7　哈尔滨群力远大中心节点空间示意图

(a) 圆形节点

(b) 半圆形节点

(c) 条状空间

图 8-8　半室外空间节点空间实景照片

对于各类节点空间，首先通过 SPSS 中的单因素方差 ANOVA 检验，判断组间差异显著性水平，若 $p<0.05$，则说明三类节点空间中至少有两类空间的微气候环境存在显著差异，通过邦弗伦尼进行事后检验进行多重比较，筛选出具有显著差异的组别进行定量分析，并从定性分析的角度总结三类空间的差异性。

8.2.2.1　秋季

1. 太阳辐射

三类节点空间太阳辐射环境的组间差异显著性 $p=0.038$，$p<0.05$，其中圆形节点与半圆形节点间存在显著差异。

圆形节点中，核心节点 9 的太阳辐射强度可达 192W/m^2，而节点 1 和节点 5 的太阳辐射较为平均，平均太阳辐射强度为 40W/m^2 左右；半圆形节点中，各测点间太阳辐射相差不大，相比于圆形节点，其太阳辐射明显降低。条状空间分布较广，其主要作用为衔接各个节点空间，因此差异较大。整体来看，半圆形节点和条状空间的趋势大体相同，圆形节点由于测点 9 的太阳辐射强度明显偏高，平均太阳辐射强度为 61W/m^2，半圆形节点为 29W/m^2，条状空间为 49W/m^2。三类空间太阳辐射环境的平均值图如图 8-9 所示，表现为半圆形节点＜条状空间＜圆形节点。

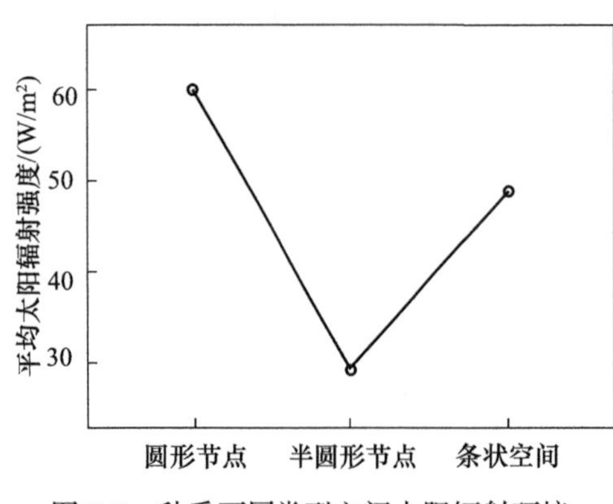

图 8-9　秋季不同类型空间太阳辐射环境

统计圆形节点、半圆形节点与采光顶内部各测点的平均太阳辐射如表 8-6 所示，可以看出，圆形节点与该时段的平均太阳辐射基本持平，半圆形节点约低于平均太阳辐射的 50%。

表 8-6　圆形节点、半圆形节点与采光顶内部平均太阳辐射　（单位：W/m^2）

空间类型	9:00～10:30	10:30～12:00	13:30～15:00	15:00～16:30
圆形节点	43	97	56	45
半圆形节点	20	36	36	26
采光顶内部	42	97	49	35

2. 温度环境、风环境、湿度环境

温度环境组间差异显著性为 0.804，风环境组间差异显著性为 0.912，湿度环境组间差异显著性为 0.363，$p>0.05$，说明三者不存在显著的组间差异。

8.2.2.2　冬季

1. 太阳辐射

三类节点空间太阳辐射环境的组间差异显著性 p=0.034，p<0.05，其中半圆形节点与条状空间存在显著差异。

圆形节点中，核心节点 9 的太阳辐射强度约为 39W/m^2，明显低于其他季节；半圆形节点中，太阳辐射强度整体偏小且为 0 的情况较多；条状空间中，各测点较为稳定。整体来看，条状空间与半圆形节点间的趋势大体相同，各圆形节点的太阳辐射差值较大。圆形节点的平均值为 11W/m^2，半圆形节点为 6W/m^2，条状空间将近 12W/m^2。太阳辐射环境如图 8-10 所示，太阳辐射强度表现为半圆形节点<圆形节点<条状空间。

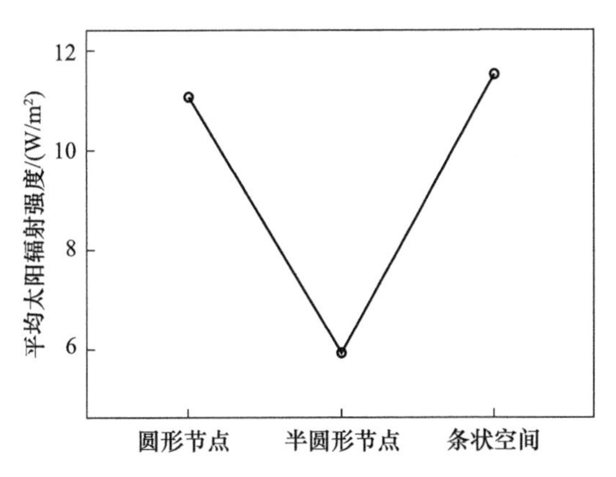

图 8-10　冬季不同类型空间太阳辐射环境

统计半圆形节点、条状空间与采光顶内部各测点的平均太阳辐射如表 8-7 所示，可以看出，条状空间与该时段的平均太阳辐射基本持平，半圆形节点约低于平均太阳辐射 50%，条状空间的平均太阳辐射约高于半圆形节点 50%。

表 8-7　半圆形节点、条状空间与采光顶内部平均太阳辐射　（单位：W/m^2）

空间类型	9:00～10:30	10:30～12:00	13:30～15:00	15:00～16:30
半圆形节点	4	7	7	5
条状空间	9	15	15	8
采光顶内部	11	18	13	6

2. 温度环境、风环境、湿度环境

温度环境组间差异显著性为 0.571，风环境组间差异显著性为 0.957，湿度环境组间差异显著性为 0.417，p>0.05，说明三者间不存在显著差异。

8.2.2.3　春季

1. 风环境

春季风环境中各节点空间的组间差异显著性 p=0.046，p＜0.05，其中圆形节点与半圆形节点间存在显著差异。

圆形节点中，测点 5 由于位于出入口附近，其平均风速可达到 0.72m/s，核心节点即测点 9 处平均风速约为 0.20m/s；半圆形节点中，测点 2 处的平均风速较大，约为 0.30m/s；条状空间中，测点 13 的平均风速较大，约为 0.40m/s，测点 7 处的平均风速最小，约为 0.13m/s。整体来看，圆形节点各时段的风速相差较大，且风速高，平均风速为 0.40m/s，半圆形节点、条状空间的风环境相差不大，且大体趋势相同，其中条状空间的平均风速为 0.29m/s，半圆形节点的平均风速为 0.23m/s。三类空间风环境的平均值如图 8-11 所示，各类空间的风速关系表现为半圆形节点＜条状空间＜圆形节点。

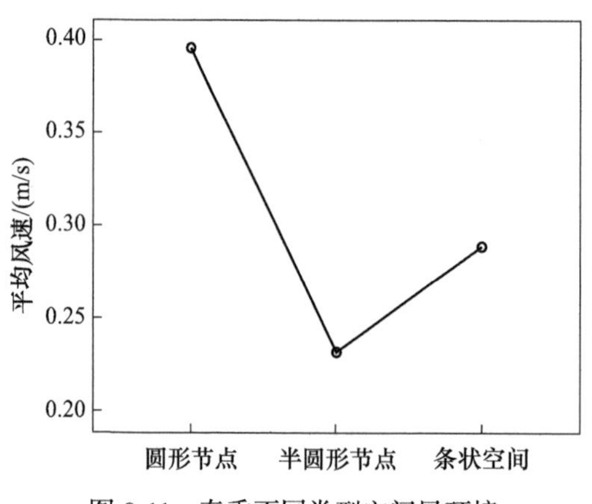

图 8-11　春季不同类型空间风环境

统计圆形节点、半圆形节点与采光顶内部各测点的平均风速，如表 8-8 所示，可以看出，圆形节点高于平均风速 35% 左右，半圆形节点低于平均风速 20% 左右，圆形节点高于半圆形节点 40% 左右。

表 8-8　圆形节点、半圆形节点与采光顶内部平均风速　（单位：m/s）

空间类型	9:00～10:30	10:30～12:00	13:30～15:00	15:00～16:30
圆形节点	0.27	0.47	0.53	0.31
半圆形节点	0.20	0.31	0.15	0.27
采光顶内部	0.24	0.35	0.26	0.31

2. 太阳辐射环境、温度环境、湿度环境

太阳辐射组间差异显著性为 0.507，温度环境组间差异显著性为 0.954，湿度环境

组间差异显著性为 0.860，$p>0.05$，说明三者的组间不存在显著差异。

8.2.2.4　夏季

1. 温度环境

夏季温度环境的组间差异显著性 $p=0.044$，$p<0.05$，结合邦弗伦尼进行事后检验多重比较，发现圆形节点与半圆形节点间 $p=0.044$，$p<0.05$，可从定量关系上分析两者间的差异。

圆形节点中，核心节点 9 的温度高于其他测点，测点 5 位于出入口附近且多处于建筑阴影下，导致其平均温度仅为 29.0℃；半圆形节点中，对称测点 8 和测点 10 的平均温度较高，其中测点 8 的平均温度可达 31.2℃，温度较低的测点 4 的平均温度约为 30.0℃；条状空间的温差较大，廊道部分测点 17 的平均温度约为 30.6℃，但温度较低的测点 14 的平均温度仅为 29.1℃。整体来看，圆形节点的平均温度约为 29.4℃，半圆形节点平均温度可达到 30.6℃，条状空间的平均温度约为 30.0℃，三类空间温度环境的平均值图如图 8-12 所示，各类空间的温度关系主要表现为圆形节点＜条状空间＜半圆形节点。

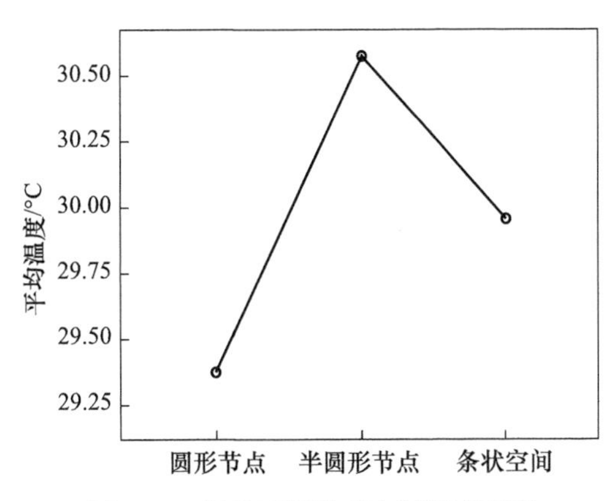

图 8-12　夏季不同类型空间温度环境

统计圆形节点、半圆形节点与采光顶内部各测点的平均温度，如表 8-9 所示，可以看出，圆形节点低于平均温度 2.5% 左右，半圆形节点高于平均温度 1.5% 左右，半圆形节点高于圆形节点 4.0% 左右。

表 8-9　圆形节点、半圆形节点与采光顶内部平均温度　　（单位：℃）

空间类型	9:00～10:30	10:30～12:00	13:30～15:00	15:00～16:30
圆形节点	27.5	29.4	30.3	30.3
半圆形节点	28.7	30.4	31.7	31.4
采光顶内部	28.3	30.0	31.0	31.0

2. 湿度环境

湿度环境组间差异显著性 p=0.047，p<0.05。结合邦弗伦尼进行事后检验多重比较，发现圆形节点与半圆形节点间 p=0.043，p<0.05，可从定量关系上分析两者间的差异。

圆形节点中，测点 5 处的湿度最大，平均相对湿度可达到 44.9%；半圆形节点中各测点的湿度明显降低，湿度最大的测点 3 处平均相对湿度也仅为 41.8%；条状空间中各测点间湿度差值较大，测点 14 的平均相对湿度可达到 43.8%，测点 7 的平均相对湿度约为 40.4%。整体来看，圆形节点处的湿度明显高于其他类型节点，平均相对湿度约为 44.2%，半圆形节点处的湿度环境较为平均，平均相对湿度约为 41.1%，条状空间由于其过渡性，湿度环境波动相对较大，平均相对湿度约为 42.1%。三类空间湿度环境如图 8-13 所示，各类空间的湿度关系主要表现为半圆形节点<条状空间<圆形节点。

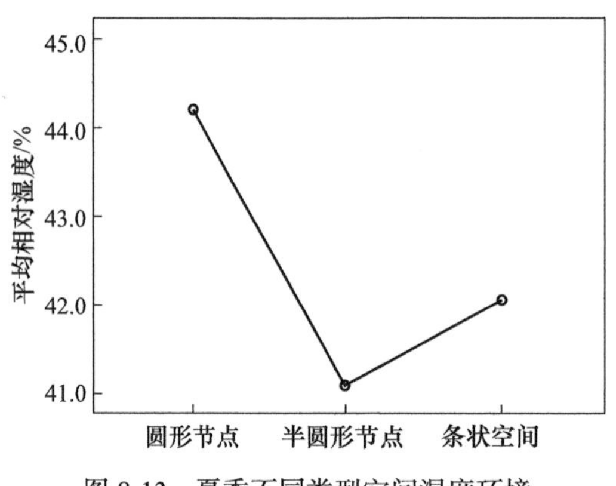

图 8-13　夏季不同类型空间湿度环境

统计圆形节点、半圆形节点与采光顶内部各测点的平均相对湿度如表 8-10 所示，可以看出，圆形节点高于平均相对湿度 5% 左右，半圆形节点低于平均相对湿度 2.5% 左右，圆形节点高于半圆形节点 7.5% 左右。

表 8-10　圆形节点、半圆形节点与采光顶内部平均相对湿度　　（单位：%）

空间类型	9:00～10:30	10:30～12:00	13:30～15:00	15:00～16:30
圆形节点	50.0	43.9	41.4	41.5
半圆形节点	46.5	40.9	37.9	39.0
采光顶内部	47.2	41.6	39.6	40.4

3. 太阳辐射环境、风环境

太阳辐射组间差异显著性为 0.582，风环境组间差异显著性为 0.275，p>0.05，说明二者的组间不存在显著差异。

综上所述，通过对各季节微气候要素的统计分析可知，三类节点中，圆形节点和半圆形节点间相差较大，条状空间多表现为过渡型特征。秋季和冬季各节点空间的差异性主要表现在太阳辐射环境上，其中半圆形节点的太阳辐射环境较差；春季各节点空间的差异性主要体现在风环境上，夏季则体现在温度环境和湿度环境上。详见表 8-11。

表 8-11　节点空间的微气候环境

环境类型	秋季	冬季	春季	夏季
太阳辐射环境	圆形高于半圆形 40%	条状高于半圆形 50%	—	—
温度环境	—	—	—	半圆形高于圆形 4.0%
风环境	—	—	圆形高于半圆形 40%	—
湿度环境	—	—	—	圆形高于半圆形 7.5%

8.2.3　廊道空间

如图 8-14 所示，廊道空间的对比以两条东西向半室外廊道空间（廊道 1 和廊道 2）、一条南北向半室外廊道空间（廊道 3），以及一条东西向室外廊道空间（廊道 4）为主，四条廊道空间的实景照片如图 8-15 所示。其中，南北向廊道受采光顶空间及一栋 27 层商务公寓的影响；两条东西向半室外廊道空间平行布局；东西向室外廊道空间以商业街的形式体现，北侧建有两栋 27 层商务办公建筑，西侧同样为商业综合体，包括两栋 27 层点式高层。

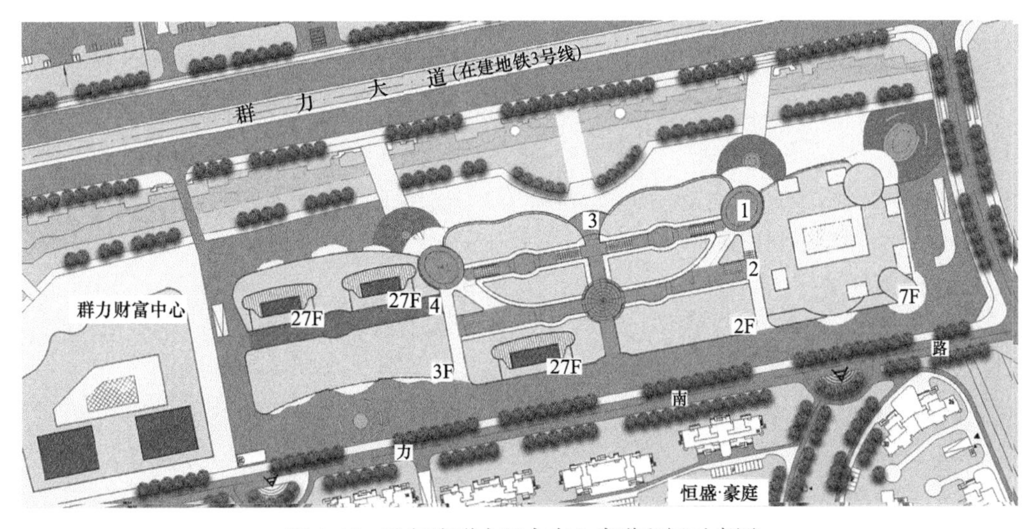

图 8-14　哈尔滨群力远大中心廊道空间示意图

(a) 廊道1

(b) 廊道2

(c) 廊道3

(d) 廊道4

图 8-15　廊道空间实景照片

8.2.3.1　秋季

秋季各廊道空间的微气候要素特征如表 8-12 所示。

表 8-12　秋季各廊道空间微气候环境平均值

序号	太阳辐射强度 /（W/m^2）	平均温度 /℃	平均风速 /（m/s）	平均相对湿度 /%
廊道 1	35	7.4	0.29	28.3
廊道 2	55	7.8	0.50	28.5
廊道 3	121	7.7	0.53	27.9
廊道 4	141	7.1	2.70	29.4

可得出以下结论：

（1）太阳辐射环境

平均来看，室外廊道空间 4 的太阳辐射强度较大，即使长期处于建筑阴影下，其平均太阳辐射也高于其他半室外廊道空间，半室外廊道空间的太阳辐射强度表现为 1＜2＜3。将室外空间与半室外空间相应阳光下测点及阴影下测点的数据进行对比，可以得出秋季采光顶空间可削弱 60% 左右的太阳辐射。

（2）温度环境

半室外廊道空间 2 的平均温度较高，且从各测点组内对比中可以发现，越靠近东侧温度越高。室外廊道空间 4 的平均温度显著低于其他廊道空间，即秋季采光顶具有保温效果，可提高温度 10% 左右。

（3）风环境

室外廊道空间 4 的平均风速显著高于其他廊道，测点 23 的各时段平均风速甚至可达到 4.6m/s，风环境亟待改善。半室外空间的风环境整体优于室外空间，可降低风速 80% 左右。

（4）湿度环境

由于室外廊道空间 4 的温度较低且风速较大，其湿度环境明显优于其他廊道空间。南北向廊道的湿度环境低于东西向，东西向廊道空间的湿度环境大体相同。

8.2.3.2　冬季

冬季各廊道空间的微气候要素特征如表 8-13 所示。

表 8-13　冬季各廊道空间微气候环境平均值

序号	太阳辐射强度 /（W/m²）	平均温度 /℃	平均风速 /（m/s）	平均相对湿度 /%
廊道 1	6	−16.0	0.36	51.9
廊道 2	12	−15.2	0.43	49.4
廊道 3	17	−15.0	0.37	50.5
廊道 4	38	−15.4	1.54	50.7

可得出以下结论：

（1）太阳辐射环境

冬季各廊道空间太阳辐射强度大幅度降低，但室外廊道空间 4 仍高于其他廊道空间，且南北向廊道空间高于东西向。采光顶可削弱太阳辐射强度 50% 左右。

（2）温度环境

半室外廊道空间 1 的平均温度为 −16.0℃，低于其他廊道空间，说明北侧空间的温度环境较差。值得一提的是，室外廊道空间 4 的温度环境与半室外空间相差不大。

（3）风环境

冬季风速明显低于秋季，但仍表现为室外廊道空间 4 的平均风速较大，且冬季温度较低，寒风进一步加剧人的寒冷感。相比于室外廊道空间，半室外空间可降低 70% 左右的风速。

（4）湿度环境

冬季湿度普遍偏高，廊道空间的平均相对湿度可达到 50.6% 左右，半室外廊道空间 1 和 2 的湿度差较大，其余廊道空间的湿度差可忽略不计。

8.2.3.3　春季

春季各廊道空间的微气候要素特征如表 8-14 所示。

表 8-14　春季各廊道空间微气候环境平均值

序号	太阳辐射强度 /（W/m²）	平均温度 /℃	平均风速 /（m/s）	平均相对湿度 /%
廊道 1	31	9.1	0.34	17.8
廊道 2	56	9.1	0.32	17.6

续表

序号	太阳辐射强度 /（W/m²）	平均温度 /℃	平均风速 /（m/s）	平均相对湿度 /%
廊道 3	143	9.3	0.42	17.3
廊道 4	153	8.8	1.55	17.7

可得出以下结论：

（1）太阳辐射环境

室外廊道空间 4 中测点 22 由于玻璃幕墙的反射，太阳辐射强度可达到 4000W/m²，除特殊测点 22 外，其余测点的平均值约为 153W/m²，春季采光顶可削弱 60% 左右的太阳辐射强度。

（2）温度环境

半室外空间中两条东西向廊道空间的温度环境大体相同，且各组内测点表现为越靠近东侧温度环境越好，整体来看高于室外空间廊道的平均温度，说明春季采光顶仍具有保温效果，可提升 5% 左右的温度。

（3）风环境

风环境仍表现为室外廊道空间较差，其中测点 23 的平均风速可达到 2.7m/s。相比于室外廊道空间，半室外空间可有效降低 80% 左右的风速，廊道空间 2 的平均风速仅为 0.3m/s 左右。

（4）湿度环境

各廊道空间的湿度明显低于其他季节，气候环境较为干燥，且湿度差较小，廊道空间 1 与 3 之间的平均相对湿度相差 0.5% 左右，基本可忽略不计。

8.2.3.4 夏季

夏季各廊道空间的微气候要素特征如表 8-15 所示。

表 8-15 夏季各廊道空间微气候环境平均值

序号	太阳辐射强度 /（W/m²）	平均温度 /℃	平均风速 /（m/s）	平均相对湿度 / %
廊道 1	289	29.8	0.34	42.9
廊道 2	308	30.2	0.25	41.8
廊道 3	298	30.4	0.36	41.0
廊道 4	643	29.9	0.60	40.8

可得出以下结论：

（1）太阳辐射环境

夏季太阳辐射强度明显高于其他季节，且由于太阳高度角的原因，室外廊道空间 4 内各测点不再长期处于建筑阴影下。与春季的情况类似，受玻璃幕墙反射的影响，测点 22 的太阳辐射强度可达 2423W/m^2。其他半室外廊道空间的太阳辐射环境相差不大，夏季采光顶可削弱 50% 左右的太阳辐射强度。

（2）温度环境

与冬季相同，半室外廊道空间 1 由于靠近出入口，温度较低。南北向半室外廊道空间的平均温度高于其他三条东西向廊道空间，且室外廊道的温度环境与其他半室外廊道空间温度环境差异不大。

（3）风环境

夏季室外廊道空间的风速明显低于其他三季，平均风速仅为 0.6m/s。半室外空间内，南北向廊道空间 3 略高于东西向廊道空间。相比于室外廊道空间，半室外空间可降低 50% 左右的风速。

（4）湿度环境

夏季各廊道空间湿度环境相差较大，半室外廊道空间的平均湿度明显高于室外廊道空间，其中通风较好的南北向半室外空间的湿度与室外空间相差不大，采光顶增加 5% 左右的湿度，给人们造成闷热感。

综上所述，通过对各廊道空间的综合比较可知，室外廊道空间长期处于建筑阴影下，太阳辐射强度小、温度低，高层建筑的布局模式也使其风环境较差；半室外空间中，南北向廊道空间的微气候环境相对较好，东西向廊道空间表现为内侧略优于外侧。

8.3　微气候对热舒适性的影响机制

8.3.1　热舒适性与微气候要素的关系

在热舒适性研究方面，首先需判断舒适度与微气候要素间的关系，分室外空间和半室外空间两类分析。将两类空间微气候环境的影响因素与舒适度 OCV 进行多元有序逻辑回归，通过模型拟合信息得出显著性水平 p，若 $p<0.05$，即说明至少有一个影响因素与舒适度显著相关。同时，需进行平行线检验，若显著性水平 $p>0.05$，则证明不舒适、一般、舒适三者间等差，说明参数估算表的数值准确可靠。

经统计，各季节舒适度影响因素如表 8-16 所示。各季节各空间的影响因素多为太阳辐射强度和温度。除此之外，室外空间中，春季风速是舒适度的独立影响因素；半室外空间中，风环境较为舒适，人们对湿度环境的感知加强，秋季湿度环境也会影响人们对舒适度的判断。

表 8-16　舒适度影响因素及显著性水平

季节	室外空间	半室外空间
秋季	太阳辐射强度 p=0.000 温度 p=0.022	太阳辐射强度 p=0.000 温度 p=0.002 湿度 p=0.016

续表

季节	室外空间	半室外空间
冬季	太阳辐射强度 p=0.000 温度 p=0.044	太阳辐射强度 p=0.008 温度 p=0.037
春季	太阳辐射强度 p=0.009 温度 p=0.040 风速 p=0.000	太阳辐射强度 p=0.000 温度 p=0.008
夏季	太阳辐射强度 p=0.018 温度 p=0.018	太阳辐射强度 p=0.017 温度 p=0.011

1. 秋季

室外空间的太阳辐射强度和温度是舒适度的独立影响因素。太阳辐射的回归系数为 0.010，温度的回归系数为 1.442，说明太阳辐射强度和温度越高，舒适度越高，呈正相关。严寒地区秋季温度较低，人们更倾向于获得太阳辐射，同时秋季风环境和湿度环境较好，即风环境和湿度环境对舒适度的影响不大。

半室外空间的太阳辐射、温度、湿度是舒适度的独立影响因素，且太阳辐射的回归系数为 0.051，温度的回归系数为 2.506，湿度的回归系数为 0.539，均与舒适度呈正相关。由于半室外空间的风速明显低于室外空间，大体处于人的舒适范围内，因此风速不是舒适度的影响因素。

2. 冬季

室外空间的太阳辐射强度和温度是舒适度的独立影响因素，且太阳辐射的回归系数为 0.023，温度的回归系数为 1.326，与舒适度呈正相关。严寒地区冬季温度普遍偏低，但仍有少部分人感觉舒适，这可能与人们的期望值和适应性有关。

半室外空间的太阳辐射和温度环境对舒适度具有显著影响，且太阳辐射的回归系数为 0.201，温度的回归系数为 1.542，与舒适度呈正相关，风速和湿度环境仍不是舒适程度的影响因素。

3. 春季

室外空间的太阳辐射强度、温度和风速是舒适度的独立影响因素。太阳辐射的回归系数为 0.009，温度的回归系数为 1.657，即太阳辐射强度和温度越高，舒适度越高；风速的回归系数为 −2.280，这说明风速越大，舒适度程度越低。严寒地区春季的风环境较为恶劣，风速在一定程度上影响着人们的舒适度，且春季温度较低，因此人们更倾向于高温度和高太阳辐射，虽湿度普遍偏低，但人们感知湿度环境不明显。

半室外空间的太阳辐射和温度是舒适度的独立影响因素，且太阳辐射的回归系数为 0.020，温度的回归系数为 0.582，与舒适度呈正相关。由于半室外空间的风速明显低于室外空间，大体处于人的舒适范围内，且人们对湿度环境感知不明显，风速和湿度环境不是舒适度程度的影响因素。

4. 夏季

室外空间的太阳辐射强度和温度是舒适度的独立影响因素，且太阳辐射的回归系数为 −0.001，温度的回归系数为 −0.868，与舒适度呈负相关，即夏季且人们更倾向于阴凉处。风环境和湿度环境对舒适度的影响较小。

半室外空间的太阳辐射强度和温度是舒适度的独立影响因素，且太阳辐射的回归系数为 −0.002，温度的回归系数为 −1.407，与舒适度呈负相关。由于夏季风速普遍偏低，湿度处于人体舒适范围内，因此风速和湿度不是舒适度的影响因素。

8.3.2　微气候要素感知区间

基于前文对舒适度与微气候要素间的回归分析，可以得出各季节室外空间与半室外空间中舒适度与微气候要素的相关性，将各微气候要素分季节分空间类型计算感知区间。

结合舒适度问卷调研，投票数不足 20 张的感知情况不计入研究范围，并通过计算机统计软件 SPSS 中单样本 t 检验的方法，计算在 95% 置信水平下不同感知标度所对应的区间范围。

1. 太阳辐射

太阳辐射环境为各季节室外空间和半室外空间舒适度的显著相关要素。各季节太阳辐射感知投票 RSV 对应置信区间如表 8-17 所示，可以看出半室外空间的太阳辐射强度明显低于室外空间，在统计投票过程中，半室外空间中多次出现感知不到太阳辐射的现象。

表 8-17　各季节 RSV 对应置信区间

季节	空间类型	非常弱	比较弱	适中	比较强	非常强
秋季	室外	—	113～157	196～312	624～718	—
	半室外	23～32	43～72	147～228	—	—
冬季	室外	29～37	55～75	230～321	—	—
	半室外	7～10	20～31	—	—	—
春季	室外	—	106～136	640～802	1063～1156	—
	半室外	15～19	32～48	121～261	—	—
夏季	室外	—	—	357～549	1059～1161	1274～1565
	半室外	—	33～47	206～292	472～582	—

注：置信水平 95%；太阳辐射强度单位为 W/m^2；“—”表示投票数未达到 5%。

2. 温度

温度环境同样为各季节室外空间和半室外空间舒适度的显著相关要素，置信区间如表 8-18 所示，其中仅夏季温度感知投票 TSV 多集中在“适中”、“比较高”、“非常高”，其余季节多集中在“非常低”、“比较低”和“适中”。春秋两季属于过渡季节，人们对温度环境的期望值较高，即出现较多的“非常低”现象，而在统计冬季 TSV 时，大多数人认为冬季温度环境理应如此，零下十几摄氏度的气温在可接受范围内。

表 8-18　各季节 TSV 对应置信区间

季节	空间类型	非常低	比较低	适中	比较高	非常高
秋季	室外	4.1～4.9	5.3～6.0	7.0～7.8	—	—
	半室外	5.8～6.2	7.1～7.8	9.0～9.7	—	—
冬季	室外	−14.9～−14.2	−12.3～−11.4	—	—	—
	半室外	−17.2～−16.1	−14.0～−13.5	—	—	—
春季	室外	6.7～7.8	8.6～9.2	10.4～11.1	—	—
	半室外	7.2～7.9	8.9～9.3	10.0～10.4	—	—
夏季	室外	—	—	29.0～29.7	30.8～31.3	32.4～33.0
	半室外	—	—	28.3～29.0	30.2～30.5	31.2～31.6

注：置信水平 95%；温度单位为℃；“—”表示投票数未达到 5%。

3. 风速

风环境对舒适度的影响仅考虑春季室外空间，人们对风速的感知多集中在“适中”、“比较高”、“非常高”三个阶段。

其中“适中”所对应的风速均值区间为 0.95～1.11m/s，“比较高”所对应的风速均值区间为 1.87～2.25m/s，“非常高”所对应的风速均值区间为 3.76～4.61m/s。

4. 湿度

湿度环境对舒适度的影响仅考虑秋季半室外空间，人们对湿度环境的感知多集中在“适中”和“比较潮湿”两个阶段。

其中“比较潮湿”所对应的湿度均值区间为 24.7%～27.6%，“适中”所对应的湿度均值区间为 31.7%～33.7%。

8.3.3　热舒适性的量化结果

通过 SPSS 多元有序逻辑回归的方式，以各微气候参数作为自变量，舒适度投票作为因变量，分类拟合，记录拟合优度和总体分类精度，拟合优度和总体分类精度越大说明拟合效果越好，根据参数估计表中具体系数拟合分类模型。考虑到空间特征和季节性的微气候环境差异，本书分空间分季节单独拟合。

以秋季室外空间为例，设舒适度为 1 的概率为 P_1，舒适度为 2 的概率为 P_2，舒适度为 3 的概率为 P_3，根据输出结果，写出以下方程：

$G_1=\ln(P_1/P_3)=43.936-0.014R_{solar}-3.298T_{air}-0.918S_{wind}-0.590R_{hum}$

$G_2=\ln(P_2/P_3)=32.510-0.002R_{solar}-2.377T_{air}-1.421S_{wind}-0.499R_{hum}$

$G_3=\ln(P_3/P_3)=0$

求得

$$P_1=\exp(G_1)/[\exp(G_1)+\exp(G_2)+\exp(G_3)]$$
$$P_2=\exp(G_2)/[\exp(G_1)+\exp(G_2)+\exp(G_3)] \quad (8\text{-}1)$$
$$P_3=\exp(G_3)/[\exp(G_1)+\exp(G_2)+\exp(G_3)]$$

$R^2=0.792$　　总体分类精度为 85.7%

秋季半室外空间：

$$G_1=78.402-0.091R_{solar}-4.867T_{air}-1.549S_{wind}-1.073R_{hum}$$
$$G_2=-0.064-0.021R_{solar}-0.095T_{air}+3.340S_{wind}+0.103R_{hum} \quad (8\text{-}2)$$

$R_2=0.838$　　总体分类精度为 82.4%

冬季室外空间：

$$G_1=-28.596-0.048R_{solar}-4.579T_{air}+0.760S_{wind}-0.503R_{hum}$$
$$G_2=-12.479-0.014R_{solar}-3.201T_{air}-0.655S_{wind}-0.485R_{hum} \quad (8\text{-}3)$$

$R^2=0.767$　　总体分类精度为 81.4%

冬季半室外空间：

$$G_1=-75.393-0.401R_{solar}-1.409T_{air}+6.388S_{wind}+1.198R_{hum}$$
$$G_2=-33.244-0.257R_{solar}-0.030T_{air}+1.577S_{wind}+0.756R_{hum} \quad (8\text{-}4)$$

$R^2=0.742$　　总体分类精度为 70.5%

春季室外空间：

$$G_1=59.668-0.016R_{solar}-3.082T_{air}+5.906S_{wind}-1.245R_{hum}$$
$$G_2=24.188-0.006R_{solar}-1.078T_{air}+3.578S_{wind}-0.509R_{hum} \quad (8\text{-}5)$$

$R_2=0.817$　　总体分类精度为 87.5%

春季半室外空间：

$$G_1=16.566-0.085R_{solar}-1.650T_{air}+1.458S_{wind}+0.183R_{hum}$$
$$G_2=14.514-0.013R_{solar}-1.317T_{air}+0.647S_{wind} \quad (8\text{-}6)$$

$R_2=0.635$　　总体分类精度为 75.6%

夏季室外空间：

$$G_1=-57.758+0.002R_{solar}+1.396T_{air}+1.359S_{wind}+0.297R_{hum}$$
$$G_2=-9.465+0.001R_{solar}+0.226T_{air}+1.387S_{wind}+0.035R_{hum} \quad (8\text{-}7)$$

$R^2=0.306$　　总体分类精度为 59.4%

夏季半室外空间：

$$G_1=-107.306+0.006R_{solar}+2.763T_{air}-1.195S_{wind}+0.564R_{hum}$$
$$G_2=-44.052+0.005R_{solar}+1.086T_{air}-0.982S_{wind}+0.287R_{hum} \quad (8\text{-}8)$$

$R^2=0.375$　　总体分类精度为 76.1%

式中，R_{solar} 为太阳辐射强度（W/m^2）；T_{air} 为空气温度（℃）；S_{wind} 为风速（m/s）；R_{hum} 为空气湿度（%）。

本书在宏观层面进行研究，主要针对某个群体的舒适度与微气候要素间的定量关系，并不针对个体舒适度，因此拟合优度基本达到了研究要求。从统计学角度分析，夏季舒适度预测方程的总体分类精度基本达到要求，但拟合优度较低，说明夏季舒适度受微气候要素的影响较小，个体差异，包括热习惯、性别、年龄、服装热阻等以及视觉感受等，会影响人们对舒适度的评判，且本研究调研对象的样本量较大，因此差异性较明显。

8.4　城市综合体优化策略

8.4.1　积极空间与消极空间的划分

基于热舒适性研究，可将空间形态划分为积极空间、一般空间和消极空间。在判断各空间形态对舒适性是产生积极影响还是消极影响时，引入“频率”概念，室外空间和半室外空间舒适度频率分布如图 8-16 所示，可以看出，半室外空间舒适度得到显著提升。在四季典型日的实地测量中，40% 以下时段处于不舒适状态，即认为该类型空间形态属于热舒适性积极空间；40%～60% 时段处于不舒适状态，即认为该空间属于热舒适性一般空间；60% 以上时段处于不舒适状态，即判断该空间属于热舒适性消极空间。哈尔滨群力远大中心空间舒适度分类如图 8-17 所示。

热舒适性消极空间多集中在室外空间，主要位于哈尔滨群力远大中心北侧及西侧测点 24 处，现状北侧为商业综合体的主要界面，作为公共交通及人行的主要通道，其微气候环境亟待改善。

热舒适性空间一般分为两类，为西侧半室外空间和室外廊道空间，其微气候环境受高层建筑布局的影响较大。

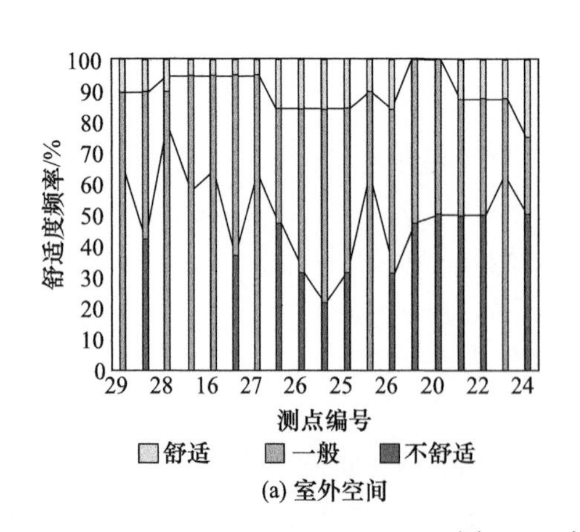

(a) 室外空间

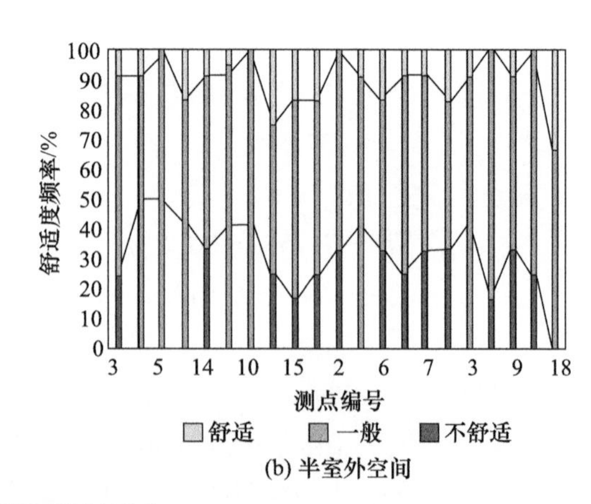

(b) 半室外空间

图 8-16　舒适度频率分布

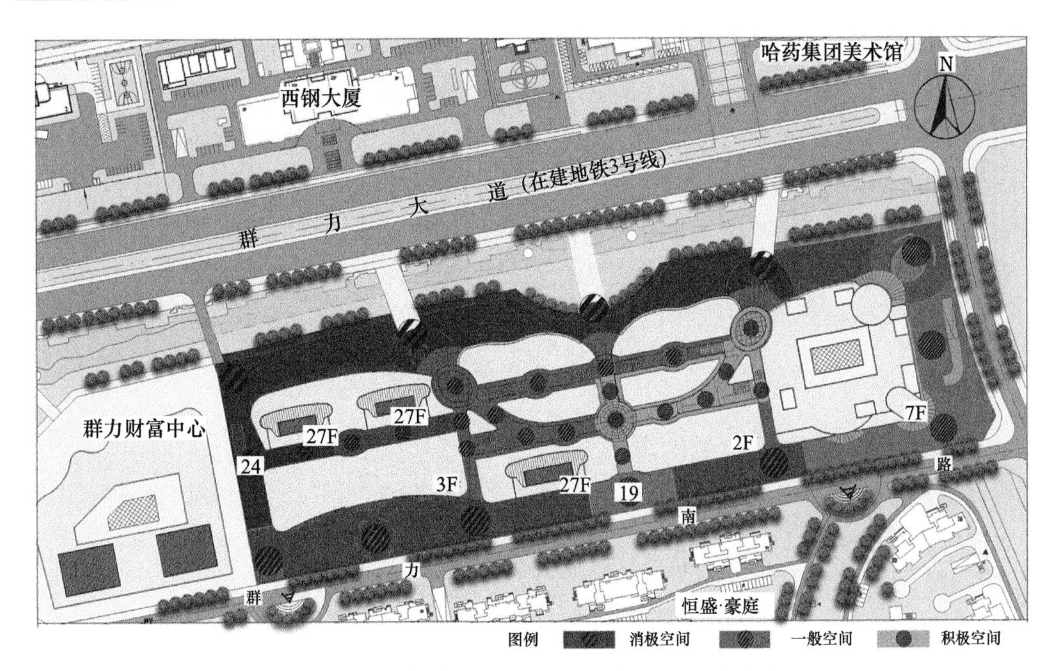

图 8-17　哈尔滨群力远大中心空间舒适度分类图

热舒适性积极空间同样分为两类。其中，室外空间多集中在哈尔滨群力远大中心东侧及南侧测点 19 处；半室外空间多集中在南北向廊道空间及购物中心东侧。

根据哈尔滨群力远大中心空间热舒适性划分，结合前文探讨的空间形态对微气候环境的影响，将空间形态分类如表 8-19 所示，其中室外空间分为周边建筑环境和周边景观环境两类，半室外空间分为形态体量、节点空间和廊道空间三类。

表 8-19　基于热舒适性的空间形态分类表

空间形态	室外空间		半室外空间		
	周边建筑	周边景观	形态体量	节点空间	廊道空间
积极空间	测点 19、25、26、34	测点 35、39	东侧	圆形节点 1、9 半圆形节点 8 条状空间 13、7、15、17	廊道 2 廊道 3
一般空间	测点 30、31、32、33	测点 36、37、38	西侧	圆形节点 5 半圆形节点 2、3、4、10 条状空间 11、14	廊道 1
消极空间	测点 27、16、28、29、34	—	—	—	廊道 4

室外空间中，相比于商业综合体自身建筑布局对微气候环境的影响，周边建筑环境的影响程度较弱，其中北侧多为热舒适性消极空间，南侧多为一般空间，东侧为热舒适性积极空间；周边景观环境对热舒适性的提升效果较为显著，但凉亭由于形式所限，其热舒适性较低。

半室外空间中，形态体量对微气候环境的影响主要体现在西侧的高层建筑上，导致西侧空间整体热舒适性降低为一般空间，东侧空间多为积极空间；节点空间分为三类，其中圆形节点和条状空间多为热舒适性积极空间，可考虑通过完善配套设施、组织活动等方式引导人们发生消费行为，半圆形节点多为一般空间；廊道 2、3 属于积极空间，结合现状调研发现，部分商家将室内商品展示在廊道空间中，如摄影工作室展示的摄影作品、花店展示的插花艺术等，但这些仅是商家个体所为，可考虑根据需要统一安排，廊道 4 处可通过改善空间形态而在一定程度上提高人们的热舒适性。

8.4.2　空间利用对策

基于微气候环境舒适度的空间形态划分，本节重点从热舒适性积极空间和热舒适性消极空间两个方面进行空间利用对策的讨论。对积极空间的主要原则为充分利用，并引导行为活动的发生；对消极空间以优化为主，若无法改善现状，则避免行为活动的发生。

8.4.2.1　积极空间利用对策

城市商业综合体影响行为活动发生的因素主要包括商业吸引力、社会互动、景观环境、设施完善程度等，其中商业吸引力是购买行为发生的必然条件，也是吸引人群的原动力。除了商业及设施等决定因素外，“人”也是一重要因素，人既是购买行为的主体，也是吸引其他人的客体，形成社会互动的良性循环有利于城市商业综合体的综合发展。景观环境也是必不可少的环境吸引因素，人们停留行为的发生很大程度上依赖于可供停留的环境构成，如图 8-18 所示，出入口附近的树池可为休憩的人们提供阴凉。

图 8-18　测点 39 处树池实景照片

考虑到哈尔滨群力远大中心以商业功能为主，举办有特色的商业活动，结合景观雕塑、绿化、小品等营造具有场所感的公共空间，形成活动聚集点，可有效地吸引人群，引导人们发生“无计划购物”。因此，可通过在积极空间中合理布局，有效利用空间形态，增强街区活力，设计对策主要包括以下几个方面：

首先考虑商业空间组织方面。购物中心内部多以品牌服饰、高端餐饮、影院、大型超市等为主，为了保证功能的完整性，并完善商业综合体的相关配套设施，室外空间中东侧广场主要布局游乐设施，得到较好的反馈；半室外商业街辅以快餐、零售、美容美发、儿童教育等服务业。通过合理组织室外空间和半室外空间的商业功能，可为人们社会休闲生活的实现提供条件，从根本上带来人气、商机。

其次考虑结合城市商业综合体的特征。社会互动形成人群聚集可分为两种：一种是通过直接形式的活动造成人群聚集；另一种是隐形人群吸引，即通过激发兴趣点的形式吸引大量人流，常见的方式包括播放歌曲和摆放搭设广告牌、指引牌等。在舒适的空间环境中，可考虑以上两种方式有效提升街区活力。例如，室外空间东侧入口处的游乐设施，以及通过音乐的播放、儿童的嬉笑玩闹等在一定程度上再次吸引活动人群，形成良性循环，店铺门前恰当的桌椅外摆也可吸引部分潜在消费者；半室外空间作为商业综合体内部功能的延续和辅助，为人们提供了良好的商品展示与信息交换的环境，可通过在节点空间举办小型演出、活动，在南北向廊道空间及其东侧空间布局画展、摄影展等，促使人们发生消费行为。在实地调研的过程中发现，由于建有儿童教育中心、舞蹈跆拳道等兴趣班，部分孩童的活动会在半室外空间中进行，对人群形成隐形吸引，有效增强了社会互动，但需重视安全性。如图 8-19 所示为半室外空间中有效引发社会互动的方式。

(a) 儿童活动

(b) 摄影展示

(c) 外摆桌椅

图 8-19　半室外空间社会互动方式

景观环境方面，室外空间中东侧广场以各类游乐设施为主，可考虑结合绿化等形式重新布局景观广场，南侧空间并未得到充分利用，除预留部分人行通道外，其余大面积使用空间作为地面停车场，不仅浪费了优质的空间环境，而且也影响人们的视觉感受。结合现状调研发现，由于外卖行业相对发达，送餐等外卖人员聚集情况较多，可考虑适当缩减地面停车场的面积，结合绿化景观建设小型广场供人们休憩，营造南侧空间的绿化景观带；半室外空间中的绿化较少，可在必要的位置种植一些景观树，如种植在出入口处可有效改善微气候环境、在核心节点处可形成标志性景观，廊道空间处可结合座椅适当布局，在增强私密性的同时为人们提供舒适的景观环境。

8.4.2.2　消极空间优化对策

1. 室外空间

消极空间多集中在北侧出入口及东西向廊道空间处，基于该商业综合体已经建成，结合微气候环境的影响因素，主要从出入口、室外商业街及绿地景观、铺装等三方面提出相应的设计策略：

出入口的数量与位置会影响人流的分布，门厅的设计会影响风向风速等，两者共同作用会对半室外空间的温度环境、风环境等产生较大影响，多体现在寒冷季节冷风渗透方面。因此可考虑将人流量较小且微气候环境较为恶劣的出入口作封闭处理，如测点 28、27 处适当封闭，较为核心的出入口如测点 16 处可增设门厅或遮挡卷帘门。

室外商业街高宽比不合理会导致空间长期处于建筑阴影下，太阳辐射环境和温度环境较差。结合寒地城市的气候条件，为避免两侧建筑间相互遮挡形成较大的阴影区，商业街宽度多控制在 20m 左右。除此之外，北侧两栋高层公寓导致廊道空间内部风环境较为恶劣，靠近外围的测点 23、24 处较为明显。从现状改良的角度出发，为保证人群通行的舒适性，可考虑对两侧竖向界面统一规划。

竖向界面是指实体建筑的立面设计，可结合构筑物、绿化景观等形式营造较为舒适的街区空间，这里的舒适不仅仅指界面连续性、商业互动性等，还包括微气候环境满意度。第一，保证竖向界面的相对完整性是改善寒地城市风环境的有效方式，哈尔滨冬季的主导风向为西北风，两栋高层建筑位于迎风面，在一定程度上可阻挡寒风，而春秋两季以西南风为主导风向，且春季风环境较为恶劣，面对主导风向的竖向界面应以简单紧凑为主，使其在抵御寒风的同时有效降低热损耗，背风向则可在建筑表面做适当修正，以丰富街道空间形态；第二，平面布局上恰当的建筑错位可改善街区微气候环境，基于建筑布局已经建成，在适当的位置增设柱廊或雨棚等构筑物，可有效提高人体热舒适性；第三，哈尔滨群力远大中心室外商业街入口处风速较大，可通过改善入口空间的景观环境降低街区风速，同时标志性景观也可划分场地，与半室外空间形成对景。

结合实地调研发现，北侧现有绿化景观带处，即使在舒适季节，其利用率也相对较低。可通过合理选择树种，改变小品、环境设施等方式有效改善微气候环境，例如在树池、行道种植常绿树种，起到降低风速、阻挡寒风的作用，景观小品、配套设施的颜色应以暖色调为主，并选用导热系数小的材料以增强保温效果。另外，在下垫面的选择方面，人行道、车行道、南侧露天停车场、商业综合体周边地面及公共广场等区域应尽可能使用气候性面层，根据地面功能的差异选择透水性地砖或鹅卵石等铺路，以有效控制地表对太阳辐射的吸收，并增加蓄水能力和渗水性，提高表面的蒸腾作用。

2. 半室外空间

严寒地区的寒冷季节时间较长，过渡季节的气候条件也相对较差，针对这一气候特点，哈尔滨群力远大中心在商业街上方增设大面积采光顶，使其成为较为封闭的半室外商业街，在一定程度上提高了空气温度并降低了风速，而夏季却使其成为“蒸笼”，湿度明显升高，影响了人群活动的舒适性。

根据调研数据可以发现，半室外商业街西侧的部分空间如测点 11、14 处等长期无阳光照射，可考虑更换为保温性能较好的屋顶形式，在合理控制采光面积、提高人群舒适性的同时，有利于整体建筑的节能。其他采光顶部分可采用太阳辐射透过率相对较高的中空玻璃等新型材料以加强保温设计。在现场调研过程中，部分采光顶设有太阳能板，如图 8-20 所示，但效果并不显著，可改变其利用形式或更换其他材料。

图 8-20　采光顶太阳能板实景照片

除此之外，通过控制屋面角度可以平衡冬夏季节间的太阳辐射强度需求差异。由于严寒地区城市冬季的太阳高度角较小，可将屋面朝南向稍作倾斜，以增加太阳辐射透过率，同时降低夏季的太阳辐射强度。在此基础上，设置可开启式的内置百叶中空玻璃的采光顶，可有效解决玻璃透光率强及夏季闷热的问题，通过控制百叶的角度来限制直射辐射、散射辐射和环境表面反射辐射对温度及光线的影响，同时，应用遮阳百叶还能防止眩光，提高入射到室内的光线质量。

第 9 章　公共绿地行为活动影响机制及优化策略

本章分析哈尔滨公共绿地行为活动影响机制及优化策略。主要以公共绿地类型中的城市公园为例，研究行为活动和热舒适性。最后，针对空间绿地自身以及使用者的行为活动，提出优化和设计策略。

9.1　哈尔滨公共绿地行为活动

9.1.1　高频活动类型及活动人数统计

通过对行为活动调研结果进行统计，得到使用者活动类型和活动人数汇总情况如表 9-1 所示，该表反映古梨园在 6 个调研日内平均总访客量和各行为活动的参与概况。

表 9-1　哈尔滨古梨园活动者行为汇总表

活动类型	春季		夏季		冬季	
	人数	百分比/%	人数	百分比/%	人数	百分比/%
静坐休息	989	27.9	812	25.4	30	2.0
坐着聊天	248	7.0	224	7.0	15	1.0
站立休息	125	3.5	85	2.7	92	6.2
站立聊天	108	3.0	76	2.4	87	5.9
散步	460	13.0	205	6.4	643	43.4
慢跑	11	0.3	6	0.2	15	1.0
轮滑	70	2.0	83	2.6	0	0.0
跳舞	362	10.2	405	12.7	256	17.3
打篮球	125	3.5	136	4.3	72	4.9
打羽毛球	23	0.6	33	1.0	0	0.0
踢毽子	9	0.3	12	0.4	0	0.0
抽陀螺	44	1.2	52	1.6	12	0.8
棋牌娱乐	335	9.5	362	11.3	42	2.8
器械运动	98	2.8	75	2.3	25	1.7
骑自行车	11	0.3	7	0.2	0	0.0

续表

活动类型	春季		夏季		冬季	
	人数	百分比/%	人数	百分比/%	人数	百分比/%
唱歌演奏	6	0.2	28	0.9	0	0.0
围观活动	177	5.0	205	6.4	0	0.0
做操练武	50	1.4	70	2.2	56	3.8
照看儿童	242	6.8	302	9.4	46	3.1
放风筝	34	1.0	10	0.3	0	0.0
遛鸟	2	0.1	1	0.1	0	0.0
遛狗	13	0.4	7	0.2	0	0.0
抽冰嘎	0	0.0	0	0.0	56	3.8
滑冰	0	0.0	0	0.0	35	2.4
平均总访客量	3542	100	3196	100	1482	100

在调研中，春季一天内超过 100 人发生过的高频活动类型共有 10 种，依照其发生频率从高到低分别为静坐休息（27.9%）、散步（13.0%）、跳舞（10.2%）、棋牌娱乐（9.5%）、坐着聊天（7.0%）、照看儿童（6.8%）、围观活动（5.0%）、打篮球（3.5%）、站立休息（3.5%）和站立聊天（3.0%）。夏季公园活动人数比春季少，这主要是由于夏季太阳辐射强烈，受太阳辐射的影响，园内可供居民活动的场地以及时长减少。受影响最严重的活动类型为散步活动，人数下降超过 50%。在夏季，一天内超过 100 人发生过的高频活动类型共有 8 种，依照其发生频率从高到低分别为静坐休息（25.4%）、跳舞（12.7%）、照看儿童（9.4%）、坐着聊天（7.0%）、散步（6.4%）、围观活动（6.4%）、散步（6.4%）和打篮球（4.3%）。受到寒冷气候的影响，冬季公园活动人数较春季与夏季明显减少，活动人数集中在散步活动（43.4%）与跳舞活动（17.3%），超过活动总人数的 60%。

在春季与夏季的行为活动中，棋牌娱乐与照看儿童虽然属于高频活动类型，但是在调研过程中发现，进行该活动的人群并不希望被打扰，很难进行主观问卷调研，同时由于儿童天性活泼好动且持续时间较短，家长在陪同过程中其活动情况很难被确定，因此本书并不对这两类活动进行研究，另外，发生围观活动的人群也主要是围观棋牌娱乐活动，因此也不进行研究。在调研的 7 个公园中，只有古梨园配有篮球活动设施，篮球活动并不是典型的公园活动类型，因此不纳入本书的研究范围。

综上所述，春季的高频活动类型主要包括静坐休息、散步、跳舞、坐着聊天、站立休息、站立聊天，共 6 种；夏季的高频活动类型包括静坐休息、散步、跳舞、坐着聊天，共 4 种；冬季的高频活动类型为散步活动与跳舞活动，共 2 种。本书所研究的散步活动的步行速度约为 0.9m/s。

9.1.2 高频活动类型空间分布

分别对古梨园 12 个空间（图 9-1）内活动类型以及对应的活动人数进行统计，结合上文的高频活动类型，得到各季节高频活动类型空间情况。

图 9-1　古梨园样本空间分布

如表 9-2 所示，大部分的散步活动发生在 1 号空间内（春季 55%、夏季 62.7%、冬季 61.9%），这是因为 1 号空间为专门供人们进行散步活动设置的空间。从活动人数上来看，夏季进行散步活动的人数较春季人数明显减少，这主要是因为适宜散步活动的时间与场地受到强太阳辐射的影响而减少；冬季在公园进行室外的活动的总人数减少，但进行散步活动的人数明显增加，说明冬季散步成为人们室外活动主要选择。从空间分布来看，在春季和夏季，除了 1 号空间外，发生有散步活动的空间还有 2、3、7、8、12 号，这些空间都是沿着古梨园主要的道路分布，通过访谈得知，有很多人不喜欢在一个空间内进行散步活动，因此他们会绕着公园活动；在冬季，除 1 号空间外，发生散步活动的空间只有 2、7、8 号空间，这些空间围绕着古梨园较为宽阔的道路分布，可以获得较多的阳光照射。由于在主要道路上进行散步活动的人群很难与穿行人群进行区分，因此将 1 号空间作为散步活动发生的典型空间。

表 9-2　哈尔滨古梨园散步空间活动人数分布

样本空间编号	春季		夏季		冬季	
	人数	百分比/%	人数	百分比/%	人数	百分比/%
1	253	55.0	126	62.7	398	61.9
2	16	3.5	7	3.5	25	3.9
3	43	9.3	12	6.0	0	0.9
4	0	0.0	0	0.0	0	0.0
5	0	0.0	0	0.0	0	0.0
6	0	0.0	0	0.0	0	0.0
7	60	13.0	13	6.5	98	14.3
8	66	14.3	21	10.4	122	19.0
9	0	0.0	0	0.0	0	0.0
10	0	0.0	0	0.0	0	0.0
11	0	0.0	0	0.0	0	0.0
12	22	4.8	22	10.9	0	0.0
总计	460	100	201	100	643	100

通过调研发现，跳舞活动具有群体性和稳定性，因此各季节空间分布情况比较相似，如表 9-3 所示，主要分布在 2、3、6、8 号这 4 个空间内，分布稳定和集中的原因包括两个：一是跳舞活动需要较为开敞的空间，同时需要防滑的铺装或建筑用地等下垫面；二是跳舞活动具有集体性，活动往往是由大家共同商定之后集体选择地点来进行。综合各季节的分布情况并结合前文哈尔滨典型活动空间模式的确定，选择 2 号空间作为跳舞活动发生的典型空间。

表 9-3　哈尔滨古梨园跳舞活动空间活动人数分布

样本空间编号	春季		夏季		冬季	
	人数	百分比/%	人数	百分比/%	人数	百分比/%
1	0	0.0	0	0.0	0	0.0
2	98	27.1	72	17.8	128	50.0
3	58	16.0	67	16.5	0	0.0
4	0	0.0	0	0.0	0	0.0
5	0	0.0	23	5.7	0	0.0
6	157	43.4	207	51.1	58	22.7
7	0	0.0	0	0.0	0	0.0
8	49	13.5	32	7.9	70	27.3
9	0	0.0	0	0.0	0	0.0

续表

样本空间编号	春季		夏季		冬季	
	人数	百分比/%	人数	百分比/%	人数	百分比/%
10	0	0.0	0	0.0	0	0.0
11	0	0.0	0	0.0	0	0.0
12	0	0.0	4	1.0	0	0.0
总计	362	100	405	100	265	100

在春季和夏季调研中发现，静坐休息是分布最广的活动类型，如表 9-4 所示，除 4 号空间由于未配有休息设施而无该活动发生外，其余 11 个空间均有该活动的发生。春季和夏季 7 号空间均是发生静坐活动最多的空间，活动人数分别占该活动类型总人数的 29.7% 和 41.9%，这主要是因为 7 号空间临水，有较好的景观并且有人工遮阳休息的长廊，提供很多舒适的休息空间，因此将 7 号空间作为静坐休息活动发生的典型空间。与春季情况有所不同的是，夏季静坐休息的空间分布更为集中，共有超过 60% 的活动发生在 5 号空间（12.1%）、7 号空间、12 号空间，这 3 个空间的共同特征是能够提供长时间的遮阳环境。

表 9-4　哈尔滨古梨园静坐休息空间活动人数分布

样本空间编号	春季		夏季	
	人数	百分比/%	人数	百分比/%
1	25	2.5	18	2.2
2	60	6.1	22	2.7
3	70	7.1	24	3.0
4	0	0.0	0	0.0
5	66	6.7	52	6.4
6	58	5.9	30	3.7
7	294	29.7	340	41.9
8	60	6.1	27	3.3
9	155	15.7	98	12.1
10	65	6.6	48	5.9
11	45	4.6	41	5.0
12	91	9.2	112	13.8
总计	989	100	812	100

坐着聊天是伴随静坐休息发生的，如表 9-5 所示，该活动发生的空间分布却与静坐休息不同，静坐活动主要集中在有较多休息设施的空间，如 7 号空间与 9 号空间，

其余各空间分布较为平均，但是坐着聊天活动中活动人数超过 10% 的空间在春季有 4 个，分别为 3 号空间、5 号空间、7 号空间、9 号空间，这 4 个空间的活动人数占总春季该活动总人数的 62.1%，而在夏季有 3 个，分别为 5 号空间、7 号空间、10 号空间，占夏季该活动总人数 62.2%。通过观察发现，3、5、7、9、10 号这 5 个空间均提供了较多集中的供人休息的空间，当休息空间分散且公园活动人数较多时，结伴而行的人群往往由于无法坐在一起而导致坐着聊天活动无法发生。结合上文研究情况以及坐着聊天活动发生的空间分布，将 7 号空间作为春季坐着聊天活动发生的典型空间。

表 9-5　哈尔滨古梨园坐着聊天活动空间活动人数分布

样本空间编号	春季		夏季	
	人数	百分比/%	人数	百分比/%
1	7	2.8	12	5.4
2	12	4.8	4	1.8
3	37	14.9	15	6.7
4	0	0.0	0	0.0
5	25	10.1	42	18.8
6	10	4.0	8	3.6
7	62	25.0	71	31.7
8	16	6.5	9	4.0
9	30	12.1	16	7.1
10	24	9.7	26	11.5
11	13	5.2	13	5.9
12	12	4.8	8	3.5
总计	248	100	224	100

如前文所述，站立休息和站立聊天活动为春季公园内的高频活动类型，但其持续时间在多数情况下较短，因此很难统计。本研究仅对持续时间超过 5min 的站立休息和站立聊天活动进行记录。站立聊天与站立休息活动是伴随发生的，如表 9-6 所示，两种活动类型的空间分布并没有明显的区别，因此以站立休息活动为代表进行分析。可以触发较长时间站立休息活动的因素有很多，如优美的风景、舒适的环境、引人入胜的活动等，因此从没有发生该活动空间的角度来进行分析。没有发生较长时间站立休息活动的空间有 1、6、9、10 号共 4 个空间，由于调研日是在春季，阳光并不是十分强烈，所以排除日晒的原因。通过与发生该活动空间的对比发现，较长时间站着休息活动的触发原因主要包括两个：一是空间观赏性，包括景观的观赏性与活动的观赏性。例如，7 号空间临水，具有较好景观观赏性，因此吸引了驻足观赏的人群；2 号空间是跳舞活动场地，因此也会吸引一些人进行观看；虽然 6 号空间也是跳舞活动场地，但是

由于该空间跳舞活动发生在上午 10:00 以前，这个时间段来公园活动的人群大多有自己的活动目的，而 6 号空间本身没有景观观赏性，因此，在观察日内并没有发现有长时间驻足的人群。二是空间融入感。这里的融入感是指人在空间内驻足时感到自然。如 7 号点与 9 号点均在水边，具有景观观赏性，7 号空间内有供人休息的长廊，9 号空间内分布着很多供人休息的座椅，但是 7 号空间内有长时间站立休息活动的发生，而 9 号空间内没有，本书认为主要原因在于 7 号空间静坐活动发生在长廊内、站立休息活动发生在长廊外，空间上有分隔，而 9 号空间内并没有明显的空间分隔，因此人们更倾向于与多数人一样坐着欣赏风景，而非自己站着欣赏风景。从人数上来看，站立休息活动发生人数比例最多的空间为 2 号和 8 号，结合上文结论，将 2 号空间作为站立休息和站立聊天活动的典型空间。

表 9-6 哈尔滨古梨园春季站立活动空间活动人数分布

样本空间编号	站立休息		站立聊天	
	人数	百分比/%	人数	百分比/%
1	0	0.0	8	7.4
2	34	27.2	38	35.2
3	15	12.0	0	0.0
4	0	0.0	0	0.0
5	18	14.4	12	11.1
6	0	0.0	0	0.0
7	6	4.8	0	0.0
8	35	28.0	22	20.4
9	0	0.0	12	11.1
10	0	0.0	4	3.7
11	9	7.2	0	0.0
12	8	6.4	12	11.1
总计	125	100	108	100

9.2 行为活动对热舒适性的影响机制

9.2.1 实际热感觉对总体舒适度的影响

参照实际热感觉投票（ATSV）取值，总体舒适度投票（OCV）取值范围为 −1～1，其中 −1 代表“不舒适”，0 代表“一般”，1 代表“很舒适”。分别对各季节中同一个热感觉的 OCV 进行平均，同时对数据实施二项式拟合，对热感觉投票数少于 10 的不进行拟合。四个季节的热感觉与总体舒适度关系为如下。

寒冷季节：

$$y=-0.015x^2+0.178x+2.786,\ R^2=0.999 \tag{9-1}$$

冷季节：

$$y=-0.053x^2+0.100x+2.475,\ R^2=0.986 \tag{9-2}$$

舒适季节：

$$y=-0.115x^2+0.138x+2.701,\ R^2=0.965 \tag{9-3}$$

热季节：

$$y=-0.052x^2-0.164x+2.687,\ R^2=0.970 \tag{9-4}$$

式中，y 为总体舒适度，x 为热感觉。观察上式可知，人体达到最舒适的状态时的热感觉在冷季节为 0.94、在舒适季节为 0.60、在热季节为 −1.58，但是在寒冷季节，最高舒适度的热感觉出现在 5.93，这说明，尽管寒冷季节的舒适率达到 63.0%，但事实上人们只是达成了心理认同，生理上并未达到舒适的状态。室外环境下，热感觉和总体舒适度存在密切的联系，当季节改变后，这种关系也会发生变化。处在冷季节时，大部分人觉得最舒适的感觉是"微暖"，处在舒适季节时，大部分人认为最舒适的感觉是"适中"，处在热季节时，大部分人认为最舒适的感觉是"凉"。通过上述分析可以看出，在室外，由于热感觉与总体舒适度随着季节动态变化，不同季节中相同热感觉所对应的总体舒适度差别很大。

人们所处的年龄段不同，其生理和心理特点也不同，不同年龄的群体感受到的舒适性也存在明显的差异。因此，本书对各年龄段群体的热舒适进行了研究。

按照受访对象的年龄，将他们划分为三个年龄段，其中，大于 60 岁（含 60 岁）为老人群体，中青年人 30～59 岁，青少年人小于 30 岁。就各年龄段群体来讲，比起青少年和中青年，老人群体的热感觉较高，平均高出 0.6 个单位，这主要是由于老人在参与室外活动时衣物较厚。当温度超过 30℃时，老人的热感觉又低于其他两个年龄段，可能是因为温度较高时，老年人的活动量减少，而其他年龄段的人群还会进行一些高代谢率的活动，如练武做操、追逐嬉戏等，使其热感觉升高。

从整体来看，当室外温度升高后，各年龄群体的热感觉也会随之升高，温度从 −10～−5℃向 0～5℃转变时，人们的热感觉下降。这一现象主要是在冷季节出现。如前文所述，在冷季节，人们对空气温度的容忍度较低，加上对即将到来舒适季节的期待较高，人体的不舒适感最强，造成在这一从寒冷到舒适的过渡季节中，人们的热感觉会随着温度的升高而降低。温度从 0～5℃向 5～10℃区间过渡时，热感觉上升非常明显，而从 5～10℃向 25～30℃过渡时，热感觉变化较小，这主要是因为在这一区间内人们已经逐渐适应回暖的气温，通过减少衣物和活动量来适应慢慢升高的温度。

9.2.2　微气候要素对舒适性的影响

在对微气候数据实测过程中，调查员除了对受访者实时综合热感觉进行调查外，还分别记录了其对空气温度、风速、湿度和太阳辐射的感知情况。

9.2.2.1 微气候要素的范围

通过 SPSS 多重响应中交叉表格的分析方法，对受访者在各调研季节内对空气温度、风速、相对湿度以及太阳辐射的感知情况进行分析。

如表 9-7 所示，在寒冷季节中，公园使用者 TSV 中“适中”的投票最多（52.8%），其次是“有点低”（38.4%），再次为“很低”（7.5%）。虽然处于严寒的环境中，哈尔滨居民由于对环境的适应，具有较高耐寒性，因此 TSV 还是偏向于“有点低”和“适中”。与寒冷季节不同，在冷季节中，TSV 最多的是“有点低”（54.0%），尽管冷季节的平均空气温度（7.83℃）远高于寒冷季节（-10.68℃），但是使用者在冷季节对温度的容忍度却低于寒冷季节，这一方面与人们衣物减少有关，另一方面与人们对气候本身的偏好情况有关。舒适季节和热季节与寒冷季节相同，公园使用者对空气温度感知情况，投票数最多的为“适中”，投票比例分别为 65.6% 和 59.8%。在舒适季节，人们对温度的感知情况更偏向于“有点低”（28.2%）与“适中”（65.6%），而在热季节，则偏向于“适中”（65.6%）与“有点高”（33.5%）。

表 9-7 各季节空气温度感知统计

季节	很低		有点低		适中		有点高		很高	
	投票数	百分比/%	投票数	百分比/%	投票数	百分比/%	投票数	百分比/%	投票数	百分比/%
寒冷季节	12	7.5	61	38.4	84	52.8	2	1.3	0	0.0
冷季节	4	1.7	129	54.0	95	39.7	12	4.6	0	0.0
舒适季节	4	1.5	74	28.2	172	65.6	11	4.2	1	0.4
热季节	0	0.0	1	0.6	98	59.8	55	33.5	10	6.1

如表 9-8 所示，在寒冷季节“适中”的 WSV 最高，占总数的 84.3%，这主要是由于寒冷季节调研日内的风速较低，平均风速为 0.48m/s，再加上人们在室外活动时穿衣较多，因此对风速的敏感性降低。

表 9-8 各季节风速感知统计

季节	很弱		有点弱		适中		有点强		很强	
	投票数	百分比/%	投票数	百分比/%	投票数	百分比/%	投票数	百分比/%	投票数	百分比/%
寒冷季节	2	1.3	21	13.2	134	84.3	2	1.3	0	0.0
冷季节	0	0.0	8	3.3	113	47.3	106	44.4	12	5.0
舒适季节	3	1.1	9	3.4	218	83.2	30	11.5	2	0.8
热季节	11	6.7	27	16.5	123	75.0	3	1.8	0	0.0

在冷季节，哈尔滨处于大风季节，在调研日中，最大风速达到 3.26m/s，较大的风

速对公园使用者的热舒适性产生不利的影响。与寒冷季节不同的是，在冷季节，人们对风速的敏感性增强，WSV 偏向于“适中”（47.3%）和“有点强”（44.4%）。

舒适季节与热季节相同，人们对公园内风环境较为满意，最高的 WSV 均为“适中”，分别占总数的 83.2% 和 75.0%。在舒适季节，人们对风的感知偏向于“有点强”，而在热季节则偏向于“有点弱”，这说明从热舒适性的角度来看，在舒适季节人们更倾向于风速降低，而在热季节倾向于风速增强。

从四个季节对公园实测的相对湿度数据可以看出，与其他两个季节相比，哈尔滨在寒冷季节和热季节的空气相对湿润一些，其中寒冷季节的相对湿度略高于热季节，平均相对湿度分别为 54.82% 和 50.38%，冷季节的平均相对湿度最低，为 27.87%。如表 9-9 所示，虽然四个季节相对湿度差异明显，但是每个季节均有超过 80% 的 HSV 投给“适中”，可见哈尔滨居民对湿度的感觉并不十分敏感，湿度对人体热舒适性的影响较弱。

表 9-9　各季节湿度感知统计

季节	很潮湿		有点潮湿		适中		有点干		很干燥	
	投票数	百分比 /%	投票数	百分比 /%	投票数	百分比 /%	投票数	百分比 /%	投票数	百分比 /%
寒冷季节	1	0.6	6	3.8	129	81.1	21	13.2	2	1.3
冷季节	0	0.0	16	6.7	193	80.8	29	12.1	1	0.4
舒适季节	0	1.1	8	3.1	229	87.4	25	9.5	0	0.0
热季节	1	0.6	13	7.9	135	82.3	15	9.1	0	0.0

在实测时段内，寒冷季节中，太阳辐射强度范围为 0～327W/m^2，平均值为 109.28W/m^2；冷季节中，太阳辐射强度范围为 10～931W/m^2，平均值为 428.13W/m^2；舒适季节中，太阳辐射强度范围为 33～789W/m^2，平均值为 304.25W/m^2；热季节中，太阳辐射强度范围为 22～997W/m^2，平均值为 457.15W/m^2。由于从寒冷季节过渡到热季节的过程中公园内植被枝叶逐渐繁茂，阳光受到枝叶的遮挡作用，因此实测的太阳辐射平均值并没有逐渐增强。

在寒冷季节与冷季节，公园测点内的植被均未长出叶片，因此排除枝叶对阳光的遮挡作用。尽管冷季节的太阳辐射明显高于寒冷季节，但如表 9-10 所示，冷季节中 RSV 中认为太阳辐射“适中”的百分比却低于寒冷季节，认为太阳辐射“有点弱”的百分比明显高于寒冷季节，这说明与寒冷季节相比，冷季节中人们对太阳辐射的期望更高，希望获得较强太阳辐射以提高舒适度。在舒适季节和热季节，RSV 中“适中”的投票都占绝大多数，分别为 70.2% 和 70.1%，说明在公园环境内，人们在这两个季节对太阳辐射的满意度较高。除“适中”的投票外，人们更倾向于认为太阳辐射在舒适季节偏弱，在热季节偏强。

表 9-10　各季节太阳辐射感知统计

季节	很弱		有点弱		适中		有点强		很强	
	投票数	百分比 /%	投票数	百分比 /%	投票数	百分比 /%	投票数	百分比 /%	投票数	百分比 /%
寒冷季节	1	0.6	34	21.4	99	62.3	17	10.7	8	5.0
冷季节	9	3.8	77	32.2	135	56.5	17	7.1	1	0.4
舒适季节	11	4.2	49	18.7	184	70.2	17	6.5	1	0.4
热季节	0	0.0	7	4.3	115	70.1	27	16.5	15	9.1

9.2.2.2　TSV 与 RSV 对应关系

感知空气温度“有点低”、“适中”与“有点高”投票所对应的空气温度分布总体可近似认为服从正态分布，因此可以通过 SPSS 单样本 t 检验中计算置信区间的分析方法，得出在一定置信水平下不同 TSV 所对应平均空气温度的区间估计。TSV 中“很低”与“很高”所对应的空气温度虽然不服从正态分布，但可以分别通过“有点低”和“有点高”投票对应的空气温度区间近似推测得到。本书将置信水平设定为 95%，通过单样本 t 检验，分别得出四个季节不同 TSV 所对应平均空气温度的区间估计。

1. TSV 对应平均温度区间

寒冷季节中 TSV 对“有点高”和“很高”、冷季节和舒适季节中 TSV 对“很低”和“很高”、热季节中 TSV 对“很低”和“有点低”的投票数均不足 10 张，这表明在相应季节中出现这些温度感知的情况为个别现象，因此不纳入之后的研究范围。纳入空气温度感知研究范围的包括，TSV 在寒冷季节为“适中”、“有点低”和“很低”，在冷季节为“有点低”、“适中”、“有点高”，在舒适季中为“有点低”、“适中”和“有点高”，在热季节为“适中”、“有点高”和“很高”。

如表 9-11 所示，寒冷季节中，TSV 中“有点低”所对应的空气温度均值区间为 −12.12～−11.09℃，近似得出感知空气温度“很低”投票所对应的空气温度范围为低于 −12.12℃；TSV 中“适中”所对应的空气温度均值区间为 −10.11～−9.13℃。

冷季节中，TSV 中“有点低”所对应的空气温度均值区间为 5.89～7.18℃；TSV 中“适中”所对应的空气温度均值区间为 7.82～8.83℃；TSV 中“有点高”所对应的空气温度均值区间为 8.75～13.40℃。

表 9-11　各季节 TSV 对应平均空气温度置信区间　　（单位：℃）

季节	很低		有点低		适中		有点高		很高	
	下限	上限	下限	上限	下限	上限	下限	上限	下限	上限
寒冷季节	—	—	−12.12	−11.09	−10.11	−9.13	—	—	—	—
冷季节	—	—	5.89	7.18	7.82	8.83	8.75	13.40	—	—

续表

季节	很低		有点低		适中		有点高		很高	
	下限	上限	下限	上限	下限	上限	下限	上限	下限	上限
舒适季节	—	—	16.73	18.61	18.36	19.44	19.84	21.16	—	—
热季节	—	—	—	—	26.36	27.93	27.84	28.70	—	—

舒适季节中，TSV 中“有点低”所对应的空气温度均值区间为 16.73～18.61℃；TSV 中“适中”所对应的空气温度均值区间 18.36～19.44℃；TSV 中“有点高”所对应的空气温度均值区间为 19.84～21.16℃。

热季节中，TSV 中“适中”所对应的空气温度均值区间为 26.36～27.93℃；TSV 中“有点高”所对应的空气温度均值区间为 27.84～28.70℃，近似得出 TSV 中“很高”所对应平均空气温度的范围为高于 28.70℃。

2. RSV 对应太阳辐射区间

与 TSV 分析方法一样，RSV 投票数不足 10 张的太阳辐射感知情况不纳入研究范围。纳入太阳辐射感知研究范围的包括，在寒冷季节、冷季节和舒适季节 TSV 为“适中”、“有点弱”和“有点强”，在热季节为“适中”、“有点强”和“很强”。分析结果如表 9-12 所示。

表 9-12　各季节 RSV 对应太阳辐射置信区间　（单位：W/m^2）

季节	很弱		有点弱		适中		有点强		很强	
	下限	上限	下限	上限	下限	上限	下限	上限	下限	上限
寒冷季节	—	—	24.03	42.06	115.80	152.70	166.85	237.12	—	—
冷季节	—	—	33.35	72.32	255.50	335.39	436.04	513.69	—	—
舒适季节	—	—	103.85	157.21	218.55	281.09	544.52	648.02	—	—
热季节	—	—	—	—	192.40	275.21	303.56	443.26	—	—

寒冷季节中，RSV 中“有点弱”所对应的太阳辐射强度均值区间为 24.03～42.06W/m^2；RSV 中“适中”所对应的太阳辐射强度均值区间为 115.80～152.70W/m^2；RSV 中“有点强”所对应的太阳辐射强度均值区间为 166.85～237.12W/m^2。

冷季节中，RSV 中“有点弱”所对应的太阳辐射强度均值区间为 33.35～72.32W/m^2；RSV 中“适中”所对应的太阳辐射强度均值区间为 255.50～335.39W/m^2；TSV 中“有点强”所对应的太辐射强度均值区间为 436.04～513.69W/m^2。

舒适季节中，RSV 中“有点弱”所对应的太阳辐射强度均值区间为 103.85～157.21W/m^2；RSV 中“适中”所对应的太阳辐射强度均值区间 218.55～281.04W/m^2；RSV 中“有点强”所对应的太阳辐射强度均值区间为 554.52～648.02W/m^2。

热季节中，RSV 中“适中”所对应的太阳辐射强度均值区间为 192.40～275.21W/m^2；

RSV 中“有点强”所对应的太阳辐射强度均值区间为 303.56～443.26W/m²，近似得出 RSV 中“很强”所对应的太阳辐射强度均值范围为高于 443.26W/m²。

9.2.3　不同季节的热舒适性

多元线性回归主要是研究一个因变量与多个自变量之间的相关关系。利用全年数据拟合得到的公式具有普适性，以调研总体样本为分析对象，微气候参数作为自变量，热感觉投票作为因变量，通过多元线性回归拟合得到全年影响关系公式，如式（9-5）所示。

全年：

$$\begin{gathered}\mathrm{ATSV}=0.051T_{\mathrm{air}}-0.421S_{\mathrm{wind}}+0.010R_{\mathrm{hum}}+0.001R_{\mathrm{solar}}-1.008\\R^2=0.490,\ p<0.01\end{gathered}\tag{9-5}$$

式中，ATSV 为实际热感觉投票；T_{air} 为空气温度（℃）；S_{wind} 为风速（m/s）；R_{hum} 为湿度（%）；R_{solar} 为太阳辐射强度（W/m²）。

由于微气候因素在各季节的影响程度存在差异，有必要针对不同季节建立相应公式。将总体样本按季节划分，将各季节的微气候参数作为自变量分别拟合得到各季节预测公式，如式（9-6）～式(9-9）所示。

寒冷季节：

$$\begin{gathered}\mathrm{ATSV}=0.263T_{\mathrm{air}}-0.234S_{\mathrm{wind}}+0.003R_{\mathrm{hum}}+0.037R_{\mathrm{solar}}+1.748\\R^2=0.219,\ p<0.01\end{gathered}\tag{9-6}$$

冷季节：

$$\begin{gathered}\mathrm{ATSV}=0.100T_{\mathrm{air}}-0.159S_{\mathrm{wind}}-0.020R_{\mathrm{hum}}+0.001R_{\mathrm{solar}}-1.571\\R^2=0.343,\ p<0.01\end{gathered}\tag{9-7}$$

舒适季节：

$$\begin{gathered}\mathrm{TSV}=0.136T_{\mathrm{air}}-0.132S_{\mathrm{wind}}-0.006R_{\mathrm{hum}}+0.012R_{\mathrm{solar}}-2.790\\R^2=0.238,\ p<0.01\end{gathered}\tag{9-8}$$

热季节：

$$\begin{gathered}\mathrm{ATSV}=0.071T_{\mathrm{air}}-0.693S_{\mathrm{wind}}-0.057R_{\mathrm{hum}}+0.302R_{\mathrm{solar}}+1.507\\R^2=0.314,\ p<0.01\end{gathered}\tag{9-9}$$

从统计学角度分析，上述拟合公式 $p<0.01$，说明利用上述公式预测人体热感觉能够得到可靠的结果；$R^2<0.5$，拟合优度较低，原因是调查对象较多，样本量较大，不同的调查对象存在明显的差异。调查发现，热舒适受到多个因素的影响，包括热习惯、性别、年龄等。本书从宏观层面进行研究，研究目的是预测微气候因素给某个群体的热感觉带来的影响情况，不对个体的热感觉进行研究，所以该拟合优度达到了研究要求。

预测公式中一次项系数符号代表热感觉与各微气候因素之间的相互关系。如表 9-13 所示，全年综合情况下，空气温度、太阳辐射与热感觉呈正相关关系，而相对湿度、风速与热感觉呈负相关关系，即空气温度与太阳辐射增大时，对人体具有加热作用，相反地，相对湿度与风速增加时，对人体呈冷却作用。各季节的预测公式与全年预测公式有所差异，最大的差异为相对湿度与热感觉之间的对应关系。

表 9-13　各季节对应微气候因素系数汇总表

季节	空气温度	风速	相对湿度	太阳辐射
全年	0.051	−0.421	0.010	0.001
寒冷季节	0.263	−0.234	0.003	0.037
冷季节	0.100	−0.159	−0.020	0.001
舒适季节	0.136	−0.132	−0.006	0.012
热季节	0.071	−0.693	−0.057	0.302

在其他微气候因素不变的情况下，在各个季节中，热感觉均随着空气温度的升高而升高，其中空气温度对寒冷季节的热感觉影响最大，当温度增加 1℃后，热感觉会升高 0.263 个单位，在热季节时热感觉升高幅度最小，仅为 0.071 个单位，舒适季节和冷季节的热感觉投票增幅大致相同，分别为 0.136 和 0.100 个单位。同理，太阳辐射与热感觉也呈正相关关系，对热季节的热感觉影响最大，每升高 $1W/m^2$ 引起热感觉 0.302 个单位的增幅，对冷季节的热感觉影响最小，增幅仅 0.001 个单位。相反地，风速在各个季节中与热感觉呈负相关关系，对热季节影响最为明显，风速每提高 1m/s 可引起热感觉下降 0.693 个单位，在舒适季节影响最小，降幅为 0.132 个单位，在寒冷季节和冷季节可导致热感觉分别下降 0.234 和 0.159 个单位。相对湿度是各季节预测公式中差异最大的变量，在寒冷季节中，与热感觉呈正相关关系，而在冷季节、舒适季节和热季节中呈负相关关系，即相对湿度增加在寒冷季节有增热作用，而在其他三个季节中均起到冷却作用。

9.2.4　行为活动对热舒适性的影响

由于人在进行不同类型的活动时，对微气候因素的感知情况有所差异，有必要针对不同活动类型来进行定量分析。基于哈尔滨城市公园活动调查中统计得到的高频活动类型，将总体样本按活动类型划分，将微气候参数作为自变量分别拟合得到各活动类型的预测公式，如式（9-10）～式（9-13）所示。

站立活动：

$$\mathrm{ATSV}=0.084T_{\mathrm{air}}-0.408S_{\mathrm{wind}}-0.016R_{\mathrm{hum}}+0.502R_{\mathrm{solar}}-1.675 \quad (9\text{-}10)$$
$$R^2=0.602,\ p<0.01$$

跳舞：

$$\mathrm{ATSV}=0.023T_{\mathrm{air}}-0.706S_{\mathrm{wind}}+0.006R_{\mathrm{hum}}+0.003R_{\mathrm{solar}}-0.054 \quad (9\text{-}11)$$
$$R^2=0.328,\ p<0.01$$

散步：

$$ATSV = 0.043T_{air} - 0.549S_{wind} + 0.008R_{hum} + 0.001R_{solar} - 1.675$$
$$R^2 = 0.265,\ p < 0.01 \qquad (9\text{-}12)$$

坐着活动：

$$ATSV = 0.471T_{air} - 0.322S_{wind} - 0.001R_{hum} + 0.001R_{solar} - 1.169$$
$$R^2 = 0.612,\ p < 0.01 \qquad (9\text{-}13)$$

从预测公式的整体结果来看，$p<0.01$，可见，在对人体热感觉进行预测时，使用上述预测公式能够得到准确结果。另外从拟合优度 R^2 来看，站立活动与坐着活动的拟合优度水平较高，均在 0.6 以上，跳舞与散步活动拟合优度水平较低，分别为 0.328 与 0.265。这是由于在进行这两项活动时，人体新陈代谢率水平较高，其热感觉主要受到个人活动强度的影响。

如表 9-14 所示，在其他微气候因素不变的情况下，当空气温度升高时，各活动类型所对应的热感觉均呈上升趋势，其中空气温度变化对站立活动与坐着活动影响较大，每升高 1℃对应的热感觉增幅分别为 0.084 与 0.471 个单位，而对跳舞活动影响较小，增幅仅为 0.023 个单位。太阳辐射与各活动类型的热感觉均呈正相关的关系，其中人们站立时热感觉受到太阳辐射的影响最大，太阳辐射每增加 1W/m^2，热感觉升高 0.502 个单位，太阳辐射增加对其他 3 种活动类型影响较小，热感觉增幅在 0.002 个单位左右。随着风速的增加，各活动类型对应的热感觉均呈下降趋势，风速每增加 1m/s，进行跳舞活动的个体的热感觉降低 0.706 个单位，降幅最大，对坐着活动影响最小，降幅为 0.322 个单位，对散步活动与站立活动也有较为明显的影响，降幅分别为 0.549 和 0.408 个单位。相对湿度与跳舞与散步活动呈正相关关系，与站立活动与坐着活动呈负相关的关系，即相对湿度的提高对于跳舞和散步活动有增热作用，而对站立与坐着活动有冷却作用，但影响程度均较小，这主要是由于人体在室外环境中对湿度感觉比较模糊。

表 9-14　不同活动类型对应微气候因素汇总表

活动类型	空气温度	风速	相对湿度	太阳辐射
站立活动	0.084	−0.408	−0.016	0.502
跳舞	0.023	−0.706	0.006	0.003
散步	0.043	−0.549	0.008	0.001
坐着活动	0.471	−0.322	−0.001	0.001

9.3　公共绿地优化策略

9.3.1　针对空间绿化的公共绿地优化策略建议

绿地周边建筑布局常常不能按照微气候环境最优的方式布置，相比于通过改变建筑布局方式、选择合理建筑材料等方法来改善微气候环境，利用绿化景观的合理布置补偿微气候环境的不利因素以提升中心绿地使用者热舒适度的方法不仅效果好、成本低廉，还可以提升人居环境绿地景观面貌，具有一定的美学效益。因此，利用绿色植被缓解人居环境不利的微气候，是长效、可持续的方法。

9.3.1.1　提高单位面积的绿化微气候效益

在中小尺度下，微气候要素与绿地覆盖率、乔木比例和乔木高度等绿化参数存在相关性，平面绿量对中心绿地微气候产生影响的同时，单位面积的绿化质量更是制约室外微气候优劣的关键要素之一，因此科学进行绿化设计以提高单位面积绿化质量，对改善室外热环境及风环境等具有积极作用，可最大程度地发挥绿化微气候效益。其具体措施及效益包括：丰富植物群落层次，优化配置乔灌草，在兼备美学效益的同时能够有效改善夏季热环境；采用增加叶面积密度较大、树冠水平覆盖面积大的遮阴乔木绿地，是改善局部高温的有效做法；通过长期实测或实验数据的积累，对地域常见的园林植物的微气候效应能力进行分类，筛选单株或单位叶面积降温能力较强的植物，单位叶面积蒸腾能力最强、夏季降温能力最强的植被等，有计划地种植相应树种，提高绿化单位面积的微气候效益，有效降低绿地周边的微气候热环境。

9.3.1.2　优化绿化景观的规划布局

绿地植被对环境来讲所发挥最大的作用即降温增湿、降低风速。提高绿化的微气候效应除了采取提升现有绿地质量、调整植被结构等措施外，优化绿化的空间布局可以实现有针对性地对局部区域的微气候环境进行调节。例如，在春季产生一些风环境极其恶劣区域，如建筑背风面的涡流区、建筑角隅区、建筑之间易产生狭管效应的区域、迎风面风速过大的区域等，有针对性地密植高大常绿类乔木，或选择乔灌木结合的方式布置防风林或多层绿化带，消耗风能、降低风速，以营造适宜的小区风环境。对于夏季而言，建议在人群活动频繁的广场等区域周围，配置高大落叶乔木以防止西晒，并发挥乔木降温作用，适当采用植物的高低配置对住宅周围进行导风设置，以提高居民户外活动的舒适度，延长居民户外活动停留的时间。从园林设计的角度来看，这些绿化植被的栽植既合理考虑了绿化对局部气候的改善作用，从形式和效果上也是极为丰富与生动的。

9.3.1.3　制定绿化微气候效应的控制管理

我国现阶段城市绿地规划在设计控制层面方面并没有明确规范制约绿化对局地气候环境的具体影响，这一定程度上导致开发商与设计者在景观设计时仅考虑在观感上美化环境，尽管在美学角度上没有缺陷，但绿化景观没有从根本上发挥生态效益，难以达到人与自然融洽和谐的效果，甚至一定程度上增加了生态负面影响。因此，除了从设计师的角度考虑设计层面的相应措施，还需要进一步提出管理与技术支持层面的对策。为应对微气候日益严重的问题，提出绿化景观实施管理的几点建议：首先，针对不同地域和气候条件制定相关的设计标准和导则，规定某些区域的绿化覆盖率、有效遮阳绿量等参数作为评价绿化对微气候改善效果的重要指标。其次，在对绿地规划建设的实际过程之中，规划师、景观设计师、开发商应时常进行协调与沟通，可以采用科学的计算机模拟手段对具体情况进行模拟分析，针对具体的气候背景、建筑布局等进行相应的景观规划，弥补微气候的不利要素，依照绿化合理量化范围及绿化布局方式进行设计。最后，制定弹性原则，对一些改善微气候效应的景观规划设计进行补偿性鼓励措施，鼓励规划设计师、景观设计师、开发商等将绿化的生态效益纳入设计环节中，为改善微气候环境做出贡献。

9.3.2　针对行为活动的公共绿地空间设计策略

结合上文研究结论，本节以跳舞活动与散步活动为例对动态活动型空间，以坐着活动与站立活动为例对静态活动型空间提出相应的设计策略。

9.3.2.1　动态活动型空间设计策略

通过前文关于跳舞活动的空间分布分析发现，人们动态活动空间的尺度要恰当，避免过多的大而无用的硬地广场，缺少植物、设施的大型开放空间并不便于人们的使用，可以适当设计 1～2 个较大的广场以满足大型群体活动的需要，其他动态活动场地可以采用化整为零的方式，将大尺度的空间划分为若干具有宜人尺度的小空间。活动区内地面必须平坦防滑，可采用预制砌块路面铺装、石材铺装和砖砌铺装等。跳舞活动发生的场地内部较为空旷开敞但活动主要发生在早晨与傍晚，其余时间场地内部由于缺少遮阳与活动设施而使用率较低，因此场地外围最好提供绿荫、绿廊、座椅等设施，方便人们活动后休息以及其他人的停留，也为其他时段的活动提供条件，提高场地使用率。在对这类场地的微气候环境设计方面，对跳舞活动影响最大的因素为风速，因此场地内风环境设计尤为重要。具体设计有两种形式：一种是渐变式植物种植，通过栽植不同高度的植物，在公园的外侧冬季盛行风向的上风口布置密集防护林，为公园内部户外活动空间抵御寒风，待到夏季时，渐变式种植可将清凉的微风运送到其间的活动场地，缓解夏日炎热的气息；另一种是平行于夏季主导风向的树阵式种植，可以使夏季风更加顺畅，降低局部温度，密集的树阵亦可有效减少冬季寒风的侵袭。另外，还可以充分利用建筑、小品、植物等景观元素的适当组合来围合空间，以阻挡冬季盛行风，引入夏季盛行风，如在广场中设置景墙、廊架等，运用将休憩设施与植物相结合等设计手段。

对于散步活动，从空间分布的情况来看，该活动主要分布在公园的道路空间中，并且具有明显的季节性差异。春夏季，公园内的主要园路内均有散步活动的发生，而在冬季只有能接受到充足太阳照射的园路内才有该活动的发生，结合风速是对散步活动舒适度的影响最主要微气候因素的来看，公园内的园路在设计时除了通过园外植物改善园内风环境外，园路还应注意形成与城市绿色廊道的连续性，并尽量平行于夏季主导风向，保持夏季风的通畅性，同时也要设置防护林阻隔冬季主导风向，减少寒风的侵袭。主要园路两侧的树木宜采用高大的落叶乔木，在夏季可提供舒适的环境，在冬季也可获得充足的太阳辐射，提高散步活动时的舒适感。另外，严寒地区冬季寒冷，降雪量大，在低温环境下土壤易发生冻胀，冻胀量大的地区土壤膨胀可达到几十厘米，待次年春季回暖，冰雪融化又使土壤融沉，体积回降，如此反复，势必对土壤上层的园路铺装材料造成影响，同时，严寒地区冬季雪多而厚，如不及时清扫路面铺装上的积雪，也会影响人们在公园中的游览和停留。因此，公园内的道路铺装要选择表面粗糙、抗冻融能力强、防滑、易施工、易清扫、易后期维护的材料。

9.3.2.2　静态活动型空间设计策略

对于坐着活动与站立活动等静态活动的空间，在设计时应注意其风环境与光环境的设计。在植物配置方面，场地内宜配置高大落叶乔木，其树下空间可以形成良好的微气候，进而成为游憩者活动的最佳活动场所。国内外研究表明：在炎热的夏季，高大植物能够降低周围环境温度 1%～3%，增加空气湿度 3%～12%，对太阳紫外线的遮挡率为 60%，此外树阴还能有效减少眩光，带给人们清凉舒适感。为有效提高遮阴树木的利用率，可以将遮阴乔木巨大树冠形成的遮阴面积与人工的坐憩设施相结合，形成有利于吸引游客纳荫乘凉或聚集开展游憩活动的树下休憩场所。除此之外，静态活动区还可利用花架、廊道等，保证夏季有足够的遮阴，冬季有充足的阳光，供游人在此晒太阳、观赏、聊天或进行其他娱乐活动。

从静态活动空间分布的分析中发现，该类活动的发生需要基本的休憩设施以及吸引点，如文体活动和优美景观等。在春夏季节，具有遮阳休憩条件的水边空间是该类活动发生最频繁的区域。在冬季水边空间静态活动发生很少，除了气候因素外，缺乏吸引点也是一项重要的因素，因此，严寒地区城市公园应抓住固态水体景观的特色，在冬季营造极具吸引力的地域性冬季特色景观。例如，可在公园内人工湖、水池等水景上雕琢冰雕、雪雕，避免冬季水体景观缺失的同时，提升公园的吸引力，让人们充分感受到冰雪的魅力；也可加入冬季娱乐项目，如浇灌冰场，开辟小型滑雪道，为人们提供冬季室外活动场所。

参 考 文 献

[1] 李光耀 . 基于 CIS 理论的城市景观形象特色营造研究 [D]. 南京 : 南京林业大学 , 2015.

[2] 王飞 . 寒地建筑形态自组织适寒设计研究 [D]. 哈尔滨 : 哈尔滨工业大学 , 2018.

[3] 冷红 , 袁青 . 严寒气候背景下宜居城市环境建设的科学理念 [J]. 城市规划 , 2008, 32(10): 26-31.

[4] 于洪蕾 . 极端气候条件下我国滨海城市防灾策略研究 [D]. 天津 : 天津大学 , 2015.

[5] 李雪铭 , 刘敬华 . 我国主要城市人居环境适宜居住的气候因子综合评价 [J]. 经济地理 , 2003(9): 656-659.

[6] 周纪纶 , 杨建新 . 城市的迷惑与醒悟 : 城市生态学 [M]. 上海 : 上海科学技术出版社 , 2002: 13-14.

[7] 闫江波 . 体验式商业建筑空间的特点研究 [D]. 太原 : 山西大学 , 2015.

[8] 唐玲 . 成都百货企业运用关系营销的必要性及对策研究 [D]. 太原 : 山西财经大学 , 2003.

[9] 沈金箴 . 解决“短命建筑”问题不能就建筑论建筑 [J]. 城市发展研究 , 2008(2): 117-122.

[10] 石洁 . 公共文化视角下的中心商业步行网络空间构建 [C]. 2014 中国城市规划年会 , 海口 , 2014.

[11] Landsberg H E. 都市气候学 [M]. 郑师中译 . 台北 : 世界图书出版公司 , 1990: 16-18.

[12] Unger J, Sumeghy Z, Zoboki J. Temperature cross-section features in an urban area [J]. Atmospheric Research , 2001, 58: 117-127.

[13] Carrasco-Hernandez R, Smedley A R D, Webb A R. Using urban canyon geometries obtained from Google Street View for atmospheric studies: Potential applications in the calculation of street level total shortwave irradiances [J]. Energy and Buildings, 2015, 86: 340-348.

[14] Santamouris M. Using cool pavements as a mitigation strategy to fight urban heat island—A review of the actual developments [J]. Renewable and Sustainable Energy Reviews, 2013, 26: 224-240.

[15] BSI. Ergonomics of the Physical Environment—Subjective Judgement Scales for Assessing Physical Environment. ISO 100551: 2019 [S]. London: BSI Standards Publication, 2019.

[16] Tanimoto J, Hayashi T, Katayama T, et al. Quantitative analysis on factors of significant air temperature rising in urban areas by architecture-urban-soil simultaneous simulation model[J]. Architecture Planning Environment Engineering, 1998, 50: 87-93.

[17] Naoko Y, Harunori Y, Mitsuo T, et al. Simulation study of the influence of different urban canyons element on the canyon thermal environment[J]. Building Simulation, 2008, 1: 118-128.

[18] 谷本潤 , 萩島理 , シムクライパリチャート . 建築熱システム及び都市気候連成シミュレーションのためのコンピュータソフトウェア AUSSSMTool の開発 [C]. 日本建築学会技術報告集 , 2003(17): 265-268.

[19] Salata F, Golasi I, Vollaro R, et al. Urban microclimate and outdoor thermal comfort: A proper procedure to fit ENVI-met simulation outputs to experimental data[J]. Sustainable Cities and Society,

2016, 26: 318-343.

[20] 王彬，杨庆山．CFD 软件及其在建筑风工程中的应用 [J]. 工业建筑，2008(12): 328-332.

[21] Carrasco-Hernandez R, Smedley A R D, Webb A R. Fast calculations of the spectral diffuse-to-global ratios for approximating spectral irradiance at the street canyon level[J]. Theoretical and Applied Climatology, 2015,124: 1065-1077.

[22] Gago H E J, Roldan J, Pacheco-Torres R, et al. The city and urban heat islands: A review of strategies to mitigate adverse effects [J]. Renewable and Sustainable Energy Reviews, 2013, 25: 749-758.

[23] Skelhorn C, Lindley S, Levermore G. The impact of vegetation types on air and surface temperatures in a temperate city: A fine scale assessment in Manchester, UK [J]. Landscape and Urban Planning, 2014, 121: 129-140.

[24] Onishi A, Cao X, Ito T, et al. Evaluating the potential for urban heat-island mitigation by greening parking lots[J]. Urban Forestry & Urban Greening, 2010(9): 323-332.

[25] Dimoudi A, Nikoulopolou M. Vegetation in the urban environment: microclimatic analysis and benefits [J]. Energy and Buildings, 2003, 35: 69-76.

[26] Johansson E, Spangenberg J, Gouvêa M L, et al. Scale-integrated atmospheric simulations to assess thermal comfort in different urban tissues in the warm humid summer of São Paulo, Brazil [J]. Urban Climate, 2013 (6): 24-43.

[27] Hall T C, Britter R E, Norford L K. Predicting velocities and turbulent momentum exchange in isolated street canyons [J]. Atmospheric Environment, 2012, 59: 75-85.

[28] Bruse M, Fleer H. Simulating surface-plant-air interactions inside urban environments with a three dimensional numerical model[J]. Environmental Modelling & Software, 1998, 13: 373-384.

[29] de Gruchy G F. Some environmental relationships between topography, builtform, landscape and microclimate in Brisbane's city centre [J]. Urban Ecology, 1978(3): 155-170.

[30] Kubota T, Miura M, Tominaga Y, et al. Wind tunnel tests on the relationship between building density and pedestrian-level wind velocity: Development of guidelines for realizing acceptable wind environment in residential neighborhoods [J]. Building and Environment, 2008, 43(10): 1699-1708.

[31] Bottillo S, de Lieto Vollaro A, Galli G, et al. Fluid dynamic and heat transfer parameters in an urban canyon [J]. Solar Energy, 2014, 99: 1-10.

[32] Hedquist B C, Brazel A. Seasonal variability of temperatures and outdoor human comfort in Phoenix [J]. Building and Environment, 2014, 72: 377-388.

[33] Fahmy M, Sharples S. On the development of an urban passive thermal comfort system in Cairo, Egypt[J]. Building and Environment, 2009, 44: 1907-1916.

[34] Jo J H, Carlson J D, Golden J S, et al. An integrated empirical and modeling methodology for analyzing solar reflective roof technologies on commercial buildings [J]. Building and Environment, 2010, 45: 453-460.

[35] Dimoudi A, Kantzioura A, Zoras S, et al. Investigation of urban microclimate parameters in an urban center [J]. Energy and Buildings, 2013, 64: 1-9.

[36] Taleghani M, Kleerekoper L, Tenpierik M, et al. Outdoor thermal comfort within five different urban forms in the Netherlands [J]. Building and Environment, 2015, 83: 65-78.

[37] Shashua-Bar L, Hoffman M E, Tzamir Y. Integrated thermal effects of generic built forms and vegetation on the UCL microclimate[J]. Building and Environment, 2006, 41: 343-354.

[38] Chirag D, Ramachandraiah A. A simple technique to classify urban locations with respect to human thermal comfort: Proposing the HXG scale[J]. Building and Environment, 2011, 46: 1321-1328.

[39] Omonijo A G. Assessing seasonal variations in urban thermal comfort and potential health risk using physiologically equivalent temperature: A case of Ibadan, Nigeria [J]. Urban Climate, 2017, 21: 87-105.

[40] Fanger P O. Thermal Comfort Analysis and Applications in Environmental Engineering[M]. Copenhagen: Danish Technical Press,1970.

[41] Nikolopoulou M, Lykoudis S. Use of outdoor spaces and microclimate in a Mediterranean urban area [J]. Building and Environment, 2007, 42(10): 3691-3707.

[42] Lenzholzer S, Koh J. Immersed in microclimatic space: Microclimate experience and perception of spatial configurations in Dutch squares [J]. Landscape and Urban Planning, 2010, 11: 1-15.

[43] 刘念雄，秦佑国．建筑热环境 [M]. 北京：清华大学出版社，2005.

[44] Sun R H, Lv Y H, Chen L D, et al. Assessing the stability of annual temperatures for different urban functional zones [J]. Building and Environment, 2013, 65: 90-98.

[45] 丁沃沃，胡友培，窦平平．城市形态与城市微气候的关联性研究 [J]. 建筑学报，2012(7): 16-21.

[46] 冷红，孙禹．生态城市规划中的寒地步行街区气候舒适度要素应用与评价方法研究 [C]. 2010 城市发展与规划国际大会，秦皇岛，2010.

[47] 王振，李保峰．微气候视角下的城市街区环境定量分析技术 [C]. 第六届国际绿色建筑与建筑节能大会，北京，2010.

[48] 张鹏程．冰雪下垫面条件城市住区热气候及室外人体舒适性研究 [D]. 哈尔滨：哈尔滨工业大学，2014.

[49] 侯浩然，丁凤，黎勤生．近 20 年来福州城市热环境变化遥感分析 [J]. 地球信息科学学报，2018(3): 385-394.

[50] 徐煜辉，张文涛．“适应”与“缓解”——基于微气候循环的山地城市低碳生态住区规划模式研究 [J]. 城市发展研究，2012, 19(7): 32-36.

[51] 杨峰，钱锋，刘少瑜．高层居住区规划设计策略的室外热环境效应实测和数值模拟评估 [J]. 建筑科学，2013(12): 28-34, 92.

[52] 王青，詹庆明．武汉地区住宅小区风环境的数值模拟分析 [J]. 中外建筑，2010(12): 95-97.

[53] 周梦成．基于微气候调节的成都万街农村新型社区规划 [J]. 规划师，2013(S1): 30-33.

[54] 姚雪松．基于微气候环境优化的哈尔滨市高层住区规划策略研究 [D]. 哈尔滨：哈尔滨工业大学，2008.

[55] 曾煜朗，董靓．步行街道夏季微气候研究——以成都宽窄巷子为例 [J]. 中国园林，2013(8): 92-96.

[56] 冷红，刁喆．建筑布局指标对街区热环境影响研究——以哈尔滨主城区为例 [C]. 城市发展与规划论文集，2018: 1-8.

[57] 史源，任超，吴恩融．基于室外风环境与热舒适度的城市设计改进策略——以北京西单商业街为例 [J]. 城市规划学刊，2012(5): 92-98

[58] 陈鑫．南京三所典型高校新老校区景观格局与绿地空间布局的比较分析 [D]. 南京：南京工业大

学, 2012.

[59] 周雪帆 . 城市空间形态对主城区气候影响研究 [D]. 武汉 : 华中科技大学 , 2013.

[60] 王频 , 孟庆林 . 多尺度城市气候研究综述 [J]. 建筑科学 , 2013, 29(6): 29, 6.

[61] 刘哲铭 , 赵旭东 , 金虹 . 哈尔滨市滨江居住小区冬季热环境实测分析 [J]. 哈尔滨工业大学学报 , 2017, 49(10): 164-171.

[62] 黄华国 . 基于 ENVI-met 模型的三维植被温度场的时空变化分析 [D]. 北京 : 北京林业大学 , 2014.

[63] Huang L M, Li J L, Zhao D H, et al. A fieldwork study on the diurnal changes of urban microclimate in four types of ground cover and urban heat island of Nanjing, China [J]. Building and Environment, 2008, 43: 7-17.

[64] 周姝雯 , 唐荣莉 , 张育新 , 等 . 城市街道空气污染物扩散模型综述 [J]. 应用生态学报 , 2017(3): 1039-1048.

[65] 舒也 , 马逍原 , 包志毅 . 杭州市典型城市街谷的热环境实测研究 [C]. 中国风景园林学会 2018 年会论文集 , 2018: 353-360.

[66] 冯娴慧 , 高克昌 , 钟水新 . 基于 GRAPES 数值模拟的城市绿地空间布局对局地微气候影响研究——以广州为例 [J]. 风景园林研究前沿 , 2014(3): 10-16.

[67] 区燕琼 . 建筑外墙面热辐射性能对室外温度场的影响 [D]. 广州 : 华南理工大学 , 2010.

[68] 陈卓伦 . 绿化体系对湿热地区建筑组团室外热环境影响研究 [D]. 广州 : 华南理工大学 , 2010.

[69] 谢清芳 , 彭小勇 , 万芬 , 等 . 小型绿化带对局部微气候影响的数值模拟 [J]. 安全与环境学报 , 2013(1): 159-163.

[70] 劳钊明 , 李颖敏 , 邓雪娇 , 等 . 基于 ENVI-met 的中山市街区室外热环境数值模拟 [J]. 中国环境科学 , 2017, 37(9): 3523-3531.

[71] 刘君男 . 寒地高层住区对多层住区风环境影响特征与优化策略研究 [D]. 天津 : 天津大学 , 2017.

[72] 王吉勇 . 哈尔滨市城市广场气候设计 [D]. 哈尔滨 : 哈尔滨工业大学 , 2008.

[73] 朱颖心 , 林波荣 . 国内外不同类型绿色建筑评价体系辨析 [J]. 暖通空调 , 2012, 42(10): 9-25.

[74] 马彦红 . 基于微气候热舒适的哈尔滨住区街道空间评价研究 [D]. 哈尔滨 : 哈尔滨工业大学 , 2013.

[75] 蒋存妍 , 冷红 . 寒地城市过渡季节住区公共空间气候舒适性分析及规划启示——以哈尔滨为例 [J]. 城市建筑 , 2017, (1): 29-32.

[76] 陈睿智 . 湿热地区旅游景区微气候舒适度研究 [D]. 成都 : 西南交通大学 , 2013.

[77] 唐鸣放 , 方巾中 , 李竞涛 , 等 . 重庆地区农村住宅地面的热湿状态 [J]. 土木建筑与环境工程 , 2016, 38(3): 123-128.

[78] 中华人民共和国住房和城乡建设部 , 中华人民共和国国家质量监督检验检疫总局 . 民用建筑热工设计规范 (GB 50176—2016)[S]. 北京 : 中国建筑工业出版社 , 2016.

[79] 李国杰 . 基于热舒适度的哈尔滨步行街行道树优选研究 [D]. 哈尔滨 : 哈尔滨工业大学 , 2015.

[80] 中华人民共和国住房和城乡建设部 , 国家市场监督管理总局 . 绿色建筑评价标准 (GB/T50378—2019) [S]. 北京 : 中国建筑工业出版社 , 2019.

[81] 赵继龙 , 陈有川 , 陈朋 , 等 . 北方高层住区规划设计中的若干问题探讨——以济南市为例 [J]. 规划师 , 2011(5): 63-68.

[82] 杜晓辉 . 天津地区高层住宅节能技术研究 [D]. 天津 : 天津大学 , 2007.

[83] 梁斌 , 梅洪元 . 应变冬季冷风的寒地居住区内街优化设计研究——以哈尔滨龙凤祥城回迁保障房为例 [J]. 建筑学报 , 2015, 13: 8-11.

[84] 中华人民共和国住房和城乡建设部 , 国家市场监督管理总局 . 城市居住区规划设计标准 (GB50180—2018)[S]. 北京 : 中国建筑工业出版社 , 2018.

[85] 戴金 . 绿化对哈尔滨高层住区中心绿地微气候的影响研究 [D]. 哈尔滨 : 哈尔滨工业大学 , 2015.

[86] 石郁萌 . 哈尔滨道外传统街区微气候环境与行为活动相关性研究 [D]. 哈尔滨 : 哈尔滨工业大学 , 2016.

[87] 梁一 . 寒地城市商业综合体空间形态对微气候环境影响研究——以哈尔滨群力远大中心为例 [D]. 哈尔滨 : 哈尔滨工业大学 , 2018.

[88] 卫渊 . 基于行为活动特征的哈尔滨公园微气候环境热舒适性研究 [D]. 哈尔滨 : 哈尔滨工业大学 , 2015.

[89] Liu W, Zhang Y, Deng Q. The effects of urban microclimate on outdoor thermal sensation and neutral temperature in hot-summer and cold-winter climate[J]. Energy and Buildings, 2016, 128: 190-197.

[90] Chen X, Xue P, Liu L, et al. Outdoor thermal comfort and adaptation in severe cold area: A longitudinal survey in Harbin[J]. Building and Environment, 2018, 143: 548-560.

附录　哈尔滨公共服务区环境舒适度调研问卷

尊敬的先生 / 女士，您好！

我们是哈尔滨工业大学城市规划系的学生，计划进行一项社会调查活动，有关您目前所在的公共开敞空间的环境舒适度。我们真诚地希望通过这个问卷得到您的一些看法，谢谢您的支持与合作！

访员填写：

时间：____ 月 ____ 日 ____________ 时　　受访地点：______________________

天气状况：□多云　　□晴　　□阴

受访前活动状态：□坐着休息　□站着　□晒太阳　　□穿行　□散步

□健身　　□跳舞　□与孩子玩耍　□遛狗　□其他

受访者衣着情况：____

现场测试数据：温度 __________　　湿度 __________　　风速 ___________

太阳辐射 ___________

受访者个人资料：

1. 请问您的性别：□男　□女
2. 请问您的年龄：□ 60 岁以上　□ 46～60 岁　□ 31～45 岁　□ 18～30 岁　□ 18 岁以下
3. 请问您的居住地：□本地居民　□附近居民　□外地游客
4. 请问您的家庭状况：□未婚　□已婚，无小孩　□已婚，有小孩
5. 请问您从事的行业：□公务员　□公司职员　□教师　□工人　□学生　□个体商贩　□退休　□其他
6. 请问您的教育程度：□初中及以下　□高中　□专科　□本科　□硕士及以上
7. 请问您的月收入：□无　□ 1000 元以下　□ 1000～3000 元　□ 3000～5000 元　□ 5000 元以上

受访者填写：

1. 您在这里停留了多久？

A. 10 分钟　B. 10～30 分钟　C. 30 分钟～1 小时

D. 1～2 小时　E. 2 小时以上

2. 您来这里活动的频率是？

A. 每天　B. 每周一次　C. 每月一次

D. 半年一次　E. 很少

3. 您来这里活动的原因是？（可多选）

A. 在这里工作　B. 这里离家近

C. 这里休闲方式较多（吃饭、唱歌、看电影等）　D. 这里逛街品牌较为齐全

E. 这里空间开敞，便于散步活动　F. 没有特殊理由

4. 您通常喜欢在哪个区域停留？

A. 商业店铺前休息区　B. 有采光顶的半室外休息区

C. 无采光顶的室外休息区　D. 绿地附近

E. 广场　F. 其他

5. 您此时觉得冷热度怎么样？

A. 很冷　B. 有点冷　C. 适中

D. 有点热　E. 闷热

6. 您现在感觉风的大小是？

A. 没有　B. 有点小　C. 适中

D. 有点大　E. 非常大

7. 您现在感觉太阳照射怎么样？

A. 没有　B. 有点弱　C. 适中

D. 有点强　E. 非常强烈

8. 您现在感觉湿度怎么样？

A. 干燥　B. 有点干燥　C. 适中

D. 有点潮湿　E. 非常潮湿

9. 对于整体而言，您觉得这里进行活动是否舒适？

A. 不舒适　B. 一般　C. 舒适

10. 您认为哪个气候因素最影响您的舒适度？

A. 温度　B. 阳光　C. 风　D. 湿度

11. 您觉得这里有哪些不足？

A. 缺少遮阳设施　B. 缺少挡风设施　C. 缺少绿化等景观

D. 缺少丰富的活动　E. 缺少座椅等设施　F. 其他

再次感谢您对本次调研的大力支持，谢谢您！祝您生活愉快！